西门子工业自动化技术丛书

西门子故障安全系统应用指南

组　编　西门子（中国）有限公司
主　编　杨光
副主编　李佳

机 械 工 业 出 版 社

本书主要介绍了与功能安全相关的理念以及与故障安全相关的控制系统的使用方法。理念部分主要介绍了与功能安全相关的概念、基本原理；控制部分介绍了西门子的故障安全控制系统以及相关的硬件和软件。其中，硬件部分介绍了安全系统硬件的基本工作原理、各类模板的接线方式；软件部分介绍了安全系统的组态、编程的方法，参数的设置以及安全程序的编制。另外，本书还介绍了安全通信协议（PROFIsafe）、安全驱动产品、安全触摸屏等产品的调试和使用方法。

为了便于读者理解和掌握书中相关的知识，作者还编制了样例程序供读者参考，读者可以扫码下载：

本书从理论到实践，内容翔实，系统性强，特别适合需要在设备中集成故障安全系统的工业自动化设计工程师、系统集成工程师以及现场维护人员阅读。另外，对于国家安全生产监管部门、企业安全生产管理机构、功能安全评估机构从业人员、科研院所人员、高等院校师生等具有非常实用的参考价值。

图书在版编目（CIP）数据

西门子故障安全系统应用指南/杨光主编．—北京：机械工业出版社，2022.8（2023.9 重印）
（西门子工业自动化技术丛书）
ISBN 978-7-111-71463-7

Ⅰ.①西…　Ⅱ.①杨…　Ⅲ.①运动控制-安全系统-指南
Ⅳ.①TP24-62

中国版本图书馆 CIP 数据核字（2022）第 153793 号

机械工业出版社（北京市百万庄大街 22 号　邮政编码 100037）
策划编辑：林春泉　　责任编辑：闾洪庆
责任校对：陈　越　刘雅娜　封面设计：鞠　杨
责任印制：邓　博
北京盛通商印快线网络科技有限公司印刷
2023 年 9 月第 1 版第 2 次印刷
184mm×260mm · 11.75 印张 · 284 千字
标准书号：ISBN 978-7-111-71463-7
定价：69.00 元

电话服务　　网络服务
客服电话：010-88361066　　机 工 官 网：www.cmpbook.com
010-88379833　　机 工 官 博：weibo.com/cmp1952
010-68326294　　金 书 网：www.golden-book.com
封底无防伪标均为盗版　　机工教育服务网：www.cmpedu.com

编委会名单

序

数字化企业升级是当下制造业最关注的话题。各个国家、各个行业都在积极探索如何实现智能制造以及采用切实有效的方法来加速企业的数字化转型。作为行业的领导者，西门子一直在积极地探索并倡导着基于相关的技术实现企业的数字化转型的理念，并基于西门子的全集成自动化体系提出所涉及的五个方面的技术基础：集成的工程工具、工业数据的管理、工业通信、信息安全和安全集成。其中，安全集成就是本书介绍的内容。

长期以来，工业领域对于人身安全、设备安全以及环境安全的保障机制是建立在大量的安全生产规章制度以及不断进行的安全检查体系下的。通过对大量安全事故进行分析总结，企业制定了非常细致的安全规定。随着行业协会和第三方检查机构（TÜV）的介入，最终形成有行业特征的国家层面的安全法规体系。

安全法规的不断完善，催生了自动化技术的快速发展。在传感器层、执行器层、网络通信层，大量的新技术使得安全功能得以通过自动化系统实现，而不再完全依赖规章制度。随着投票机制以及逆运算机制获得国际组织的认可，自动化系统附带的安全集成功能可以达到以及保持在极高的水平。

国内市场上最早的安全技术是冲压设备的安全继电器，以及进口设备上安装的安全控制器。随着我国制造业领域的大量出口以及国内企业对安全技术的重视，最近几年安全集成技术获得了快速进步。

随着大家对安全理念不断地深入了解，我国的生产安全体系也逐渐地完善、成熟起来。2021 年 9 月 1 日，最新修订的《中华人民共和国安全生产法》正式开始施行，更加突出强调了加大对安全技术、人员的投入。因此，本书中详细地介绍了西门子安全控制系统的工作机制、编程调试的方法、使用中的注意事项等内容，不仅包括了安全控制器的介绍，还包括了安全驱动产品、安全控制面板产品以及安全通信的介绍，这些对于广大设计人员、工程师、现场维护人员都有着非常重要的参考价值。特别是作者还融入了自己多年积累的、大量的实践经验，这些内容甚至超过了技术本身的价值。

除了安全产品，我们认为，安全防护的效果还要基于安全系统的使用方法和技巧。例如，不同的应用现场环境，其危险因素和程度不同，将对安全系统的防护等级有着不同的要求。因此，对于安全系统的应用，其安全评估的结果将决定该系统是否能够达到安全防护的要求，这部分往往是许多用户感到比较困惑的地方，而本书中介绍的西门子的安全评估的工具，将帮助大家在系统集成的过程中对自己的系统进行一个全面的预评估。

安全无小事！希望广大读者共同致力于打造一个安全、高效的生产环境，为我国早日实现制造业数字化升级，成为制造业强国贡献自己的力量！

西门子数字化工业客户服务部总经理

杨大汉

2022 年 6 月

前　言

谈到我对故障安全技术的了解，最早可以追溯到2006年。当时我与另外一位工程师一起赴德国西门子总部参加了故障安全系统的培训，旨在完善我们的技术支持体系。但当时相关应用在国内还很少，几乎没有什么客户需要支持。

随着汽车行业的发展，国外的汽车产线被国内的车企所引进。之后大家才开始逐渐地了解到，在汽车产线上，必须要有故障安全系统和相应的防护措施。

接下来的几年，德国西门子总部也开始针对故障安全系统进行了一系列的产品推广，国内的用户也才开始接触相关的概念。再加上国内经济转型过程中，大型的生产事故频发，国家专门针对安全生产采取了一系列的措施，包括宏观政策和具体的技术措施。当时，政府将IEC 61508标准引入国内，成为国内安全相关的较早的指导性资料，并且在国内开始推广。由此，各个行业都开始重视生产领域内的安全问题。

在西门子公司内部，为了应对越来越多的用户咨询，我们开始组织工程师针对故障安全系统进行进一步的研究，之后还进行了多次内部培训和交流。在这段时间里，大家不仅对产品的使用进行了大量的测试，更主要的是针对故障安全的理念进行了深入的理解和探讨，再加上故障安全产品系列的不断完善，我们在故障安全领域做了大量的技术储备工作。

到了2011年，国内的用户开始有大量的应用需求，我们开始为国内用户进行产品的培训，并且开始在国内推广故障安全的理念。随着需求的逐步升温，于2011年年底开始引入PROFIsafe标准，并于2015年年底正式转化为国家推荐性标准GB/T 20830—2015《基于PROFIBUS DP和PROFINET IO的功能安全通信行规——PROFIsafe》。国内在标准体系建设方面基本趋于完善，并且有的行业已经开始强制执行一些安全相关的标准。

经过多年的推广，目前国内的许多行业和用户已经开始接受故障安全的理念，并且开始主动地考虑如何实现安全生产，我们的故障安全产品市场也趋于稳定增长。但一直有点遗憾的是，在这个领域，我们还没有一套相对完整、实用的技术资料提供给广大的用户，我们的技术资料还基本上都是英文的并且是零散的。因此，为广大故障安全产品的用户提供一套完整的参考资料一直是我的一个想法。

随着新一代TIA博途软件以及S7-1500系列PLC的推出，我们的故障安全系统也有了更新：在新的TIA博途软件平台下，几乎所有型号的S7-1500系列CPU都推出了故障安全型的产品，最新的驱动产品（SINAMICS G120、SINAMICS S120、SINAMICS S210、SINAMICS V90等）也都越来越多地集成了故障安全功能，这使得我们的用户更加需要相关的资料作为应用的指导。因此，借助本次产品更新的机会，我们将这些年积累的关于故障安全系统的技术储备进行了总结，结合新产品的特点，向广大用户完整地介绍西门子故障安全系统的基本原理、编程、调试方法以及相关的技术细节，希望帮助广大用户进一步地了解西门子的故障安全系统，更加方便地使用故障安全系统，从而进一步提升设备制造的安全性和生产安全性，为提升中国自动化以及智能制造的水平贡献一点力量。

在本书的写作过程中，我们组织了西门子技术支持团队的技术专家和资深工程师们参与到内容的创作中来，他们都是故障安全领域内的产品专家，每个人又都有专门负责的产品和领域，因此，我们发挥了每位工程师的专长。其中，我（技术专家，高级工程师）负责全书的构架、内容的编排以及第 1 章、第 2 章的通信协议和编程规范部分以及第 5 章的撰写；庞开航工程师撰写了第 2 章的故障安全模块及接线部分；凌晨工程师撰写了第 2 章的安全系统的组态编程、安全通信部分；段礼才工程师（技术专家）撰写了第 3 章；刘志国工程师撰写了第 4 章。

经过了将近 8 个月的辛苦工作，大家在百忙之中将自己平时掌握的故障安全产品的技术细节以及平时积累的经验尽可能地写进了书中。其中很多内容都是大家平时经常遇到并来自现场的实际问题，将一一分享给广大读者。如果您能够仔细地阅读本书，相信在实际应用过程中，一定能够避免非常多的问题，大大提高您应用安全系统的效率。这里，我要对工程师们的辛勤创作和经验分享表示衷心的感谢！

在本书创作的过程中，我们得到了技术支持部门、产品管理部门（BU）以及各团队主管的大力支持，在工作安排上给予大家最大的便利，这里我代表所有参与写作的工程师们对大家所在团队以及各部门领导的大力支持表示衷心的感谢！

由于我们的时间和精力有限，书中可能存在一些错误或者不尽如人意的地方，请广大读者不吝赐教，及时提出来，用于在后续的修订中更正，争取为广大读者提供一本有较高价值的书籍。

作者　杨光

2022 年 6 月

目　　录

第 1 章　故障安全技术的基本原理

1.1　概念

故障安全系统是工业自动化控制系统的一种较为特殊的形式，其主要的功能是对自动化生产线或设备中的潜在危险工况进行评估，一旦有风险发生，将触发相应的安全功能，将设备维持在一个相对安全的状态，从而避免发生进一步的伤害。故障安全系统在保证人员、设备安全甚至保护环境方面起到了非常重要的作用。

一些基本概念如下：

1. 故障

使功能单元执行要求的功能的能力降低或失去其能力的异常状况。

故障可以是类似“短路”这样的传统意义上的实际事故发生的情况，有时也将“急停按钮被按下”这样的事件看作是系统内发生的故障。

2. 风险

出现伤害的概率及该伤害严重性的组合。

对安全系统进行评估时，主要也是基于以上两个因素进行的。其中伤害的严重性是根据实际可能产生的后果进行评定的；而伤害发生的概率，则是根据实际工况进行评估和计算的。

3. 失效

功能单元执行一个要求功能的能力的终止。

失效又分为安全失效和危险失效，安全失效并不会导致危险情况的发生，因此，使用安全系统主要的目的是降低危险失效发生的概率，从而对人员和设备起到保护作用。

4. 安全

不存在不可接受的风险。

一般来讲，没有绝对的安全。在安全领域内，在确认已经没有严重伤害的前提下，有时也要考虑安全集成的成本，因此将风险降低到可接受的范围内即可被认为是安全的。

5. 功能安全

与 EUC（受控设备）和 EUC 控制系统有关的整体安全的组成部分，它取决于 E/E/PE（电气/电子/可编程电子）安全相关系统、其他技术安全相关系统和外部风险降低设施功能的正确行使。

6. 安全功能

针对特定的危险事件，为达到或保持 EUC 的安全状态，由 E/E/PE 安全相关系统、其他技术安全相关系统或外部风险降低设施实现的功能。

7. 故障安全

在设计时为使产品故障不致引起人身和物质等重大损失而采取的预防措施。

1.2 原理

故障安全系统的基本原理，是通过一定的技术手段，对系统中存在的可能导致系统失效的风险进行评估、监测，并保证系统自身不能失效的情况下，避免发生更加严重的事故。因此，在故障安全系统中，常用的技术手段主要是冗余技术以及故障检测技术。

1.2.1 冗余技术

冗余技术又称储备技术，有时也称容灾备份技术，它是利用系统的并联模型来提高系统可靠性的一种手段。例如，在工程技术中，冗余是指为了提高系统的可靠性而对系统的关键部件或功能进行的重复，通常以备份或故障保护以及提高实际系统性能的形式出现。

冗余可以存在于不同层面，如网络冗余、设备冗余、数据冗余等。形式可以是硬件冗余、软件冗余、时间冗余及信息冗余等。

在故障安全技术的研究中，容错技术、可靠性和故障安全理论之间有着密切的联系。数字系统的安全性可以通过以下两种方式得到较好的保证：

（1）利用系统所采用技术本身固有的安全性能保证安全性

固有安全性是指为了保证系统的安全，对系统的每一个部件（元器件）在生产、制造过程中，都已经考虑到产品的安全性能，并且有一定的安全技术指标特征。

（2）利用系统的结构冗余技术，提高安全性

结构冗余技术，可以提高系统的安全性。其主要原理是采用结构冗余技术后，可以将一部分认为有严重后果的状态分离出来，这样就可以降低发生严重后果的概率。

但这里的结构冗余，与传统意义上讲的热备冗余系统是不一样的。例如，一般的热备冗余系统都是采取两套或两套以上相同、相对独立配置的设计，其中一套系统出现故障时，另外一套系统能够立即启动，起到热备的作用，其主要的目的是增加系统的可靠性或者说可用性，而并不过多地考虑系统的输出是否安全。

而这里讲的结构冗余技术更多的是采用多个通道并行工作，并对其结果进行比较，使得系统在可能发生严重后果时，保证输出结果的正确性和安全性。此时并不过多地考虑系统的可靠性。

结构冗余一般也会涉及硬件的备份，因此成本较高，而且相互独立的系统之间也会存在一定的影响，因此也带来一些其他的问题。因而在最新的系统中，整体的冗余结构也在不断地改进，力争将成本降至最低。

1.2.2 故障检测技术

在安全系统中，更多情况下故障指的是系统失效。

对工业系统来讲，如果系统中的一个部件失效而在级降模式中工作时，在规定的时间内依然按照要求完成需要的功能，则该系统是未失效的。而在考察失效时，需要全面地考察系统中的硬件失效、软件失效以及人为因素的失效。

在针对系统进行安全性和可靠性的评估时，除了了解系统在正常工况下的工作状态，其实更加重要的是对于系统失效工况的了解：如果传感器发生故障将会怎样？如果阀门卡涩没

有打开系统将会怎样？而系统解决此类问题的方法，其实是一套完整的解决方案，最常用的基础工具是失效模式和影响分析（FMEA）。

FMEA即“潜在失效模式及后果分析”，是在产品设计阶段和过程设计阶段，对构成产品的子系统、零件以及构成过程的各个工序逐一进行分析，找出所有潜在的失效模式，并分析其可能的后果，从而预先采取必要的措施，以提高产品的质量和可靠性的一种系统化的活动。

FMEA包括一系列的步骤：

1）定义失效。

2）完成一个系统级别的FMEA：

① 找到并列出所有的系统部件。

② 对于每个系统部件，找到所有失效模式及其对系统的影响。

3）根据失效产生的影响将其进行分类。

4）确定模型所要达到的细化程度。

5）创建模型。

① 列出所有的失效率。

② 建立计算失效率的模型。

6）计算系统要求的可靠性与安全性指标。

1.2.3　安全系统结构模型

在实际的安全控制系统中有许多种结构。常见的结构体系是MooN（M out of N）表决结构。即在一些工作并联配置中，需要N中的M个单元能工作，以使系统起作用，这称为N中取M（或M/N）并联冗余。常见的表决结构有1oo1、1oo2、2oo2、2oo3、1oo1D、1oo2D和2oo2D。

1. 1oo1（1-out-of-1）**单通道系统**

单个处理器单元以及单IO的控制器代表了一个最小的系统，如图1-1所示。

该系统不具有容错功能，也没有失效模式保护功能，电子电路可能会发生安全失效（指输出为开路状态）或危险失效（指输出为短路状态）。在该结构中当产生一次要求时，任何危险失效就会导致一个安全功能的失效。

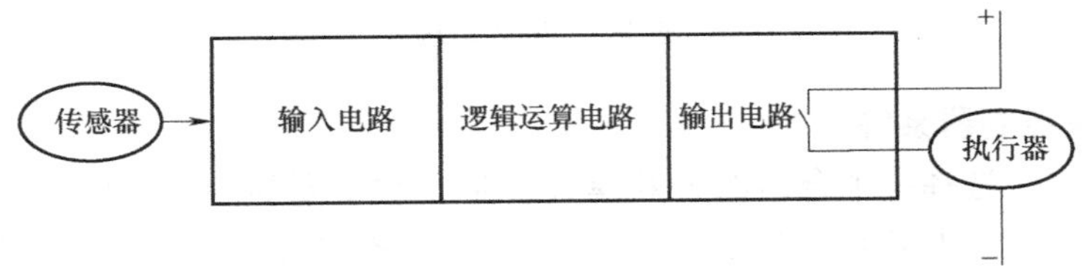

图1-1　1oo1结构

2. 1oo2（1-out-of-2）**双通道系统**

为了将危险失效的影响降至最低，可以连接两个控制器。对于常开系统，由于两个控制器的输出电路是串联的，当两个控制器同时发生危险失效时，系统才会发生危险失效。

1oo2系统结构一般是采用两个独立的处理器，每个处理器都有独立的I/O，如图1-2

所示。

该系统的需求失效概率很低，但也增加了安全失效率。在提高了系统被关断的能力的同时，“误跳闸”的概率也相应地增加了。

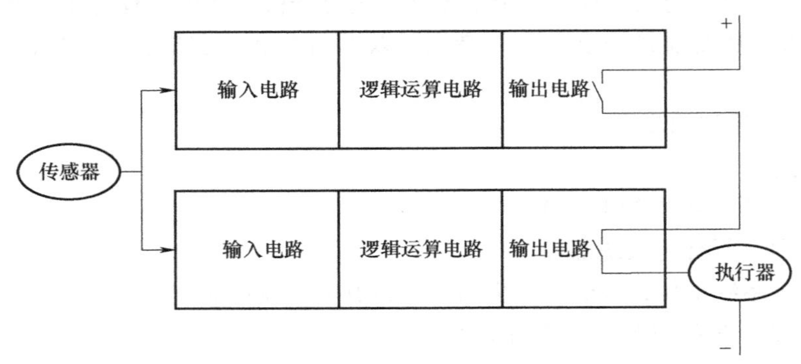

图 1-2 1oo2 结构

3. 2oo2 双通道系统

此结构由并联的两个通道构成，因此，安全功能要求两个通道都工作，从而避免输出开路状态的失效，如图 1-3 所示，如果一个控制器发生开路失效，另外一个控制器仍可对负载进行驱动。这个系统用于电源跳闸时的保护系统中。

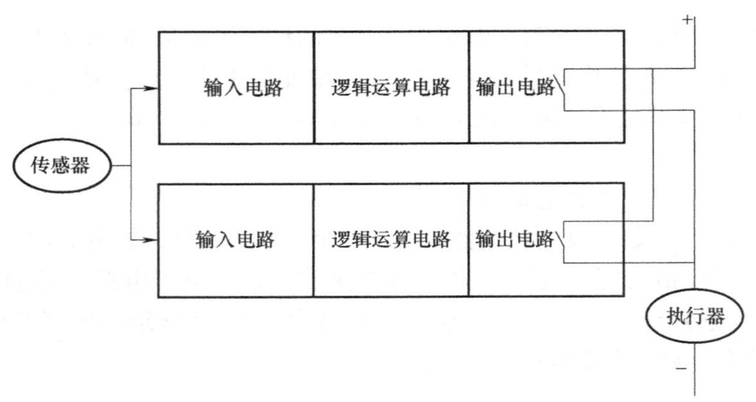

图 1-3 2oo2 结构

4. 2oo3 三重控制器系统

在控制系统中，选择一个合适的失效模式也是非常重要的。1oo2 结构减少了危险（输出短路）失效的发生，2oo2 结构减少了安全（输出开路）失效的发生。但当两种失效模式都不满足要求时，就需要更为复杂的系统结构，例如，2oo3 结构。

2oo3 结构是为了容许安全失效和危险失效而设计出的一种结构。此结构由三个并联的通道构成，每个输出通道需要用到每个控制器单元的两个输出，如图 1-4 所示。来自三个控制器中的每两个输出连接成“表决”电路，如图 1-5 所示，这个电路决定了实际的输出：其输出结果取决于“大多数”的输出结果。只要两个输出同时接通，则负载被激活；而如果两个输出同时断开，则负载也断开。因此，在这种结构中，如果仅其中的一个通道的输出与其他两个通道的输出状态不同时，输出状态不会因此而改变。

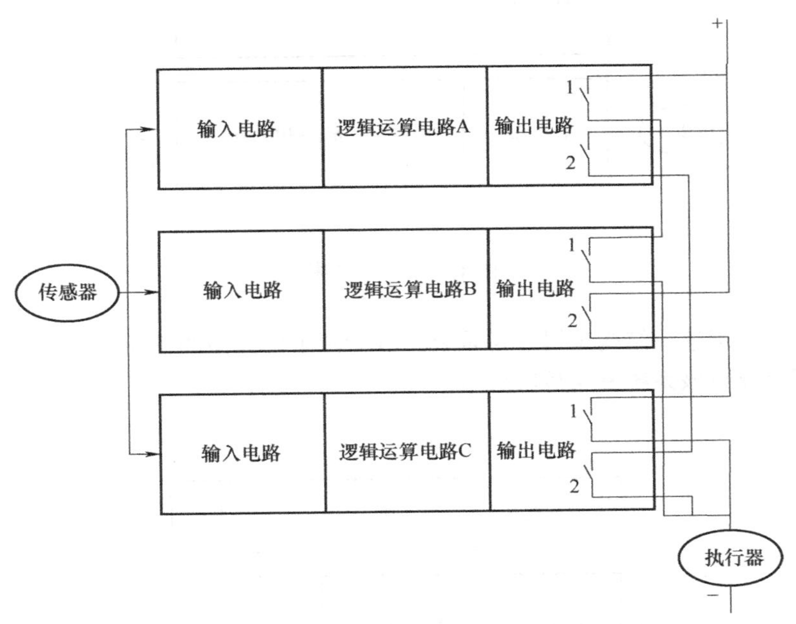

图 1-4　2oo3 结构

该结构的特点是它容许两个失效模式中的任何一个失效：当安全失效（开路）发生时，系统则有效地降级到 1oo2 结构，如图 1-6 所示；当危险失效（短路）发生时，系统就会有效地降级到 2oo2 结构，如图 1-7 所示。但无论降级到哪种状态，系统都一直保持正常工作状态。

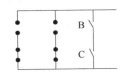

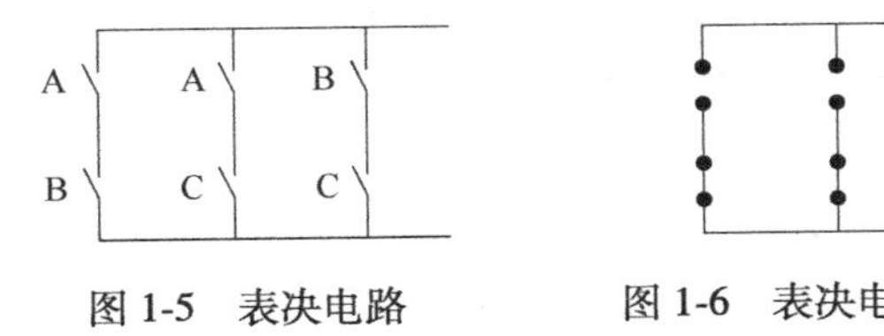

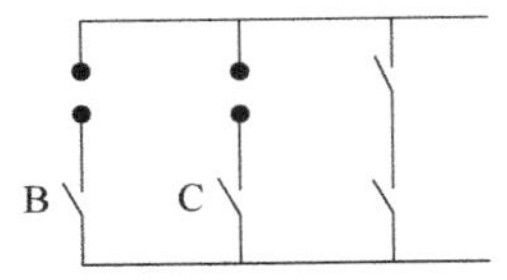

图 1-5　表决电路

图 1-6　表决电路开路失效，系统降级到 1oo2 结构

图 1-7　表决电路短路失效，系统降级到 2oo2 结构

5. 1oo1D 双通道系统

该系统采用单控制器结构，其通道具有故障诊断能力，并串联了一个诊断通道。该诊断通道可以利用诊断信号来断开输出，从而防止危险失效的发生。如图 1-8 所示，该系统代表了更高版本的一种安全系统。

6. 2oo2D 结构

该结构是一个 4 通道结构，由两个 1oo1D 结构的控制器以 2oo2 结构组成。由于当诊断程序检测到失效时，1oo1D 结构能够防止危险失效的发生，如图 1-9 所示，因此可以将两个单元并联起来，避免生产过程的停机。

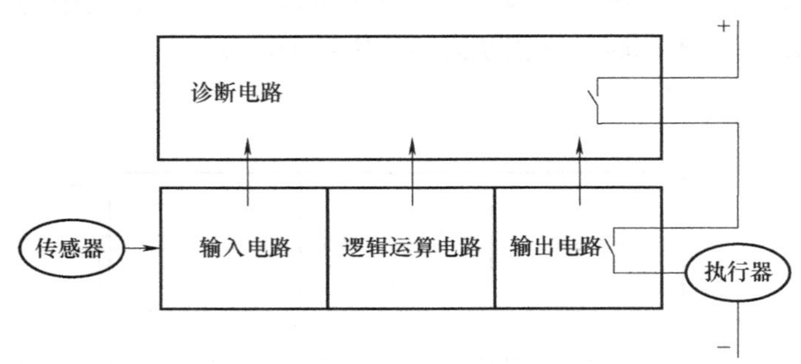

图 1-8 1oo1D 结构

但诊断程序对于这个结构来讲非常重要，因为两个单元中的任何一个如果发生未检测到的危险失效都会导致该系统发生危险失效。

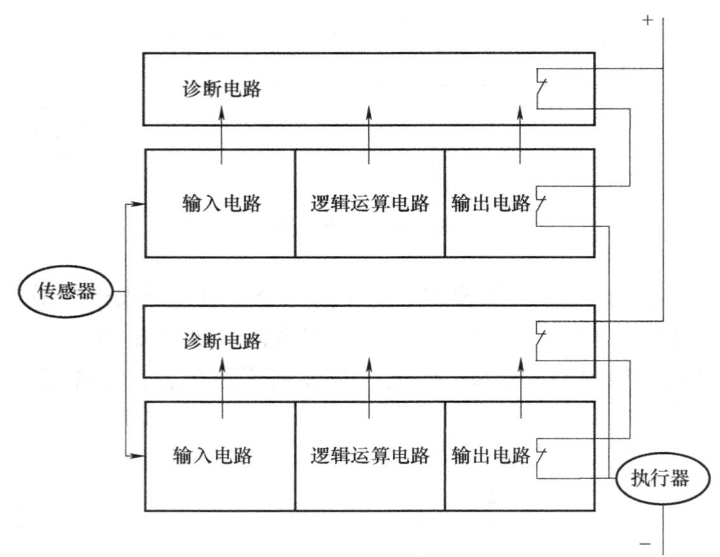

图 1-9 2oo2D 结构

7. 1oo2D 结构

1oo2D 结构与 2oo2D 结构类似，但它增加了额外的控制线，可以使 1oo2 结构具有安全性。该结构的特点是，只有当两个单元都发生危险失效，并且这个失效不能被两个单元中的任何一个诊断程序检测到时，1oo2D 结构才会发生危险失效。只要有一个单元检测到了该危险失效，就可以通过附加的控制线将诊断开关触发断开，从而避免危险失效的发生，如图 1-10 所示。因此，该结构能够同时包容安全失效和危险失效。

以上是安全系统经常使用的结构。一般来说，1oo2（以及 1oo2D）系统具有最高的安全性，其次是 2oo3 系统，但 2oo3 系统相对来讲较为复杂，成本也高一些，因此常用在过程控制行业；在离散控制行业，主要是 1oo2 系统就够了。

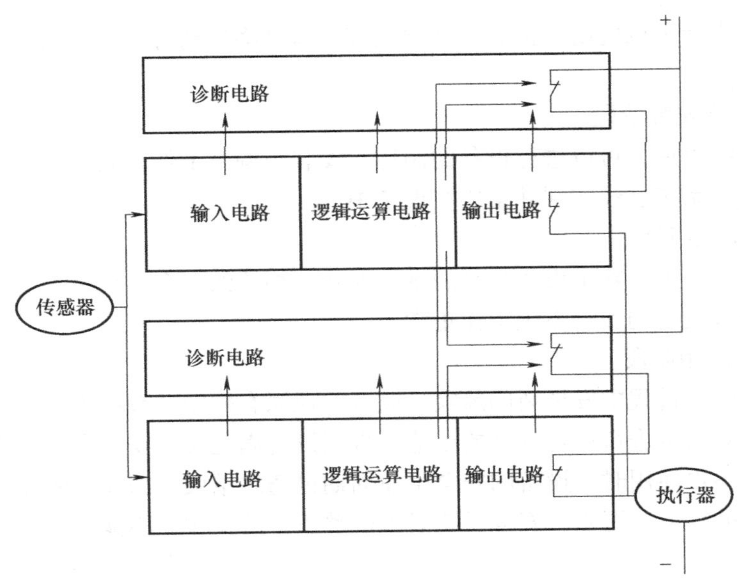

图 1-10 1oo2D 结构

1.2.4 安全系统的组成

一个安全的设备，最理想的状态应该是本质安全的，即从机械设计开始，就已经充分考虑了机械设备的各种危险因素，并采取防护措施，保证在使用过程中，各种工况下都是安全的，这就要求整个设备具有安全生命周期。

1. 安全生命周期

安全生命周期是指从设备概念设计开始到所有的安全系统功能停用为止，所发生的实现安全系统功能的必要活动。

一般来讲，设备的安全生命周期包括以下几个阶段：

（1）研究与概念阶段

该阶段主要定义所要制造的设备的相关信息，例如，设备名称、设备的功能、设备的主要用途、设备的电压等级、设备的应用环境要求以及设备制造的相关设计项等。此时，既是新设备生命周期的开始，也是该设备安全生命周期的开始。

（2）危险分析阶段

该阶段主要的工作，是在前期的设备设计的基础上，对设计单独进行安全方面的审核，从中找出可能存在的风险因素，一一加以识别并评估这些风险的严重程度，从而为后期的安全防护措施的设计提供依据。这是安全系统设计的前提和基础，也是保证设备安全最重要的一个环节。

（3）安全设计阶段

根据危险分析的结果，需要针对设备在机械、电气等各个方面以及设备的安装调试、正式运行、维修改造等各个阶段、各个工况可能存在的风险进行安全防护措施的设计。其中包括相关的工作流程的制定、机械安全防护的设计、电气安全回路的设计、与安全相关的其他安全防护措施的设计等。

在安全设计中所采取的防护措施，必须能够将风险降低到可以接受的程度，否则需要重新进行设计。

（4）设备制造安装阶段

在安全设计结束后，可以进行设备的制造和安装、调试工作。调试正常后，设备可投入生产。此时，安全系统已经实现并集成在设备中。

（5）操作和维护阶段

设备在使用过程中，除了设备自身的维护保养，相关的安全系统也需要定期地进行操作和维护，以保证该设备的安全系统工作正常。

（6）修改或停用阶段

如果设备在使用过程中发现新的风险，或者发现原有的安全系统不能满足实际风险防护的要求，则需要对设备进行一定程度的改造，直到设备满足实际安全生产的要求为止。当设备达到工作年限不再使用时，设备的安全生命周期也随之结束。即设备的停用，才标志安全系统的生命周期的结束，否则，安全系统必须能够正常的工作，不能失效，也不能人为地进行拆除或旁路。

但在 IEC 61508 的标准中，将机械设备的安全生命周期的各个阶段又细分为 16 项相关的工作内容，如图 1-11 所示。这些相关的工作项中的具体内容，都可以在相应的标准中进行详细的查询。本书介绍的内容中，除了希望广大读者能够了解设备安全的生命周期的概念外，更多的是介绍第 9 部分：安全相关的电气系统（E/E/PES）的实现，因为这部分主要涉及的是设备的安全电气控制系统，这是广大自动化工程师需要关注的内容。

另外，从安全生命周期所包含的各个方面的内容中也可以看到，电气安全仅仅是设备安全的一个部分。要想实现设备的安全，应该是要满足整个安全生命周期的各个方面的要求。因此，不能说只要设备上使用了安全电气控制系统，这个设备就一定是安全的了。不过电气安全控制系统往往弥补了机械设计所不能完成的防护，同时也是设备在完成生产加工流程的过程中实现的功能性安全，从而起到防护作用的系统，是保障设备实现功能性安全的最主要的系统，因此是非常重要的一个部分。例如，安全防护门可以作为设备机械设计的安全措施，当防护门关闭时人员在安全防护门的外面，因此是没有风险的；但当安全防护门打开后，如果没有进一步的防护措施，则人员就会重新面临着设备带来的风险，此时，就需要采取进一步的电气防护措施来弥补机械防护失效时可能出现的风险。

2. 安全控制系统

大家都是自动化领域的工程师，相信对自动化控制系统都不陌生。自动控制系统减轻了人类的劳动强度，提高社会生产力，提高了经济效益。

而随着控制要求的不断提高，大家对自动控制系统也逐渐有了一定的要求，例如，系统的稳定性、系统的可靠性以及系统的安全性。一般情况下，广大的用户对于控制系统的稳定性的要求是比较关注的，因为一个稳定的控制系统是保证生产活动的基础，这也是比较基本的要求。

但其实，在工业自动化不断发展的过程中，随着风险意识的提高，人们对于自动化控制系统的可靠性和安全性越来越关注。经过几十年的努力，工程师们在这个领域内不断地研究和总结，逐渐形成了可靠性和安全性工程这样一个研究领域。在这个领域里，大家提出了一

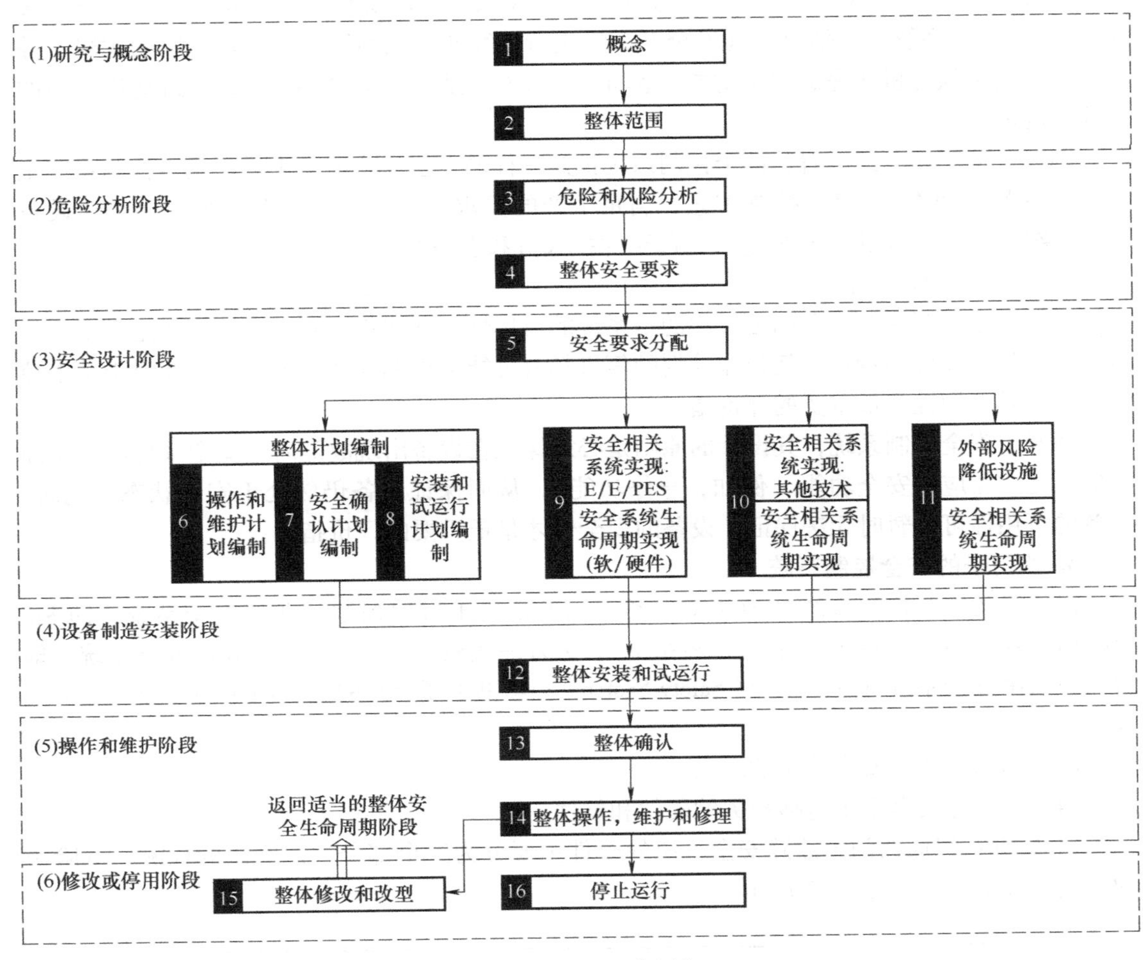

图 1-11　安全生命周期

系列新的概念和术语，例如，可靠性、安全性、平均失效间隔时间（MTBF）等，并建立了相应的评估体系。

这里，我们将传统的自动化控制系统定义为基本控制系统，与之相对应的就是安全控制系统。即，我们将自动控制系统分为两个部分：基本控制系统和安全控制系统。这两个系统在完成主要功能时，可以是相互独立的。那么，安全控制系统与基本控制系统相比较，到底有哪些区别呢？

其实，安全控制系统与基本控制系统的基本构成和工作原理都是一样的，但两个控制系统之间还是有一定区别的，主要区别在于：

（1）功能上的区别

对于基本控制系统来讲，主要是读取标准传感器的信号，之后CPU进行逻辑运算、数据运算，然后向执行机构（例如，阀门或电机）发出控制指令，从而完成控制功能。这是大家都非常熟悉的过程。

而对于安全控制系统来讲，其主要的功能也是首先读取传感器的信号，但这个传感器是指示“故障”的传感器（例如，急停按钮——一般认为，现场有了故障才需要按下急停按钮），之后安全系统的评估单元（安全 PLC）进行计算或实现判别潜在危险工况的逻辑，并将结果输出给执行机构完成安全功能（例如，电机的主回路接触器断开），以避免进一步的危险工况的发生。

因此，从工作方式上看，两个控制系统都是一样的，但从功能上来讲，基本控制系统主要是让设备“动作”，完成控制工艺，满足生产的要求；而安全控制系统则主要是让设备“停下来”，防止发生进一步的危险，起到保护人员和设备的作用。

（2）评价指标不同

对于基本控制系统，我们更关注的是系统的可用性，即在任何时候系统都能正常工作的概率。例如，在许多行业，任何非计划的停机都有可能造成非常大的损失，因此对于基本控制系统，其可用性是最重要的评价指标。

而对于安全控制系统，其设计的原则是必须保证在设备出现故障时，安全系统能够立即响应，完成相应的安全功能（例如，急停功能），从而保证设备仍然处于安全状态。此时，设备的可用性可能暂时无法保证，设备的安全性才是最重要的评价指标。

3. 西门子的安全控制系统

西门子的安全控制系统分为两个大类：一类是用于过程控制行业的安全系统，即 SIS（Safety Instrumented System，安全仪表系统）；另外一类就是用于工厂自动化的安全系统，即分布式故障安全系统（Distributed Safety System）。本书主要介绍的是西门子的分布式故障安全系统。

（1）西门子故障安全系统的组成

西门子故障安全系统包括相关的硬件和软件。

1）硬件：组成西门子故障安全系统的硬件主要分为三个部分：危险源的检测、危险源的评估以及响应，如图 1-12 所示。

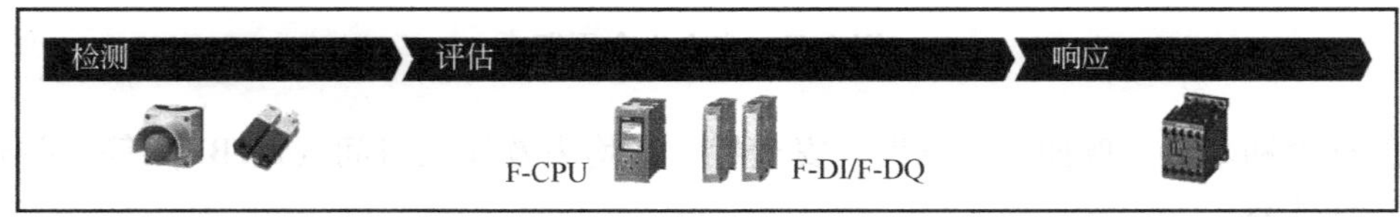

图 1-12 组成西门子故障安全系统的硬件的三个部分

其中各个部分都由不同的硬件组成，其功能也各不相同：

- 检测部分：主要是指检测安全信号的传感器，例如，急停按钮、安全门位置开关等，该信号经过处理或通过人员的指令来记录一个危险事件的发生。
- 评估部分：对检测到的危险信号进行读入、评估、诊断、执行安全功能、输出诊断并向执行机构输出信号。其主要组成硬件包括安全型的 PLC 系统（包括 F-DI、F-CPU 和 F-DQ 系统）和安全继电器。另外，有的光幕设备也自带评估单元。
- 响应部分：主要指的是安全型输出控制的设备（例如，接触器、继电器等），用于关断系统驱动设备的电源、关闭/打开电磁阀等。

2）软件：一个完整的故障安全系统，除了硬件，软件也是其非常重要的一个组成部分。特别是以安全型 PLC 作为评估单元的系统中，如果系统的软件部分没有达到安全等级的要求，那么该安全系统集成在系统中在评估时往往是不能达到安全等级要求的。

一般来讲，安全软件部分主要包括：操作软件和相关的用户程序以及相关联的软件等部分。

对于西门子的故障安全系统，其安全相关的软件部分主要是指基于 TIA 博途平台的软件包 SIMATIC STEP 7 Safety（Advanced 或 Basic），界面如图 1-13 所示。

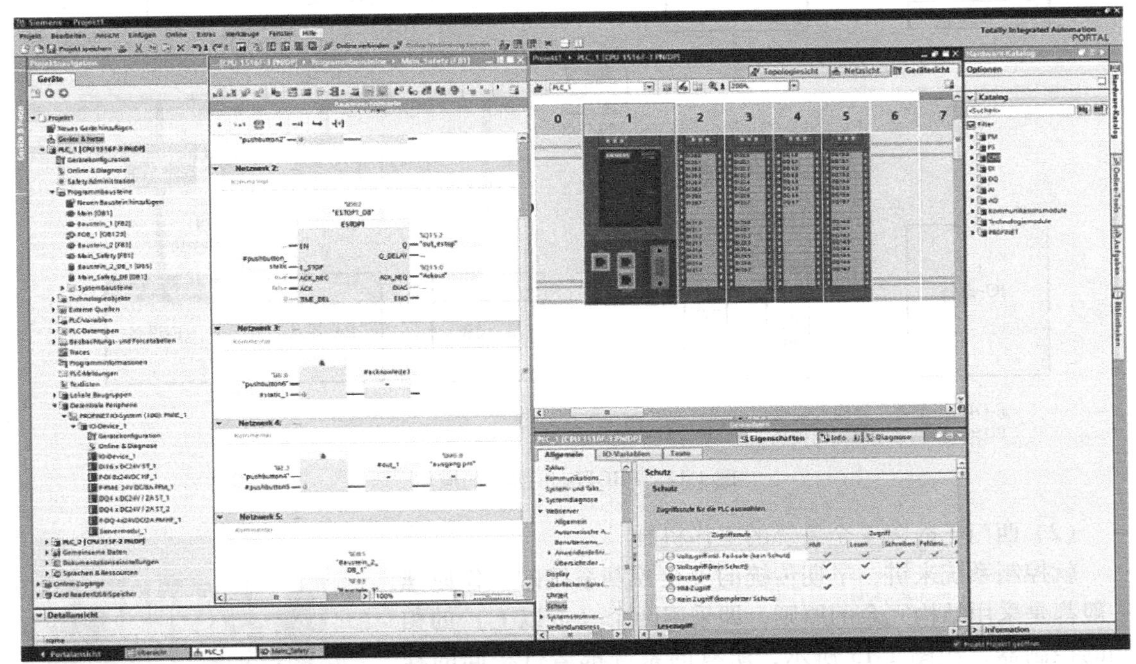

图 1-13　SIMATIC STEP 7 Safety（Advanced 或 Basic）界面

该软件包是 TIA Portal 软件的一个可选软件包，必须基于 TIA Portal 才可以安装和工作。而用户也必须在安装了该软件包以后，才能在 TIA Portal 的硬件组态时找到所有的故障安全型的硬件模板，否则硬件组态时有些故障安全模板的型号是不完整的。另外，该软件包中提供了故障安全系统编程的环境以及安全功能块的库（包括 E-STOP、Safety door monitoring、Muting 等），这些功能块已经涵盖了机械安全领域中可能用到的全部安全功能，并且都是经过 TÜV 认证达到 SIL3（或 PLe）安全等级的，用户可以直接在自己的用户程序中调用这些功能块，无须再自己开发相应的功能块，否则用户还需要对自己开发的功能块进行认证，大大简化了用户编制安全程序的步骤以及进行安全评估的步骤。

因此，SIMATIC STEP 7 Safety（Advanced 或 Basic）软件包既包括了安全系统应用的环境，又涵盖了安全的用户程序部分，用户只需要将该软件包集成在 TIA Portal 平台中即可保证项目的软件部分满足安全系统的要求。

3）安全总线：除了以上的硬件和软件，西门子的故障安全系统还包括总线系统。

随着现场总线的广泛应用，西门子最早于 1999 年便推出了基于现场总线的安全通信的协议 PROFIsafe，将安全设备和标准设备的数据完全整合在以 PROFIBUS/PROFINET 为平台的总线系统中，并达到 SIL3 或 PLe 的安全等级，如图 1-14 所示，保证数据被安全地传输。同时提供了比标准现场总线更加完善的诊断机制，保证数据在传输过程中一旦出现错误，将立即自动触发安全系统响应，启动相应的安全机制。目前 PROFIsafe 已经成为国际标准（IEC 61784）和国家标准（GB/T 20830—2015），被广大厂商所应用。

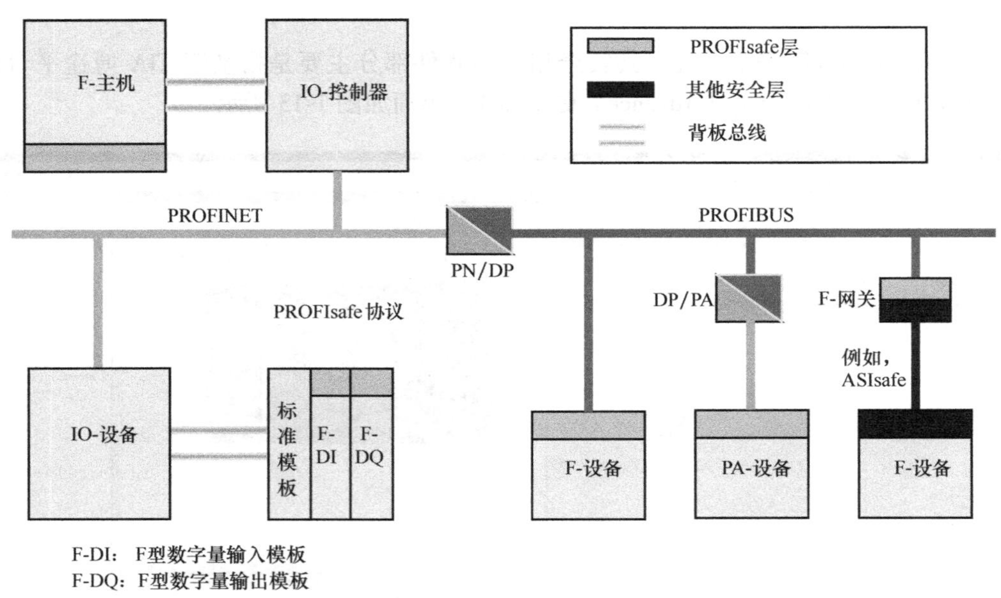

图 1-14 PROFIsafe 协议的应用

（2）西门子故障安全系统的工作机制

就控制系统来讲，早期传统的安全控制系统的工作原理一般都是采用结构冗余的原则，即采用两个（或以上）的相同的控制器，如图 1-15 所示，所有的系统都运行相同的程序，之后对运算的结果进行比较。但这种结构存在一些问题，比如成本较高，因为所有的模板都是专用的，并且数据同步也容易出现问题。

图 1-15 西门子 S5-110F 系统

随着西门子 S7-300/400 系列 PLC 的发布，以及最新的 S7-1500 系列 PLC 的发布，西门子的故障安全系统主要采取的技术也由原来的结构冗余变成了编码处理和时间冗余，从而更加经济、更加便捷地实现故障安全的功能。

我们举个例子，来具体说明一下故障安全系统的工作原理以及故障安全系统与标准系统的区别，如图 1-16 所示。

例如，在标准系统中，我们需要进行一个运算操作 $z=x+y$。如果将变量 x 和 y 分别进行赋值，即可得到 z 的值，并可以直接输出。

但在故障安全系统中，系统的评估体系需要对系统中所有采集到的值都进行校验，也可以理解为“验算”，即除了标准系统进行正常的运算外，故障安全系统需要额外的对所有采集到的变量的值进行校验，也需要对程序算法和得到的结果进行校验。因此，当标准系统得到变量 x 和 y 的赋值后，系统会同时在内部分别对这两个值进行一个取反的操作，并得到两个换算后的值 x_c 和 y_c，同时，也会将原来的算法进行一个取反，得到新的运算方法 $z_c=x_c+y_c+1$，这个过程我们称之为“编码处理”。

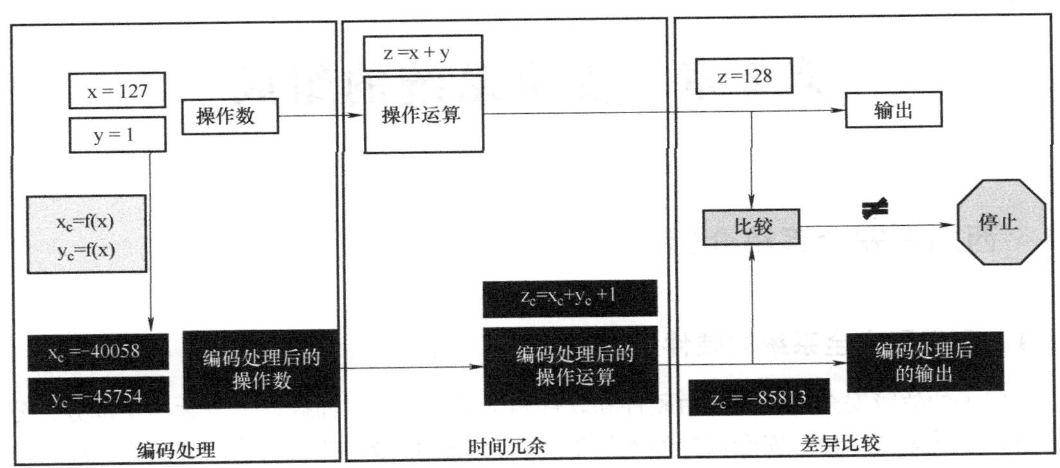

图 1-16　西门子故障安全系统工作机制

之后，标准程序开始运算，利用 x、y 并得到相应的结果 z。标准运算结束后，故障安全系统会紧接着利用新的算法对换算后的变量 x_c 和 y_c 进行运算，得到编码处理后的运算结果 z_c。但这两个过程是依次进行的，并不是同时进行的，因此，我们称为“时间冗余”。通过时间冗余技术，我们可以将该运算放在同一个 CPU 内进行，而不再需要两个冗余的 CPU 硬件，从而节省一块 CPU 硬件。

由于两个“相反”的运算分别得到了两个结果，此时，理论上我们将之前编码取反的运算结果再次取反后就应该得到与标准运算一致的结果。通过这样的方法，我们就可以对整个数据采集以及运算的过程、结果进行“验算”，从而保证整个过程的数据都是准确的。这个过程，我们称为“差异比较”。当然，如果在整个过程中有任何一个环节出错，那么比较后的结果应该是不同的。如果出现这种情况，则故障安全系统认为数据出现了错误，从而触发安全机制，不再输出运算结果，而输出替代的“安全值”。一般情况下，此时会输出安全值“0”，引导系统进入“停止”状态，并保证设备不能随意启动。

以上就是西门子故障安全系统的工作原理。其中，由于使用了时间冗余的技术，使得西门子的故障安全系统的 CPU 可以不再采用冗余的硬件结构，仅采用单 CPU 来实现，并通过提高 CPU 的诊断覆盖率，可以达到 SIL3 或者 PLe 的安全等级。另外，由于使用了 PROFIsafe 协议，使得数据借助标准的 PROFIBUS/PROFINET 总线也可以实现安全的传输，无须专用的安全总线，同样也大大节省了成本。

第 2 章　安全系统的组成

2.1　西门子安全系统介绍

2.1.1　西门子安全系统的硬件组件

西门子的故障安全系统主要由硬件和软件两个部分组成。而硬件又分为三个部分，分别是安全信号的采集部分、安全信号的评估单元以及安全信号的执行机构，如图 2-1 所示。

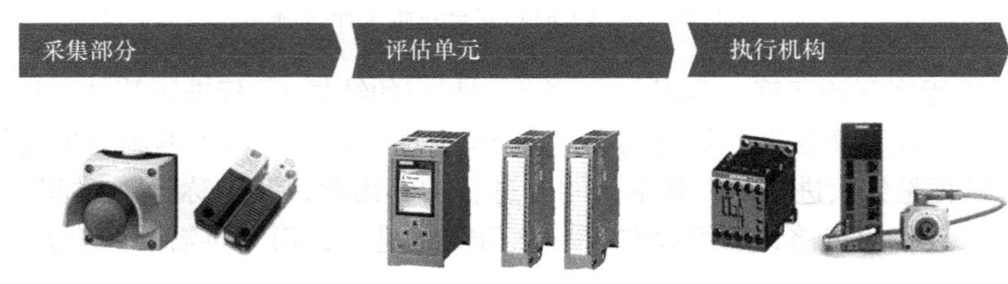

图 2-1　故障安全系统

1. 采集部分

安全信号的采集与普通信号的采集其实是类似的，都是通过传感器来实现的。但由于安全系统的特殊性，因此对应用于安全系统的传感器也是有一些特殊要求的。

一般来讲，用于安全系统的传感器都要求具备一定的“安全性”，即不能轻易地失效。

例如，对于一台设备的启动按钮，如果由于该按钮自身的质量原因或者接线的原因，导致按钮按下时设备没有启动起来，此时，对于设备或者人员是没有伤害的，因此，这类按钮采用普通的按钮就可以。

但是，假如该按钮是用于急停功能（E-STOP）的按钮，当我们需要触发该按钮时，一定是出现了紧急情况，此时我们希望设备一定能停下来，否则就有可能出现人员伤害。但如果该按钮此时由于自身损坏或者接线原因而失效导致系统没有停下来，则可能会出现人身事故。因此，对于应用在故障安全系统的传感器，是不能轻易出现故障或失效的。

因此，选择应用在故障安全系统中的传感器应该从以下几个方面来考虑：

- 自身的质量较好，不能轻易损坏。
- 一般具有故障安全应用设备的特殊颜色，例如，黄色、红色。
- 能够提供双触点，具有双通道接线的能力。
- 位置传感器类设备应具有强制脱扣功能，用于防止触点粘连（一般在产品说明或样本上应有符号：➔）。
- 经过相关认证。

西门子提供的安全类产品中，涉及传感器的设备包括：急停按钮、位置传感器、磁性开关、拉绳开关、脚踏开关等，种类比较丰富，如图 2-2 所示。

图 2-2　西门子安全类传感器产品举例

2. 评估单元

故障安全系统的信号必须通过评估单元进行数据的验证，之后才能进行故障安全功能的逻辑运算和功能的执行，整个数据的处理都是通过评估单元进行的。对于西门子故障安全系统的评估单元，这里主要介绍安全 PLC 系统，包括故障安全型输入模块（F-DI 模块）、故障安全型 CPU（F-CPU）以及故障安全型输出模块（F-DQ 模块），如图 2-3 所示。

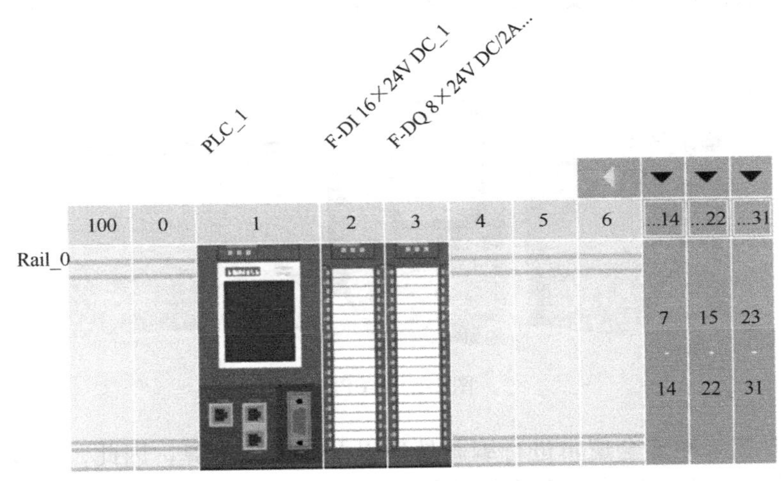

图 2-3　安全 PLC 系统

（1）故障安全型输入（F-DI）模块

F-DI 模块的主要功能是连接安全型传感器，采集来自于传感器的信号，如图 2-4 所示。

图 2-4　F-DI 模块

由于该模块是应用在故障安全系统中，因此其功能比普通的数字量输入模块具有更加完善的诊断功能。其中，主要的诊断功能包括：

● 连接线缆的诊断

该模块通过内部供电电源发出的脉冲信号以及相应的检测回路，实现外部传感器连接线路的故障诊断，例如，断线、短路等故障。

- 交叉回路的检测

一般来讲，F-DI 模块都需要提供双回路接线的方式。该模块内部是两块印制电路板，可以分别接收两个通道的信号，并进行交叉检验，防止双回路接线错误，并能够检测双回路信号的差异。例如，某位置传感器内部为双触点，分别接入模块的两个对应的通道，当参数设置该两个对应通道为 1oo2 时，模块内部将对这两个通道的接线进行交叉检测，防止这两个触点的接线接错。

除了针对硬件及接线方面的检测，F-DI 模块还有一个重要的功能，就是生成 PROFIsafe 报文：

由于西门子 F-DI 模块内部是双印制电路板设计，因此内部具有两块处理器，而采集后的信号在上传到背板总线以及现场总线时，是通过 PROFIsafe 协议进行数据传输的。因此，该模块会通过一块处理器生成安全信号的数据，另外一块处理器生成针对该安全数据的 CRC 校验码，并合并生成 PROFIsafe 报文，将安全数据发送到背板总线以及现场总线上，再传递给 CPU 进行评估和处理。

（2）故障安全型 CPU（F-CPU）

当数据经过背板总线和现场总线传递到 CPU 后，F-CPU（见图 2-5）将对数据进行编码处理以及相应的校验后才进行安全功能的逻辑运算。

图 2-5 F-CPU

由于 F-CPU 需要对安全逻辑进行编码处理以及相应的运算，因此，一般来讲，F-CPU 的工作存储区都比标准 CPU 的工作存储器要大。

另外，F-CPU 自身也要进行硬件的检测，以保证自身硬件不能出现故障，这些都是要消耗 CPU 的资源的，但同时也保证了 F-CPU 非常高的诊断覆盖率。

（3）故障安全型输出（F-DQ）模块

与 F-DI 模块类似，F-DQ 模块（见图 2-6）也提供了许多检测回路，用来进行输出线缆的故障检测，例如，断线、短路的检测。

以上是故障安全系统的评估单元安全型 PLC 系统的简单介绍。除此之外，安全继电器也是常用的评估单元。与安全型 PLC 系统相比，安全继电器具有功能实现简单，无须编程的优势，特别适用于单个安全回路的应用，并且同样可以满足机械行业最高安全等级（SIL3 或 PLe）的要求。但安全继电器不能完成逻辑控制，如果现

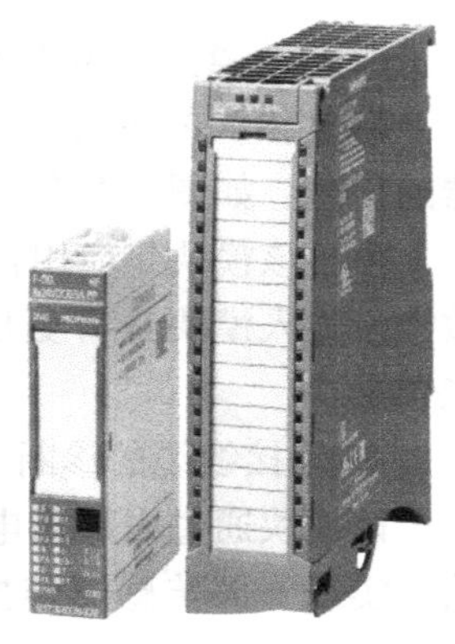

图 2-6 F-DQ 模块

场工艺要求比较复杂，同时又需要进行网络连接以及远程诊断时，还是采用安全型 PLC 更加便捷。

除了这些典型的模块，西门子的安全系统还有一些比较特殊的模块，比如，故障安全型模拟量输入（F-AI）模块，应用在 ET200 SP 上的 F-Power 模块以及支持 ASi-F 的 Link 模块等。关于这些模块的应用，这里不一一详细介绍了，需要时可以查阅相关的模块手册。这里只简单介绍 F-Power 模块，因为该模块的功能往往会与正常系统的电源模块相混淆。

对于 ET200 SP 上的 F-Power 模块，除了自身的 F-DI\F-DQ 外，其最主要的功能是实现安全的“组关断”功能，即连接在 F-Power 模块后面的所有的 DQ 模块，可以通过 F-Power 模块同时进行关断操作，并且如果其后连接的是标准的 DQ 模块，则这些关断可以达到 SIL2 的安全等级；如果其后连接的是 F-DQ 模块，则可以实现 SIL3 等级的安全“组关断”，如图 2-7 所示。

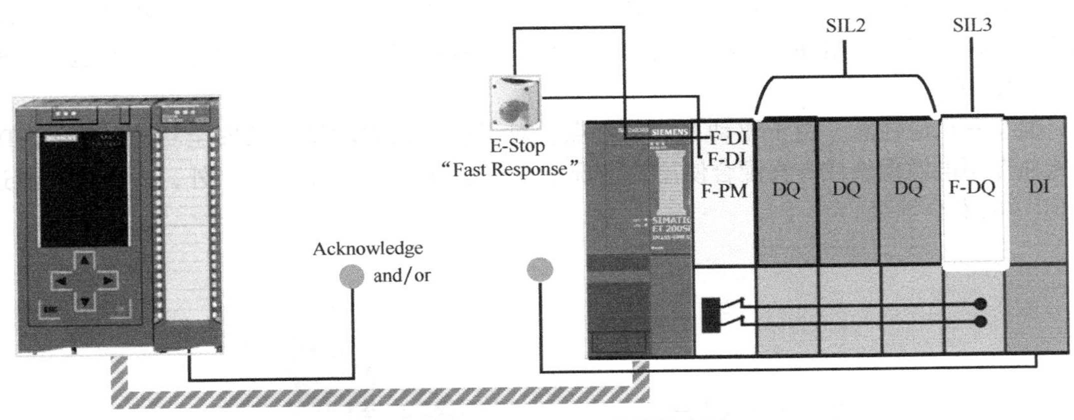

图 2-7　ET200 SP F-PM 模块的应用

3. 执行机构

安全信号的执行机构主要的功能是控制电机主回路的电源，实现设备的安全停止。目前，主要应用设备有两类，继电器或接触器类的关断设备以及安全型变频器。当然，还有声光报警等一些辅助安全设备。

（1）安全关断设备

对于安全关断设备，由于不像传感器类设备具有明显的颜色特征，因此大家比较关注的问题是，什么样的设备可以用在安全系统中，例如，作为连接输出模块的设备，可以使用普通的继电器（见图 2-8），还是必须要使用安全型输出继电器？

图 2-8　继电器

要回答类似的问题，其实就是一个原则，即在安全集成过程中，应考虑是否满足实际系统安全等级的要求。

在后面的章节，我们还将介绍安全系统的评估。在进行安全系统评估计算的过程中，所有的设备都需要参与计算，因此，在选择输出关断设备时，应考虑该设备的相关参数是否能够满足安全等级的要求，只要满足要求便是可以应用的。当然，一般情况下，除了设备自身的参数外，还应考虑系统的结构，因为有些情况下，单个设备的参数可能不满足系统的要求，但如果采用不同的系统结构，也是可以达到安全等级要求的。因此，一般来讲，如果对于此类设备没有非常明确的要求，应尽量选择质量有保障的设备，或者是安全系统厂商推荐的产品，否则在计算时可能找不到设备的参数或者参数不容易满足安全系统的要求。

（2）安全型变频器

现在的自动化现场，变频器的应用已经非常广泛了。如果在变频器的回路中再串入接触器来控制电机的起停显然是不合理的，因此，西门子将安全功能集成在变频器的控制单元中，可以通过变频器直接实现安全功能，如图 2-9 所示。

变频器的安全功能主要来自于 IEC 61800-5-2 标准，该标准主要针对变频器、伺服系统、伺服驱动器以及安全编/解码器等产品提出了功能安全的要求，例如，安全转矩关断（STO）、SS1、SS2 等安全功能，以防止意外的发生。

目前，按照 IEC 61800-5-2 标准，定义了若干安全功能，而西门子将其中最常用的几个安全功能都作为标配，免费集成在大多数的驱动产品中，例如，STO 功能、SS1 功能和 SBC 功能等，用户可以免费使用这些功能。而对于其他一些较为复杂的安全功能，用户也可以购买后再使用的。

但有一点应注意，由于驱动系统的特点，对于应用在驱动系统的安全功能，除了 STO 功能在专用电源模块或方案配合使用的情况下可以达到 SIL3 的安全等级外，一般都只能达到 SIL2 的安全等级。

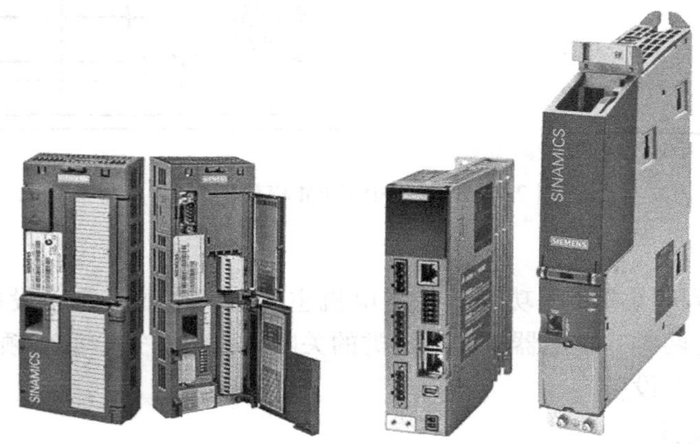

图 2-9　西门子变频器产品大多集成了基本安全功能

2.1.2　西门子安全系统的软件组件

故障安全系统除了有相应的硬件，也包括相关的软件和操作系统。对于西门子故障安全系统来讲，主要涉及的软件包括两个部分：基础软件平台和安全软件包。

1. TIA 博途（TIA Portal）软件

西门子 PLC 系统编程软件之前是 STEP 7，主要应用于 S7-300/400 系列 PLC 的硬件系统。随着新的 S7-1500 系列产品的推出，新软件平台也随之诞生，我们称之为 TIA 博途（TIA Portal）软件。该软件平台不仅支持原来的硬件系统，同时还全面支持新的 S7-1500 系列 PLC 的硬件系统。

TIA 博途软件是一个软件平台，其集成了 STEP 7、WinCC、Startdrive、SCOUT TIA 以及 SIMOCODE 等基本软件包，能够实现针对 PLC、HMI、变频器、运动控制器以及低压产品的组态和编程调试。除此之外，TIA 博途软件平台还可以根据客户的需求，将 SIMATIC STEP 7 Safety 等可选软件包集成进去，如图 2-10 所示。

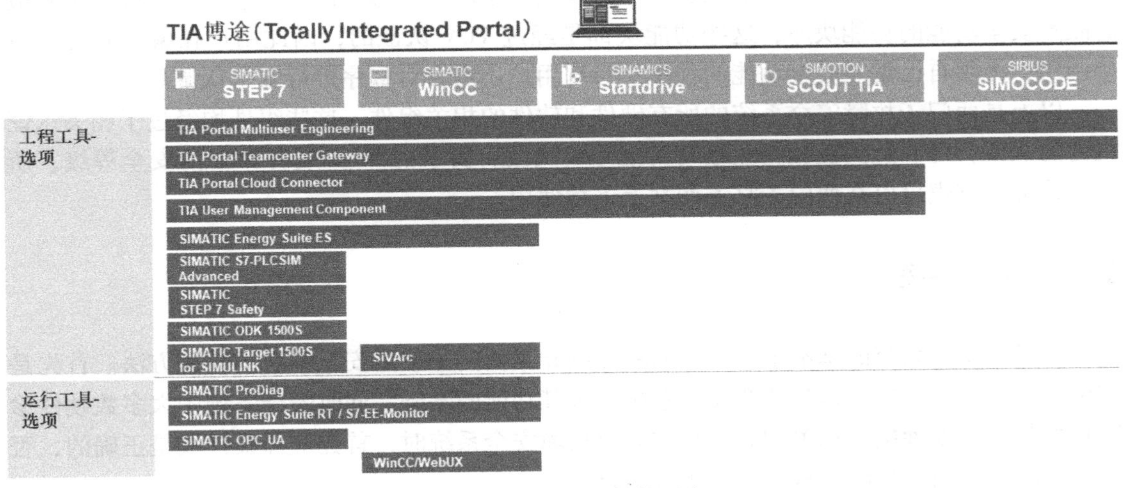

图 2-10　TIA 博途软件平台

2. 安全软件包

在 TIA 博途软件平台的基础上，用户如果需要对故障安全系统进行编程组态，则需要额外购买一个可选软件包：SIMATIC STEP 7 Safety。

该软件包分为两个版本：Basic 版和 Advance 版，分别针对 S7-1200F 系统和 S7-300F/S7-400F/S7-1200F/S-1500F 系统。

该软件包的主要功能是实现故障安全系统的硬件组态以及程序编制，如图 2-11 所示。

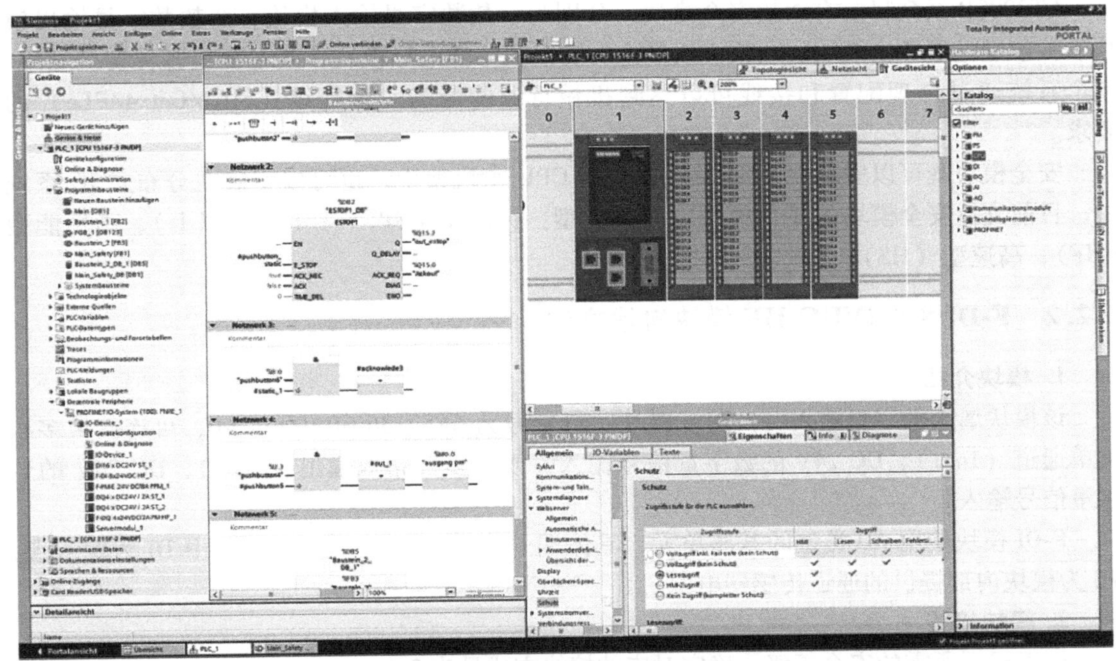

图 2-11　SIMATIC STEP 7 Safety 软件包

该软件包需要安装运行在 TIA 博途软件以及 STEP 7 的基础环境下，并且用户需要购买授权才可以运行。

该软件包提供了所有故障安全型的硬件模块用于硬件组态。同时，该软件包提供了相应的故障安全功能的功能块库，这些功能块都是经过 TÜV 认证的，因此用户在编程时可以直接调用，无须自己编制安全功能的程序，否则用户还需要对程序进行安全认证。

以上是西门子故障安全系统的所有硬件和软件的相关组件。这些组件均经过了相关认证机构的认证，可以达到机械行业最高安全等级认证所要求的 SIL3 或者 PLe 的安全等级，所有的认证证书也可以在西门子官方网站上下载使用。

2.2 硬件接线

有了对安全系统的基本了解，我们将详细介绍西门子故障安全系统的使用方法。首先是传感器信号线的连接，这是整个安全系统实现其功能的基础，同时安全系统中大多数硬件诊断功能都是与物理接线相关的。用户在集成故障安全系统时，首先应保证接线是正确的，否则系统将会诊断出故障，从而无法正常运行。

之前，我们提到西门子自动控制系统是基于现场总线 PROFIBUS/PROFINET 的分布式系统，因此，在 S7-1500F 系统中，更多的用户采用的是分布式结构。故此，我们以分布式 IO 系统 SIMATIC ET200SP 为例说明故障安全系统的硬件 IO 接线是如何实现的。

另外，所有西门子 S7-1500 系列故障安全系统中的标准模块与安全模块都是可以共同使用的，在此不再详述系统的基本应用，仅介绍与故障安全相关的硬件部分和软件部分。

2.2.1 ET200SP 安全模块简介

ET200SP 系列目前有六款安全模块，分别为一款数字量输入模块、两款数字量输出模块、一款继电器输出模块、一款模拟量输入模块和一款电源模块，基本覆盖各种安全应用。整个系统通过合理配置和接线可以达到机械行业的最高安全等级（SIL3/Cat. 4/PLe）的要求。

安全模块既可以安装在 ET200SP 安全型 CPU 主机架中，也可以安装在分布式 IO 系统中，目前支持安全模块的接口模块有三种类型：标准型（ST，V1.1 及其以上）、高性能型（HF）、高速型（HS）。

2.2.2 F-DI 8×24VDC HF 模块接线方法

1. 模块介绍

该模块属于数字量输入（F-DI）模块，订货号为 6ES7136-6BA00-0CA0，可连接最多八路单通道（1oo1）、DC 24V 的数字量信号输入，或最多四路双通道（1oo2）、DC 24V 的数字量信号输入。

F-DI 模块使用 A0 类型的基座单元，具体端子分配如图 2-12 所示，其中 DI 为输入点，VS 为模块内部提供的通道传感器电源。

2. 模块接线

可以根据所需的安全等级，确定对应的接线方式见表 2-1。

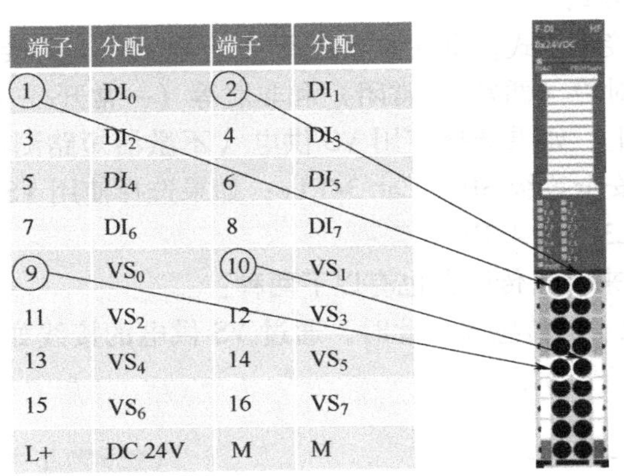

端子	分配	端子	分配
1	DI_0	2	DI_1
3	DI_2	4	DI_3
5	DI_4	6	DI_5
7	DI_6	8	DI_7
9	VS_0	10	VS_1
11	VS_2	12	VS_3
13	VS_4	14	VS_5
15	VS_6	16	VS_7
L+	DC 24V	M	M

图 2-12　F-DI 模块端子分配图

注：1. 如果使用 1oo2，则 DI_0 和 DI_4 为一组，DI_1 和 DI_5 为一组，DI_2 和 DI_6 为一组，DI_3 和 DI_7 为一组。

2. VS 电源和外部的 DC 24V 电源不同，VS 电源可提供检测脉冲，实现短路检测功能，而外部电源一般没有该功能。

表 2-1　F-DI 模块安全等级与接线方式的选择

接线方式	传感器评估	传感器供电	达到的安全等级
1	1oo1	任意	SIL3/Cat. 3/PLd
2	1oo2 对等	内部供电，无须短路测试	SIL3/Cat. 3/PLe
		外部供电	
3. 1	1oo2 对等	内部供电，需短路测试	SIL3/Cat. 4/PLe
3. 2	1oo2 非对等	内部供电	
		外部供电	

(1) 1oo1 接线方式

对于 1oo1 接线方式，传感器供电方式不限，可以达到等级为 SIL3/Cat. 3/PLd。

注意：一般情况下 1oo1 只能达到 SIL2 的安全等级，但是如果外部传感器带有一定的自诊断功能，则有可能达到 SIL3 安全等级，这需要在具体的应用中进行计算。

1oo1 接线有两种方式：一种是通过内部 VS 电源为传感器供电，如图 2-13 所示，此时可以通过参数选择进行短路测试；另一种是通过外部电源供电，如图 2-14 所示，此时无法进行短路测试。

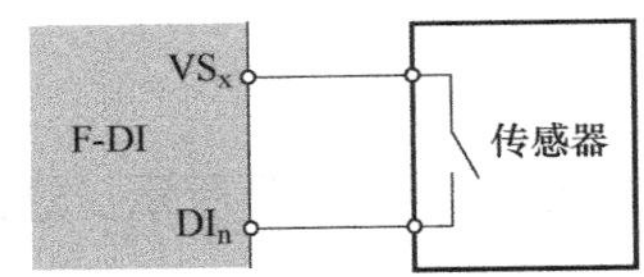

图 2-13　1oo1 接线方式通过 VS 供电接线示意图

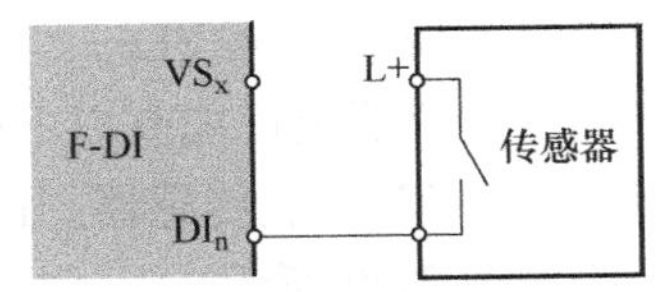

图 2-14　1oo1 接线方式通过外部电源供电接线示意图

（2）1oo2 对等接线方式

如果采用双通道的接线方式，则在参数选择中，应选择 1oo2 接线方式。其中 1oo2 接线方式又分为两种情况：对等（两常开/常闭）和非对等（一常开/一常闭）接线方式。

在接线方式的选择上，如果选择使用 VS 供电（不激活短路测试）或者使用外部供电，这种接线方式可以达到安全等级 SIL3/Cat. 3/PLe；如果选择使用 VS 供电（激活短路测试），则可以达到安全等级 SIL3/Cat. 4/PLe。

对于 1oo2 接线方式来讲，传感器也有以下两种：

1）使用单个带双触点的传感器。此时，通过 VS 供电的接线如图 2-15 所示。通过外部电源供电的接线如图 2-16 所示。

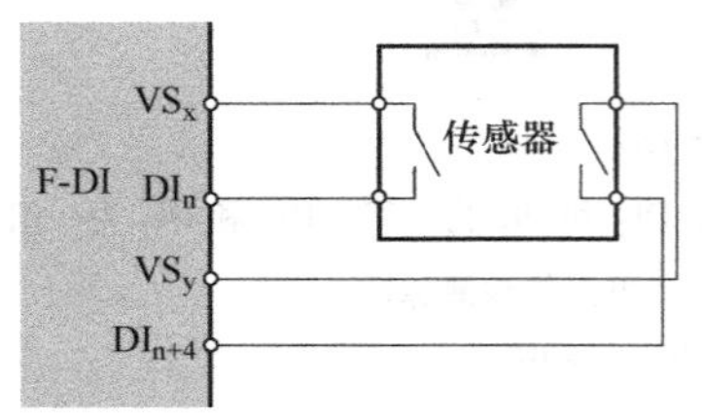

图 2-15 单个对等双触点传感器 VS 供电接线示意图

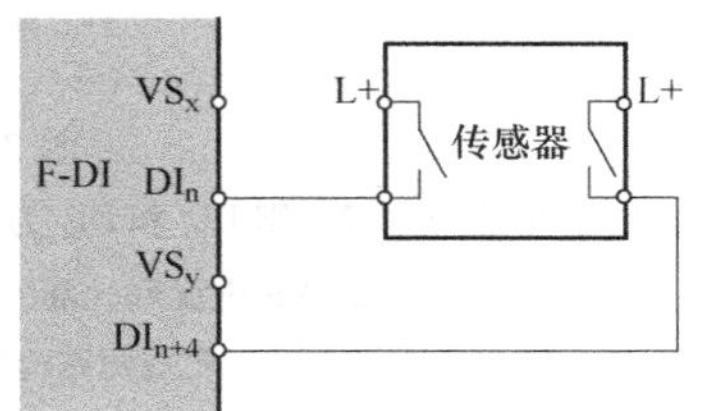

图 2-16 单个对等双触点传感器外部供电接线示意图

2）使用两个单触点传感器。此时，通过 VS 供电的接线如图 2-17 所示。通过外部供电的接线如图 2-18 所示。

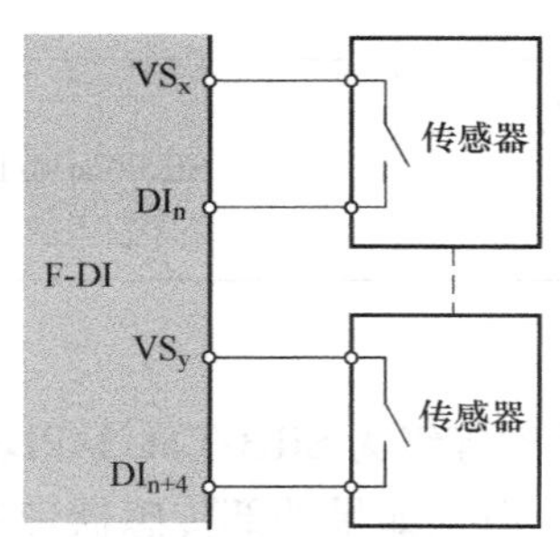

图 2-17 两个对等单触点传感器 VS 供电接线示意图

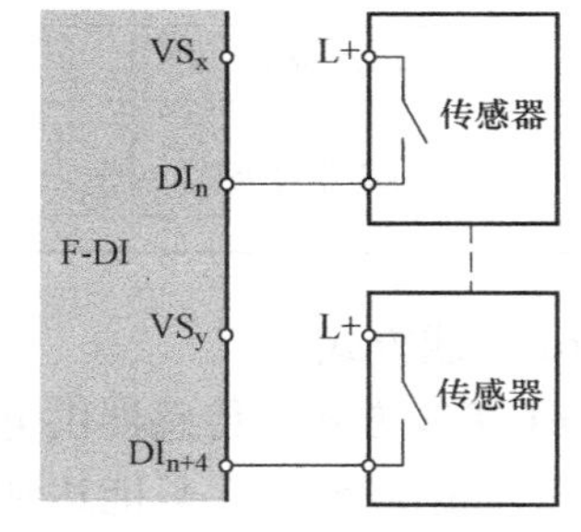

图 2-18 两个对等单触点传感器外部供电接线示意图

（3）1oo2 非对等接线方式

对于 1oo2 非对等（一常开/一常闭）接线方式，使用 VS 供电或者使用外部供电，均可以达到安全等级 SIL3/Cat. 4/PLe。

同样，此时传感器也可能有以下两种：

1）使用单个带双触点传感器。此时，通过 VS 供电的接线如图 2-19 所示。通过外部电源供电的接线如图 2-20 所示。

2）使用两个单触点传感器。此时，通过 VS 供电的接线如图 2-21 所示。通过外部电源供电的接线如图 2-22 所示。

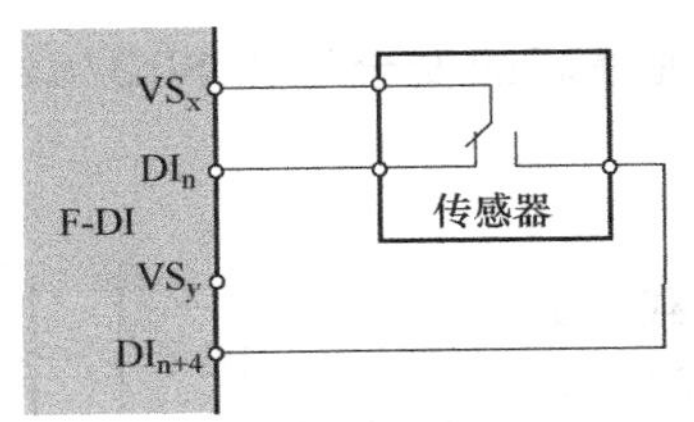

图 2-19　单个非对等双触点传感器 VS 供电接线示意图

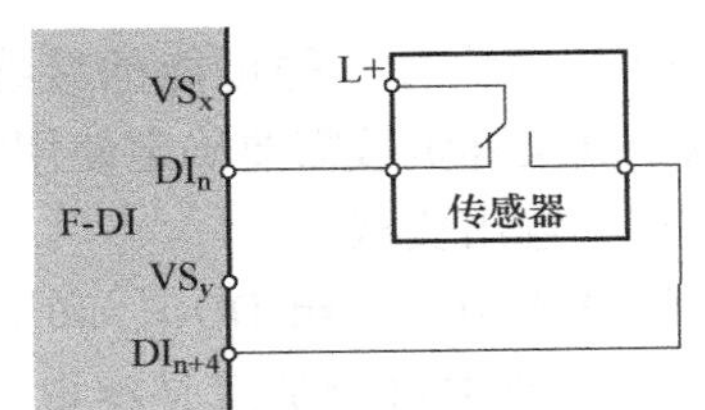

图 2-20　单个非对等双触点传感器外部供电接线示意图

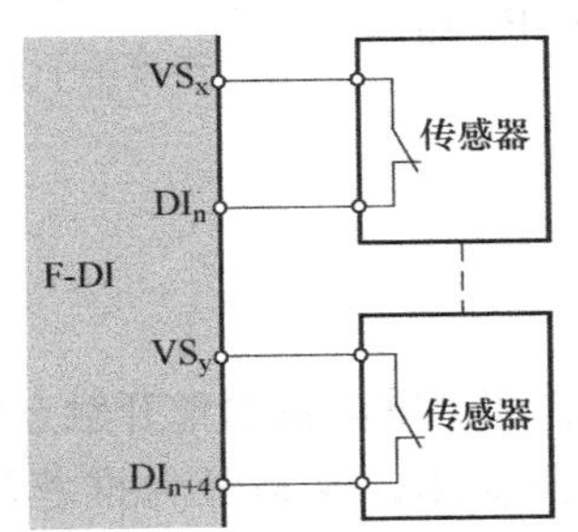

图 2-21　两个非对等单触点传感器 VS 供电接线示意图

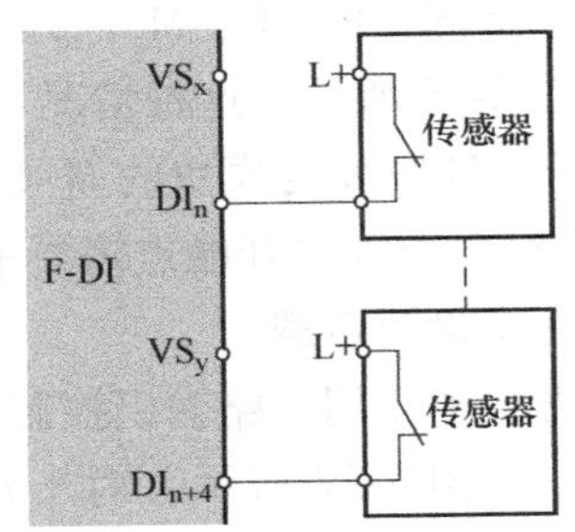

图 2-22　两个非对等单触点传感器外部供电接线示意图

2.2.3　F-DQ 4×24VDC/2A PM HF 模块

1. 模块介绍

数字量输出 F-DQ PM 模块，订货号为 6ES7136-6DB00-0CA0，支持最多四路 DC 24V 输出，每路输出电流最大 2A，用于连接外部执行器。

所谓 PM 模块，指的是在模块内部的输出回路为 P（24V+）和 M（0V）线上分别有检测开关回路，用于内部测试过程中检测 P 或 M 通道的状态，如图 2-23 所示。

F-DQ PM 模块使用 A0 类型的基座单元，具体端子分配如图 2-24 所示，其中 DQ-P$_n$ 为输出通道的 P（24V+），DQ-M$_n$ 为输出通道的 M（0V）。

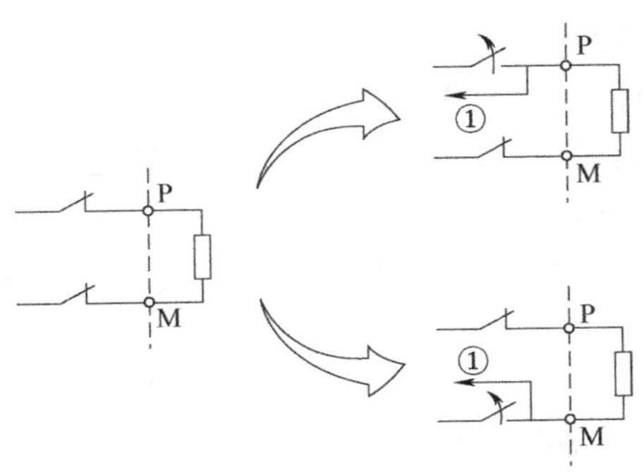

图 2-23　PM 模块内部检测回路原理图

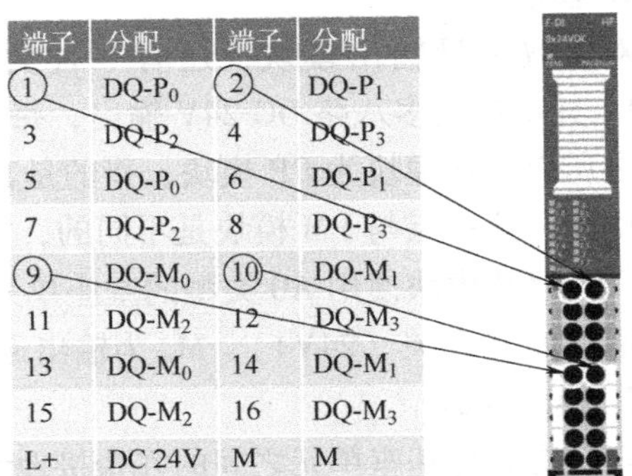

端子	分配	端子	分配
1	DQ-P$_0$	2	DQ-P$_1$
3	DQ-P$_2$	4	DQ-P$_3$
5	DQ-P$_0$	6	DQ-P$_1$
7	DQ-P$_2$	8	DQ-P$_3$
9	DQ-M$_0$	10	DQ-M$_1$
11	DQ-M$_2$	12	DQ-M$_3$
13	DQ-M$_0$	14	DQ-M$_1$
15	DQ-M$_2$	16	DQ-M$_3$
L+	DC 24V	M	M

图 2-24　F-DQ PM 模块端子分配图

2. 模块接线

F-DQ PM 模块有三种可能的接线方式，都可以实现最高的安全等级 SIL3/Cat. 4/PLe，用户可以根据实际负载需要确定使用哪种接线。

(1) 接单输出负载

该接线方式中，一组 DQ-P_n 和 DQ-M_n 连接一个负载，如图 2-25 所示。通常这个负载是继电器、接触器或者阀门等执行机构。

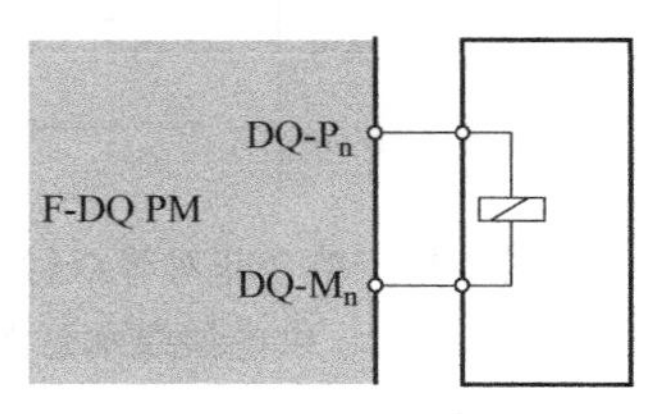

图 2-25 F-DQ PM 模块连接单个负载

(2) 通过外部电源连接两个负载

该接线方式中使用一路输出控制两个继电器负载，其中一个继电器连接外部 L+和 DQ-M_n，另一个继电器连接 DQ-P_n 和外部 M，如图 2-26 所示。这种情况下，需要确保：

1) 外部的 M 需要与模块的 M 等电位。

2) 两个继电器的常开触点需要串联控制负载设备。

(3) 接两个输出负载

该接线方式中使用一路输出控制两个并联的继电器，两个继电器的常开触点需要串联控制负载设备，如图 2-27 所示，对于输出点控制继电器的应用，这是最为推荐的一种接线方法。

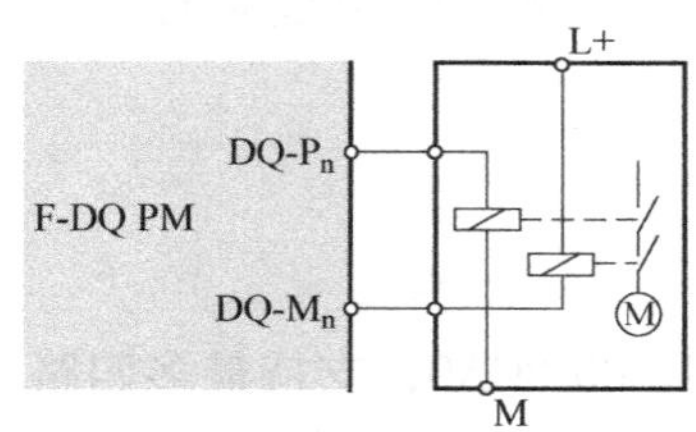

图 2-26 F-DQ PM 模块通过外部电源连接两个负载

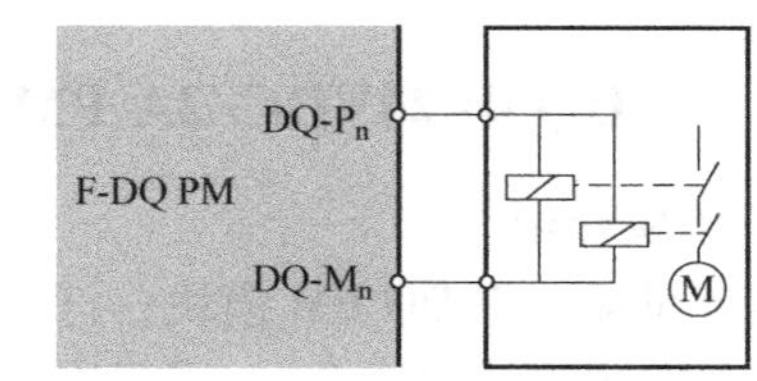

图 2-27 F-DQ PM 模块连接两个负载

2.2.4 F-DQ 8×24VDC/0.5A PP HF 模块

1. 模块介绍

对于数字量输出模块，还有一种类型是 F-DQ PP 模块，订货号为 6ES7136-6DC00-0CA0，其支持最多八路 DC 24V 输出，每路输出电流最大为 0.5A。

之所以称该模块为 PP 模块，指的是其内部的检测开关均位于 P 通道上，M 通道上没有检测回路，这一点与 PM 模块是不同的，如图 2-28 所示。

F-DQ PP 模块使用 A0 类型的基座单元，具体端子分配如图 2-29 所示，其中 DQ-PP_n 为输出通道的 P 开关（24V+），M_n 为输出通道的接地端。

2. 模块接线

安装电源与基座单元之间的冗余接地线时，必须按以下方式：

- 将 F-DQ PP 模块安装在一个深色基座单元上时，端子 M 必须额外连接到接地 PE 端，如图 2-30 所示。

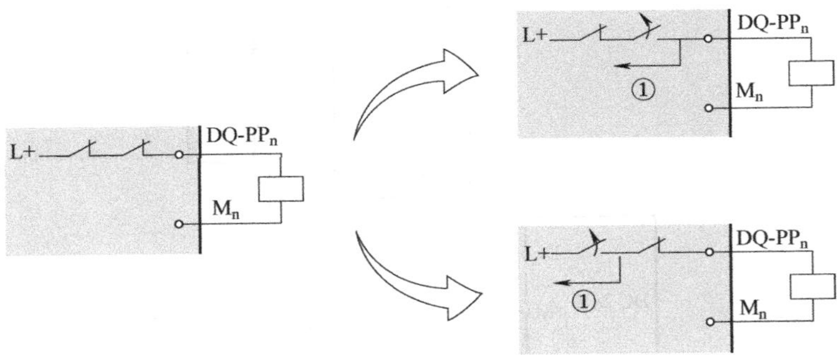

图 2-28　PP 模块内部检测回路原理图

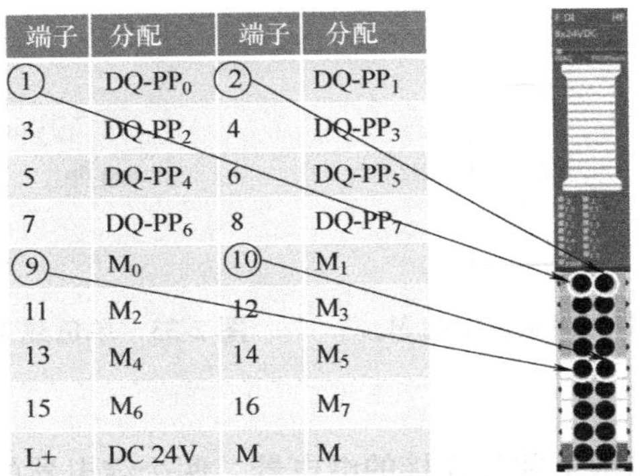

端子	分配	端子	分配
①	$DQ\text{-}PP_0$	②	$DQ\text{-}PP_1$
3	$DQ\text{-}PP_2$	4	$DQ\text{-}PP_3$
5	$DQ\text{-}PP_4$	6	$DQ\text{-}PP_5$
7	$DQ\text{-}PP_6$	8	$DQ\text{-}PP_7$
⑨	M_0	⑩	M_1
11	M_2	12	M_3
13	M_4	14	M_5
15	M_6	16	M_7
L+	DC 24V	M	M

图 2-29　F-DQ PP 模块端子分配图

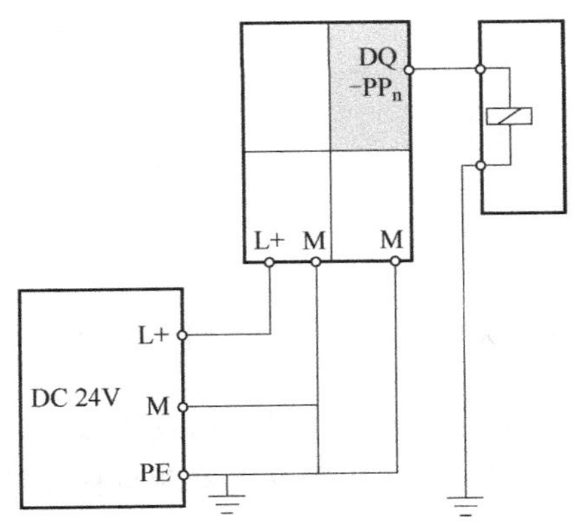

图 2-30　F-DQ PP 模块安装在深色基座单元

• 将 F-DQ PP 模块安装在一个浅色基座单元上时，必须将其右侧的深色基座单元（如果存在）的端子 M 额外连接到电源 M 端，并最终连接到 PE，如图 2-31 所示。

（1）接单输出负载

F-DQ PP 模块输出通过连接 $DQ\text{-}PP_n$ 和 M_n 控制单个负载（如继电器），如图 2-32 所示。或者负载直接连接至 $DQ\text{-}PP_n$ 和外部的地，如图 2-33 所示。

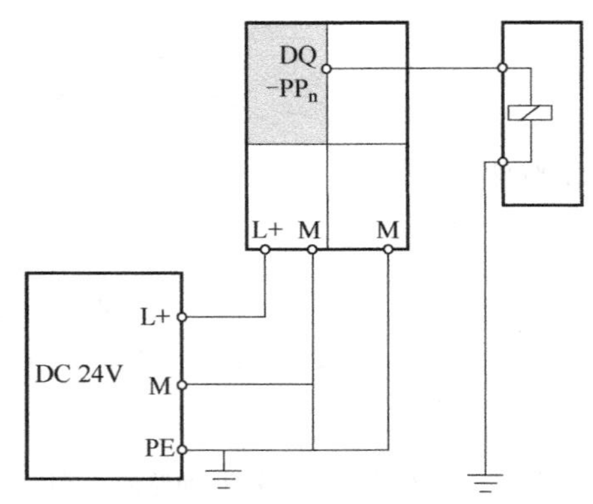

图 2-31 F-DQ PP 模块安装在浅色基座单元

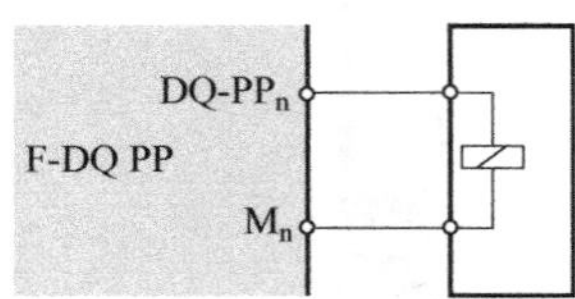

图 2-32 单负载的 M 端连接至模块的 M_n

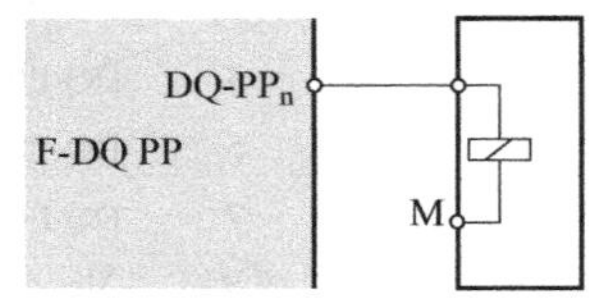

图 2-33 单负载 M 端连接至外部的地

（2）接两个输出负载

F-DQ PP 模块输出控制两个并行连接的继电器，两个继电器的常开触点需要串联控制负载设备。两个继电器可以连接通道 DQ-PP_n 和 M_n，此时继电器的 M 端连接至模块的 M_n，如图 2-34 所示。也可以连接 DQ-PP_n 和外部的地，如图 2-35 所示。

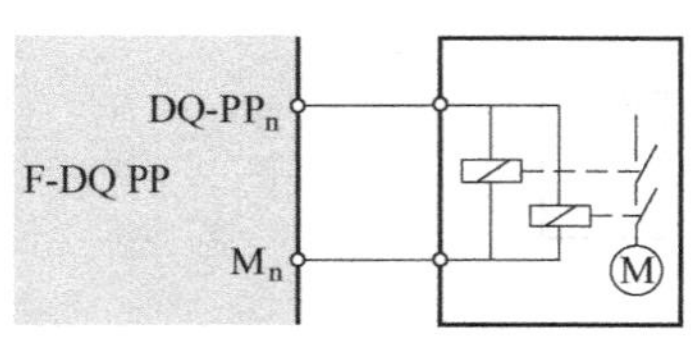

图 2-34 两个负载的 M 端连接至模块的 M_n

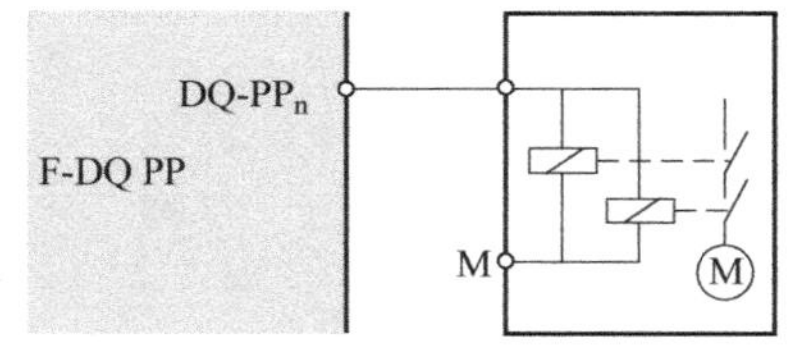

图 2-35 两个负载的 M 端连接至外部的地

与连接单输出继电器相比，此时即使一个继电器发生故障，另一个继电器的触点也可以使得负载设备及时断开，可以有效地防止出现继电器触点粘连导致的故障。

2.2.5 F-RQ 1×24VDC/24~230VAC/5A ST 模块

1. 模块介绍

故障安全型继电器（F-RQ）模块，订货号为 6ES7136-6RA00-0BF0，支持最多一路继电器输出，包含受输入控制的并联的两个继电器线圈，每个线圈控制两个常开触点，触点电压等级为 DC 24V、AC 24~230V，两个触点总的额定电流为 5A。内部工作原理示意图如图 2-36 所示。

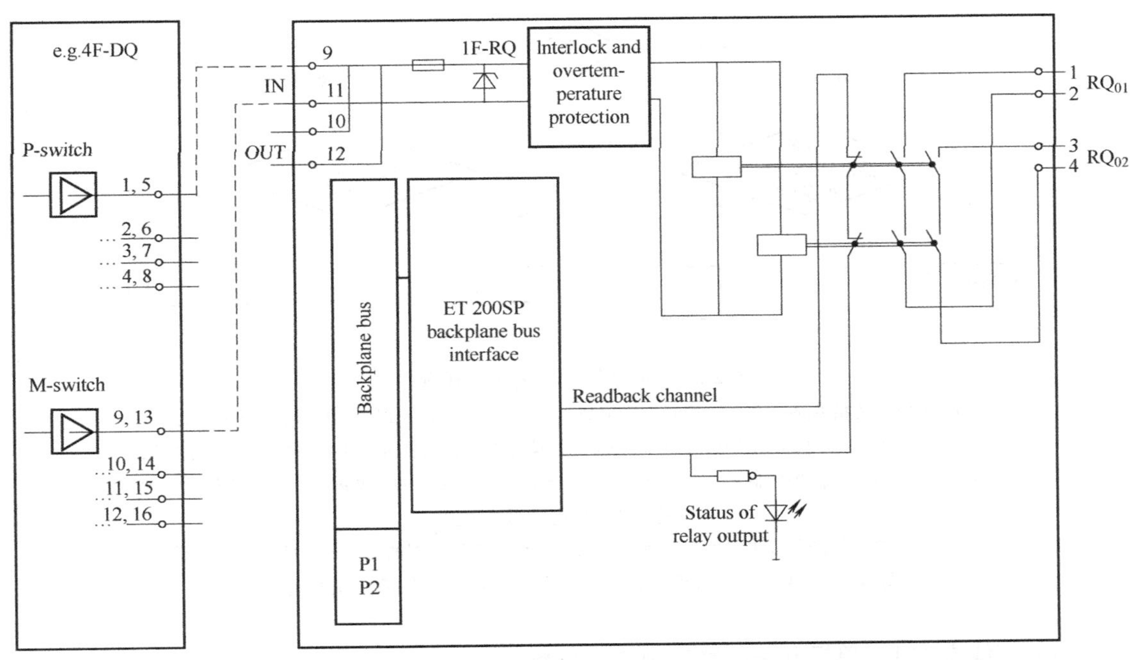

图 2-36　F-RQ 模块内部工作原理示意图

F-RQ 模块并不是通过 F-CPU 直接控制，而是通过将其他的 F-DQ 模块的输出线连接到该模块的控制输入端子来实现继电器的控制。

F-RQ 模块使用 F0 类型的基座单元，具体端子分配如图 2-37 所示，其中 RQ_{0n+}、RQ_{0n-} 为两个继电器的输出端子，IN P 和 IN M 为 DC 24V 的控制输入，OUT P 和 OUT M 是控制输入的直通输出，可以用于连接下一个 F-RQ 的 IN P 和 IN M。

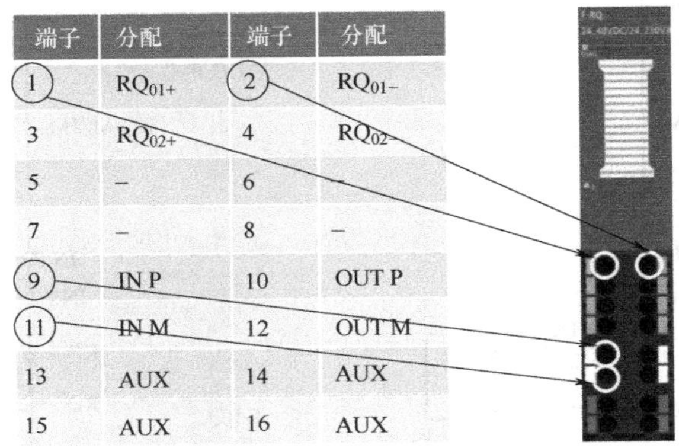

端子	分配	端子	分配
1	RQ_{01+}	2	RQ_{01-}
3	RQ_{02+}	4	RQ_{02-}
5	–	6	–
7	–	8	–
9	IN P	10	OUT P
11	IN M	12	OUT M
13	AUX	14	AUX
15	AUX	16	AUX

图 2-37　F-RQ 模块端子分配图

2. 模块接线

根据实际应用的方式，F-RQ 模块有以下五种接线方式均可以实现最高的安全等级 SIL3/Cat. 4/PLe，可以根据图 2-38 所示的条件判断使用哪种接线。

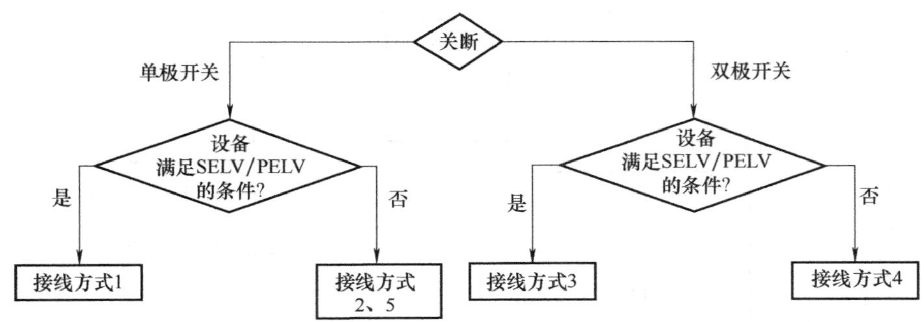

图 2-38 使用条件与接线方式选择

注：1. 单极开关指的是一个通道控制一个负载；双极开关指的是两个通道同时控制一个负载。SELV 为安全特低电压（Safety Extra Low Voltage）的英文缩写，指作为不接地系统的安全特低电压用的防护；PELV 为保护特低电压（Protective Extra Low Voltage）的英文缩写，指作为保护接地系统的安全特低电压用的防护。

2. 应在继电回路中安装熔断器或者微型断路器用来防止模块内部继电器的短路与过载，推荐选择 6A 电流、操作等级为 gL 或 gG 的熔断器，或者 C6A 额定短路电流为 400A 的微型断路器。

(1) 接线方式 1：单极开关回路控制独立负载

在这个接线方式中，使用一个 F-RQ 模块，两个开关回路分别控制两个独立且额定电流之和不超过 5A 的负载，接线方式如图 2-39 所示。

(2) 接线方式 2：单极开关回路控制大电流负载

在这个接线方式中，使用一个 F-RQ 模块的单极开关控制一个额定电流不超过 5A 的负载，而电源电压可能不在 SELV/PELV 范围内，接线方式如图 2-40 所示。

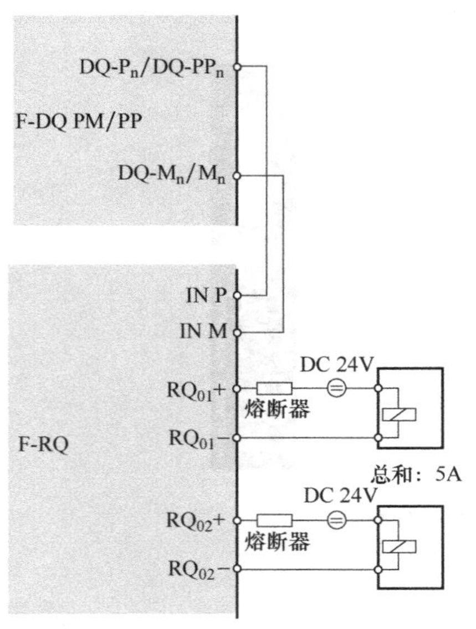

图 2-39 单极开关回路控制独立负载

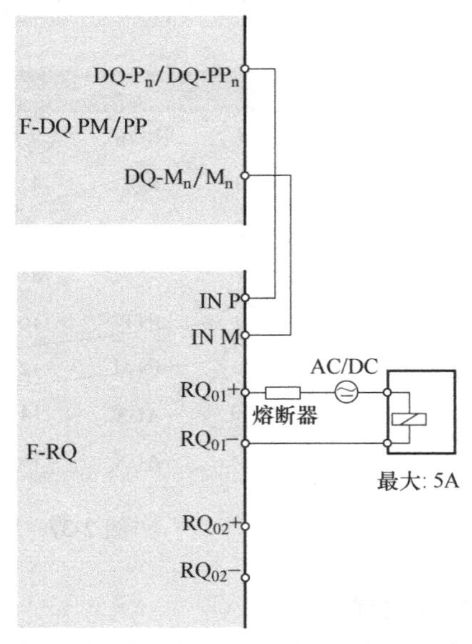

图 2-40 单极开关回路控制大电流负载

(3) 接线方式 3：双极开关回路控制小电流负载

在这个接线方式中，使用一个 F-RQ 模块的双极开关控制一个额定电流不超过 2.5A 的负载，接线方式如图 2-41 所示。

(4) 接线方式 4：双极开关回路控制大电流负载

当接线方式 3 无法满足负载电流需求时，使用两个 F-RQ 模块，实现双极开关对单个负载的控制，最大电流为 5A，如图 2-42 所示。

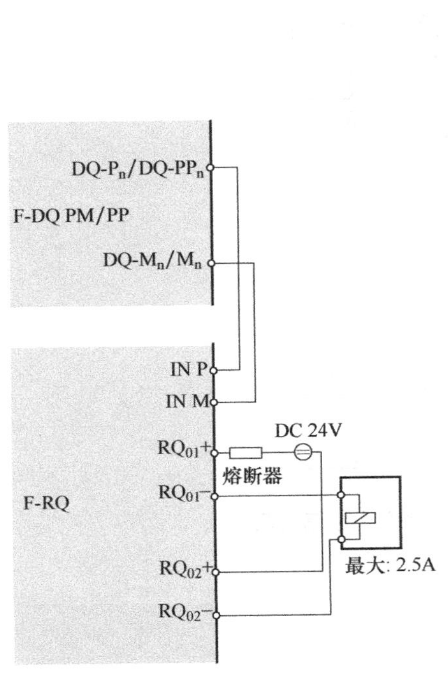

图 2-41　双极开关回路控制小电流负载

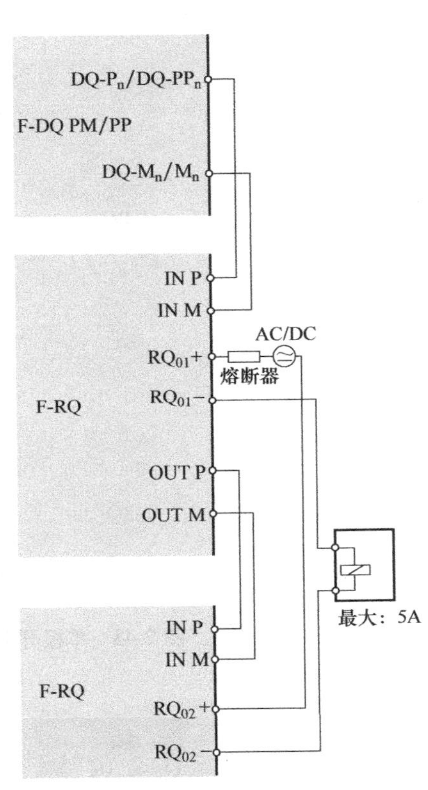

图 2-42　双极开关回路控制大电流负载

(5) 接线方式 5：单极开关回路控制多个大电流负载

当有两个负载时，可扩展连接两个 F-RQ 模块，单极开关分别控制两个独立且额定电流不超过 5A 的负载，如图 2-43 所示。

2.2.6　F-AI 4×I 2-/4-wire HF 模块

1. 模块介绍

故障安全型模拟量输入（F-AI）模块，订货号为 6ES7136-6AA00-0CA1，支持最多四路单通道（1oo1）的模拟量输入信号，或者最多双通道（1oo2）的模拟量输入信号。该模块支持的模拟量为二线/四线制电流输入，信号量程为 0~20mA 或 4~20mA，精度为最高含符号 16 位。

F-AI 模块使用 A0 或 A1 类型的基座单元，具体端子分配如图 2-44 所示，其中 U_V 为传感器电源正，M_n 为传感器电源负，I_0+为信号正，I_0−为信号负。如果使用 1oo2，则 AI_0 和

AI_2 一组，AI_1 和 AI_3 一组。

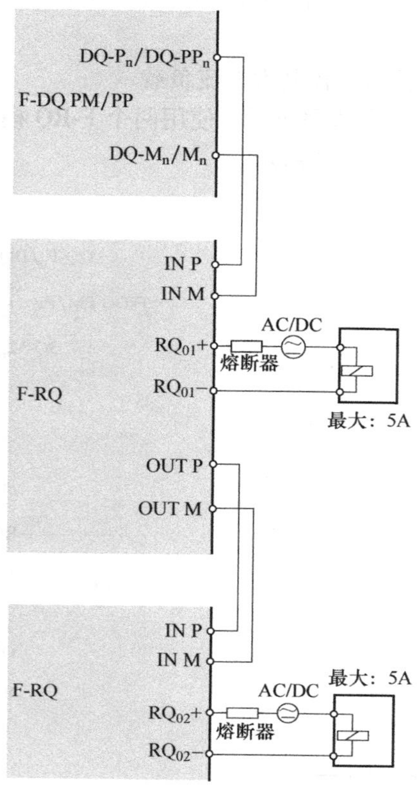

图 2-43　单极开关回路控制多个大电流负载

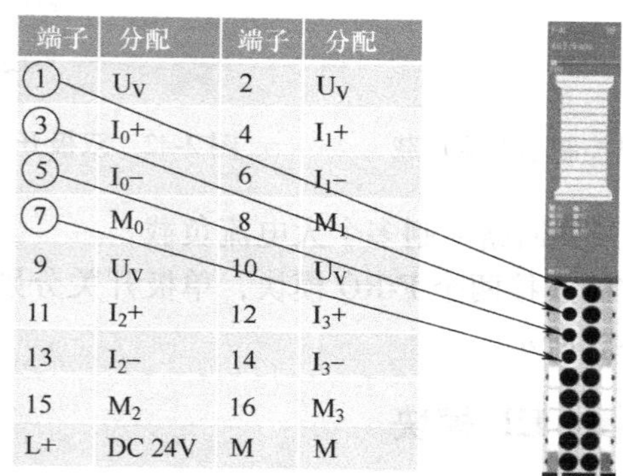

端子	分配	端子	分配
1	U_V	2	U_V
3	I_0+	4	I_1+
5	I_0−	6	I_1−
7	M_0	8	M_1
9	U_V	10	U_V
11	I_2+	12	I_3+
13	I_2−	14	I_3−
15	M_2	16	M_3
L+	DC 24V	M	M

图 2-44　F-AI 模块端子分配图

2. 模块接线

在具体接线过程中，可以根据所需的安全等级确定对应的接线方式，如图 2-45 所示。

（1）接线方式 1：两线制传感器单通道（1oo1）连接

F-AI 模块连接最多四个彼此独立的两线制传感器。

传感器可以使用外部电源供电，也可以使用模块提供的 U 电源，如图 2-46 所示。

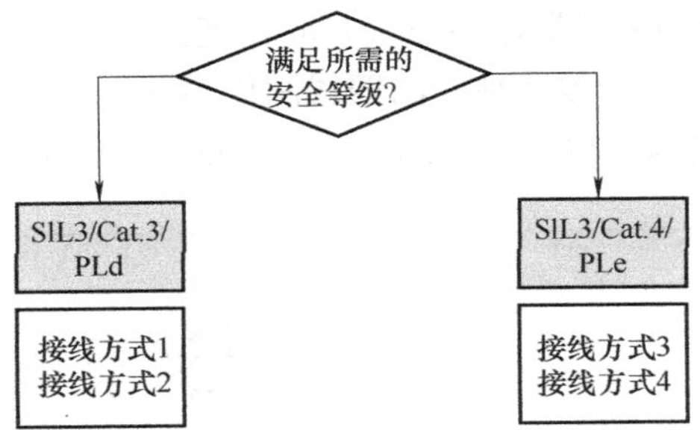

图 2-45　F-AI 安全等级与接线方式选择

注：为达到需要的安全等级，应使用合格的传感器或变送器。具体可查阅西门子产品样本。

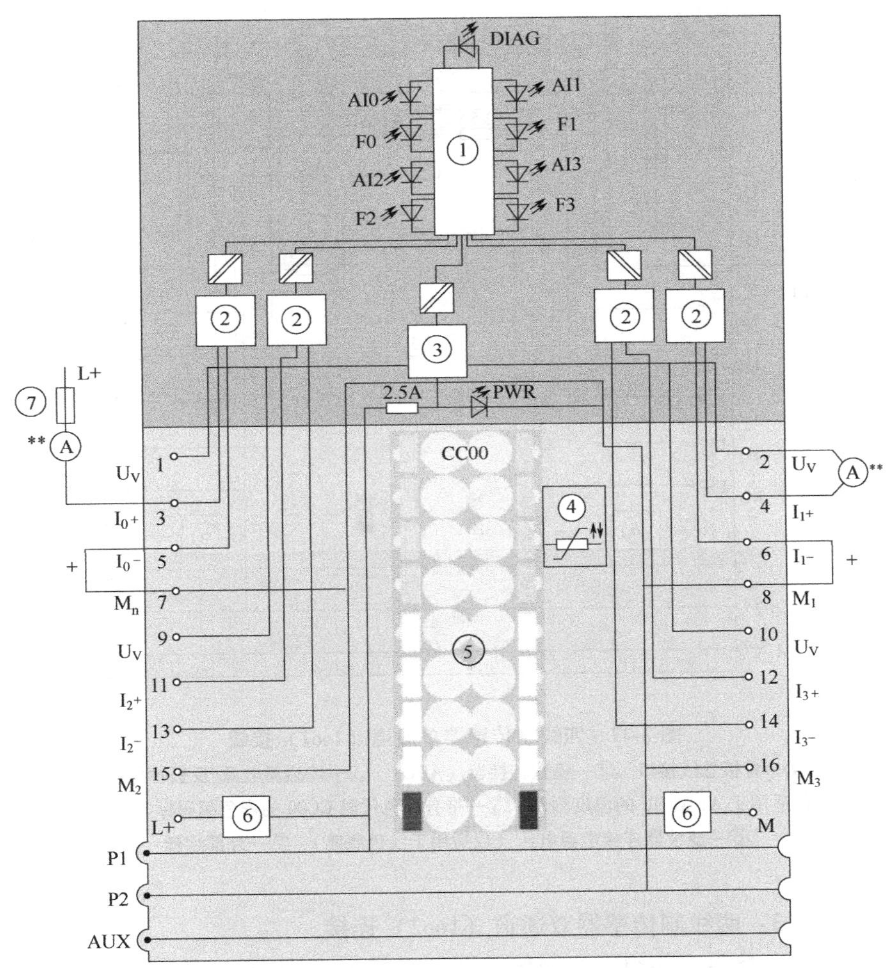

图 2-46　两线制传感器单通道（1oo1）接线

①—背板总线接口　②—模数转换器（ADC）　③—传感器电源/反极性保护

④—仅适用于 A1 型 BU 的温度测量　⑤—带有颜色代码 CC00 的彩色编码标签（可选）

⑥—滤波器连接电源电压（仅适用于浅色底座）　⑦—外部熔丝

（2）接线方式 2：四线制传感器单通道（1oo1）连接

F-AI 模块可以连接最多四个彼此独立的四线制传感器。

传感器可以使用外部电源，也可以使用模块提供的 U_V 电源，如图 2-47 所示。

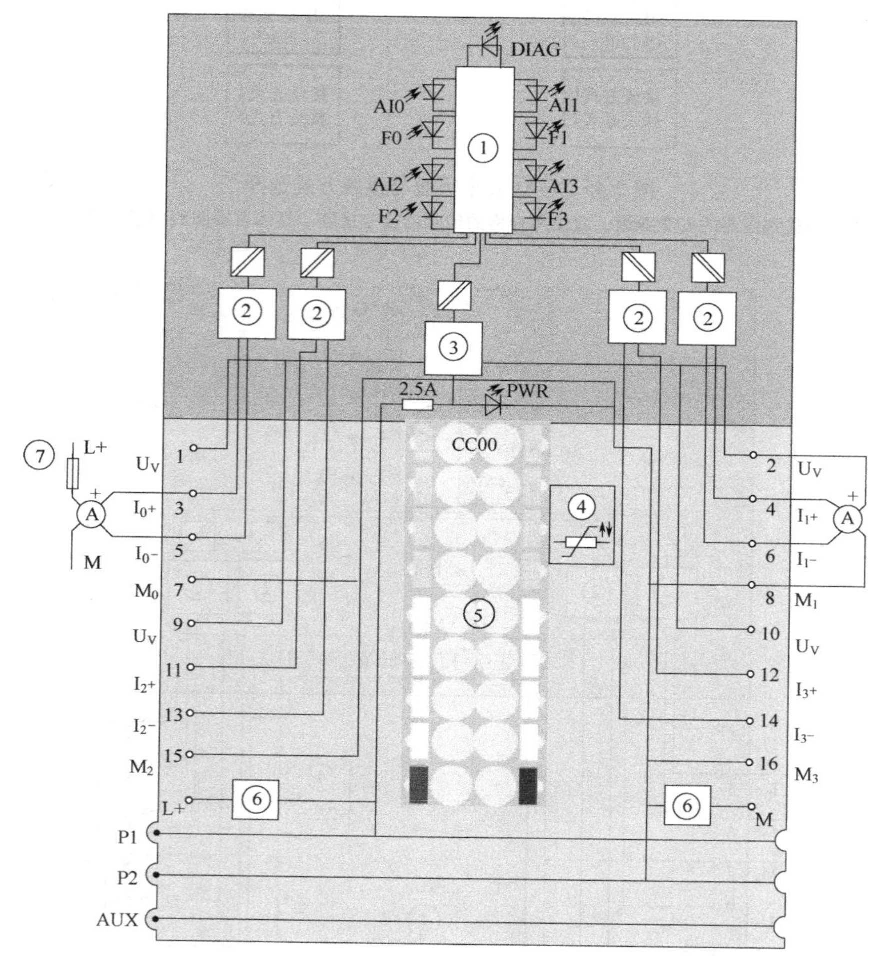

图 2-47　四线制传感器单通道（1oo1）接线

①—背板总线接口　②—模数转换器（ADC）　③—传感器电源/反极性保护

④—仅适用于 A1 型 BU 的温度测量　⑤—带有颜色代码 CC00 的彩色编码标签（可选）

⑥—滤波器连接电源电压（仅适用于浅色底座）　⑦—外部熔丝

（3）接线方式 3：两线制传感器双通道（1oo2）连接

F-AI 模块可以连接最多两组两线制传感器，组成 1oo2 接线方式，提高安全等级。传感器可以使用外部电源，也可以使用模块提供的 U_V 电源，如图 2-48 所示。

（4）接线方式 4：四线制传感器双通道（1oo2）连接

F-AI 模块可以连接最多两组四线制传感器，组成 1oo2 接线方式，提高安全等级。传感器可以使用外部电源，也可以使用模块提供的 U_V 电源，如图 2-49 所示。

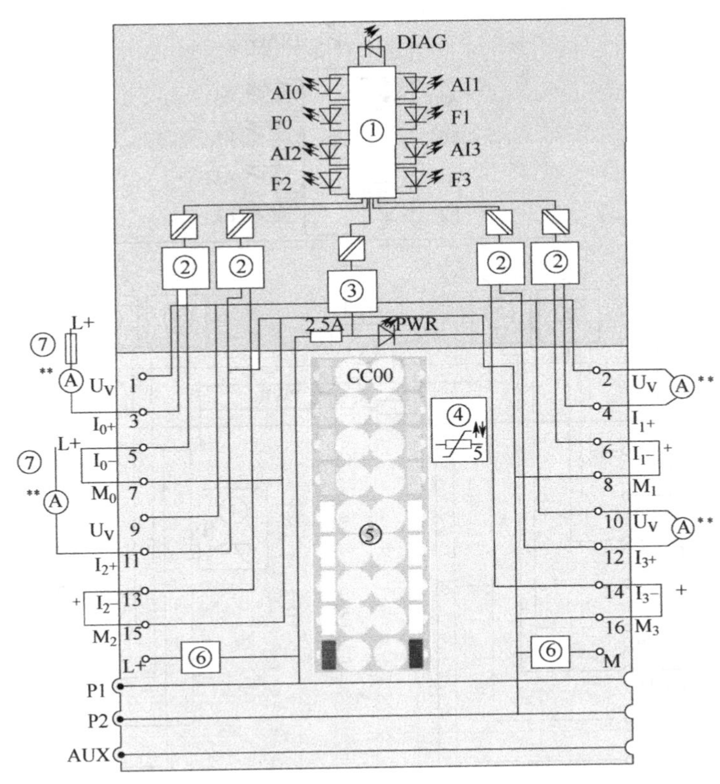

图 2-48　两线制传感器双通道（1oo2）连接

①—背板总线接口　②—模数转换器（ADC）　③—传感器电源/反极性保护
④—仅适用于 A1 型 BU 的温度测量　⑤—带有颜色代码 CC00 的彩色编码标签（可选）
⑥—滤波器连接电源电压（仅适用于浅色底座）　⑦—外部熔丝

2.2.7　F-PM-E 24VDC/8A PPM ST 模块

1. 模块介绍

故障安全型电源（F-PM-E）模块，订货号为 6ES7136-6PA00-0BC0。该模块支持最多两路 1oo1 的 DC 24V 的数字量安全输入（F-DI），或最多一组 1oo2 的 DC 24V 的数字量安全输入。模块支持最多一路数字量安全输出（F-DQPPM）。

F-PM-E 模块可以与 DQ 或 F-DQ 模块组合使用，实现组安全关断的功能（SIL2/SIL3），这是该模块的核心功能。

F-PM-E 模块使用 C0 类型的基座单元，具体端子分配如图 2-50 所示。

2. 模块设置及功能

对于其本体的 DI 和 DQ 接线，与之前介绍的 F-DI 模块与 F-DQ 模块的接线类似，请参考。

另外，F-PM-E 模块本体的 F-DQ 模块支持两种输出控制方式。

方式一：F-DQ 模块的输出只取决于 F-CPU 的程序输出的结果，如图 2-51 所示。

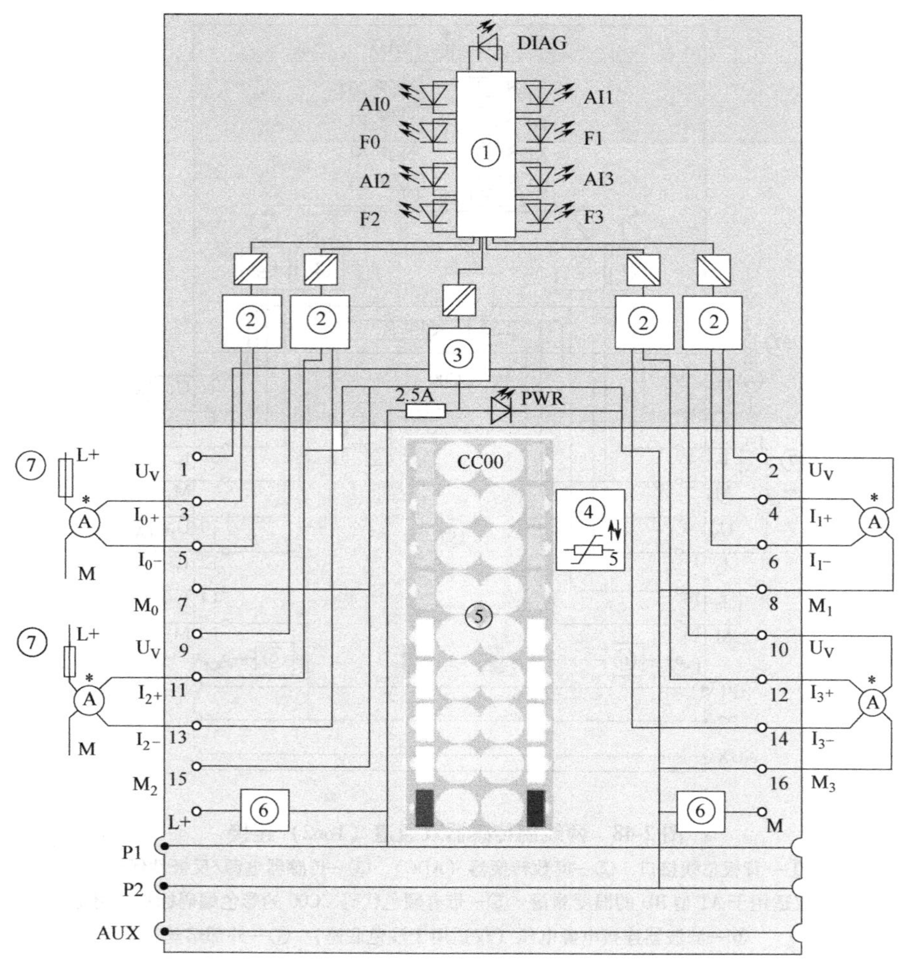

图 2-49　四线制传感器双通道（1oo2）连接

①—背板总线接口　②—模数转换器（ADC）　③—传感器电源/反极性保护
④—仅适用于 A1 型 BU 的温度测量　⑤—带有颜色代码 CC00 的彩色编码标签（可选）
⑥—滤波器连接电源电压（仅适用于浅色底座）　⑦—外部熔丝

端子	分配	端子	分配
1	DI_0	2	DI_1
3	VS_0	4	VS_1
5	$DQ\text{-}P_0$	6	$DQ\text{-}M_0$
7	AUX	8	AUX
L+	DC 24V	M	M
L+	DC 24V	M	M

图 2-50　F-PM-E 模块端子分配图

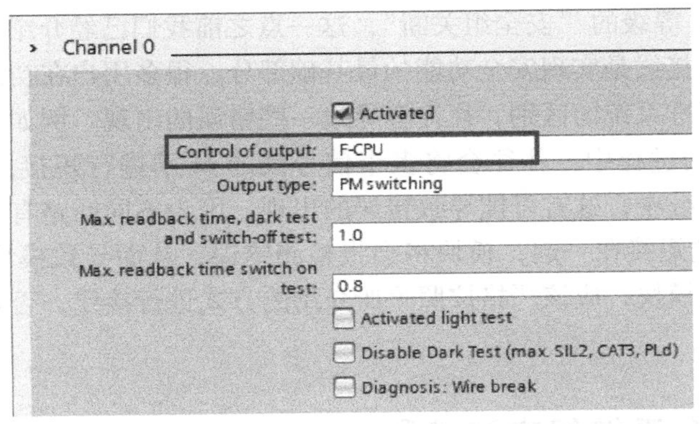

图 2-51　F-DQ 模块的输出只取决于 F-CPU 的程序输出的结果

方式二：F-DQ 模块的输出取决于 F-CPU 的程序输出的结果以及该模块实际连接的信号状态，设置方式如图 2-52 所示。

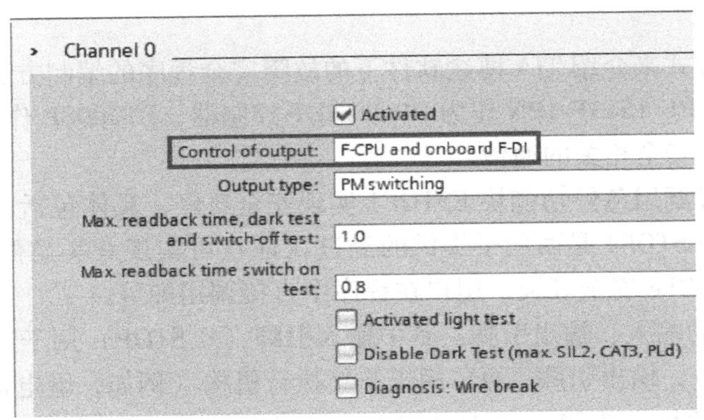

图 2-52　F-DQ 模块的输出取决于 F-CPU 与自身 F-DI 模块

此时，F-DQ 模块的输出取决于 F-CPU 程序以及连接在该模块 F-DI_0、F-DI_1 信号的逻辑“与”的结果，该逻辑运算由系统自动执行，无须用户再次编程，其原理如图 2-53 所示。

例如，当模块输入设置为 1oo1 时，安全程序中对 DQ_0 置位（DQ_0=1），若此时模块上的 DI_0、DI_1 都是信号 True，则模块 DQ_0 正常输出 True；一旦安全程序中对 DQ_0 复位（DQ_0=0）或者 DI_0、DI_1 任何一个输入为信号 False，则模块 DQ_0 输出 False。

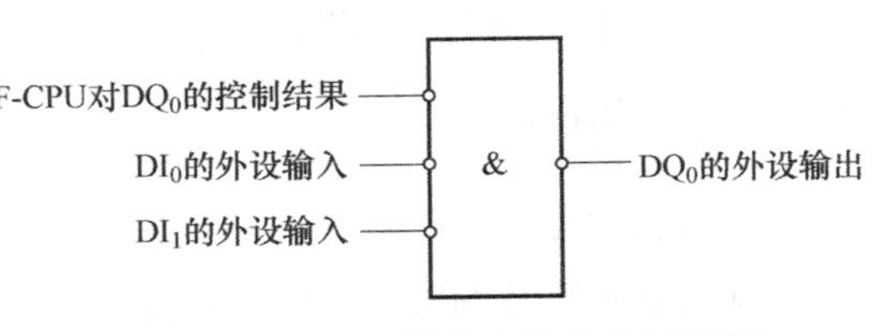

图 2-53　F-PM-E 模块内部接线原理图

注意：如果某个 DI 通道被禁用，则“与”运算不考虑该点。如果输入设置为 1oo2，则“与”运算只考虑 DI_0。

另外，该模块的主要功能不是为其后的 IO 模块提供电源（ET200SP 的电源由基座单元提供），而是将该模块与 DQ 模块组合使用，从而将连接在其后的 DQ 模块的电气输出部分的电源全部同时断开（此时模块本身都是正常的），从而实现“安全组关断”的功能。而根据其后所连接的 DQ 模块的类型不同，可实现的“安全组关断”的安全等级也不同：当其后连接的为 F-DQ 模块时，实现 SIL3 等级的“安全组关断”，当其后连接的模块为标准 DQ 模块时，实现的是 SIL2 等级的“安全组关断”，这一点之前我们已经介绍过了。

故障安全系统的接线是实现安全功能的最基础部分，很多用户在初次使用过程中，没有注意到安全系统与标准系统的区别，往往会导致一些错误的出现。例如，一般情况下，我们在设计标准 IO 接线的过程中，往往会将多个信号线的 M 端进行短接，可以实现共地的效果，但在故障安全系统中，这有可能导致错误的出现，因为不同回路有各自的检测脉冲，如果将不同回路的 M 端短接在一起，模块将会报检测错误，从而导致模块进入钝化状态。因此，对于故障安全型模块，应该严格按照手册介绍的方式进行接线，否则容易导致故障或者错误的出现。

2.3 西门子安全系统组态和编程

故障安全系统除了硬件接线有一些要求外，在程序编制方面，也有比标准程序更多的要求需要注意，接下来我们将介绍故障安全系统中程序编制的基本方法以及需要注意的地方。

我们以实例的方式来介绍 TIA 博途软件下的故障安全程序的编制方法。

在例程中，将 CPU 1513F-1PN 作为 PROFINET 控制器，ET200SP 作为 IO 设备。通过两个设备的 PN 口进行安全相关的通信。

在程序中，通过调用急停功能块 ESTOP1 实现安全急停，具体包括：

- 急停功能块 ESTOP1 是西门子提供的经过认证且可实现 0 类急停和 1 类急停的功能块，达到 SIL3/Cat4/PLe 安全等级，用户在程序中直接调用即可。
- 急停功能块的输入、输出引脚：其中输入引脚（E_STOP）用于连接安全型输入信号（本例中为急停按钮），输出引脚（Q）用于连接执行机构（例如，继电器、接触器等）。
- 急停功能块的复位功能：当 ACK_NEC = 1（系统默认）且 ACK_REQ = 1 时，触发 ACK 输入引脚可实现程序复位；当 ACK_NEC = 0 时，用户无须进行复位操作。

注意：默认情况下，下载程序后或急停开关复位后，应答请求 ACK_REQ 变为 1，此时触发 ACK，系统即可正常输出。

- 系统去钝化程序的编写。

2.3.1 项目组态

1. 软硬件环境

本例程中所涉及的安全 PLC 系统的软件及硬件均为 TIA 博途软件平台下的软件及硬件，具体型号及订货号信息见表 2-2。

表 2-2 安全 PLC 系统软硬件设备清单

设备类型	设备型号	订货号
TIA 博途软件	STEP 7 Professional V15 SP1	6ES7823-1AA05-0YA5
安全软件	STEP 7 Safety Advanced V15 SP1	6ES7833-1FA15-0YA5
F-CPU 模块	CPU 1513F-1PN	6ES7513-1FL01-0AB0
ET200SP 接口模块	IM155-6 PN ST	6ES7155-6AU00-0BN0

（续）

设备类型	设备型号	订货号
F-DI 模块	ET200SP F-DI 8×24VDC	6ES7136-6BA00-0CA0
F-DQ 模块	ET200SP F-DQ 4×24VDC	6ES7136-6DB00-0CA0

之前我们介绍过，S7-1500 系列 PLC 都是基于 TIA 博途软件来进行操作的，但故障安全系统还需要用户购买相关的安全软件包，解压安装后，再通过 TIA 博途软件进行系统的硬件组态和安全程序的编制。

TIA 博途软件的各个版本之间是相互独立的，因此不同版本的 TIA 博途软件是可以同时被安装在同一台计算机上的。另外，低版本的软件编制的项目，基本都是可以通过高版本的软件打开并编辑的。

2. 硬件组态

（1）启动 TIA 博途软件

双击桌面上“TIA Portal V15.1”图标，启动 TIA 博途软件。

在 Portal 视图中，单击“创建新项目”，输入项目名称、路径和作者等信息，然后单击“创建”按钮，即可生成新项目（项目名称：CPU1513F_ET200SP），如图 2-54 所示。

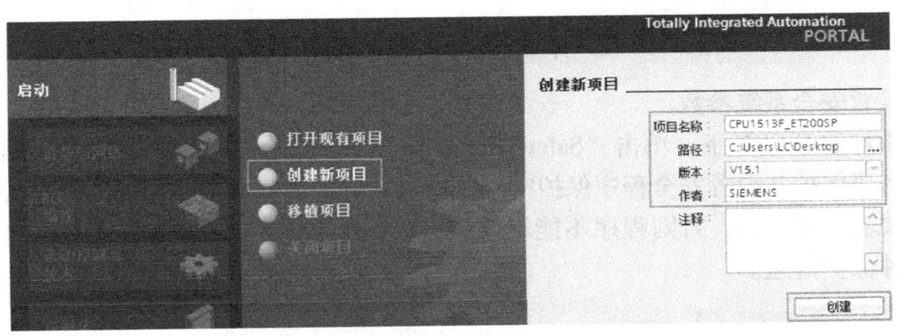

图 2-54　在 TIA 博途软件中创建新项目

（2）添加设备

在“项目树”下找到刚创建的项目 CPU1513F_ET200SP，选择“添加新设备”，如图 2-55 所示。

单击该选型后在弹出的“打开设备视图”对话框，选择与实际系统相同的硬件设备进行添加，如图 2-56 所示。

具体步骤如下：

① 选择“控制器”类型的设备。

② 选择 S7-1500 CPU 的型号，注意选择对应的 F 型 CPU，并与实际硬件订货号一致。

③ 选择 CPU 的版本，注意选择的版本必须与实际 F-CPU 的固件版本相同，否则 F-CPU 将无法正常运行。

④ 可以为设备设置一个名称。

⑤ 单击“确定”按钮，完成新设备的添加。

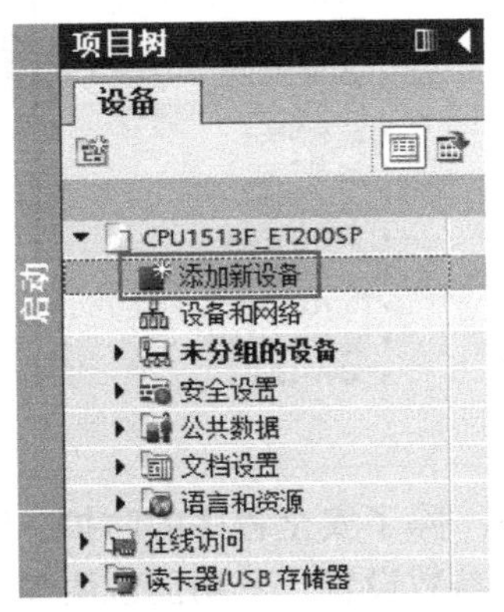

图 2-55　在“项目树”下选择“添加新设备”

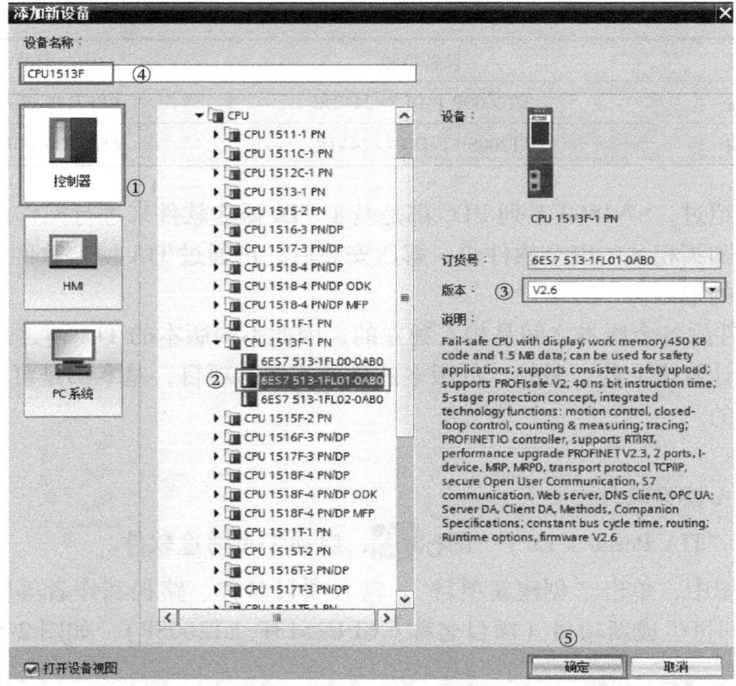

图 2-56　在“打开设备视图”对话框中添加新设备

（3）设置安全系统参数

在所添加的 F-CPU 下，单击“Safety Administration”项，在“Access protection”中激活安全程序密码保护并设置安全程序保护密码，项目一旦编译保存后，想要对安全程序进行修改时必须要输入此密码，否则程序不能被修改，如图 2-57 所示。这是防止安全程序被随意修改的一种保护措施。

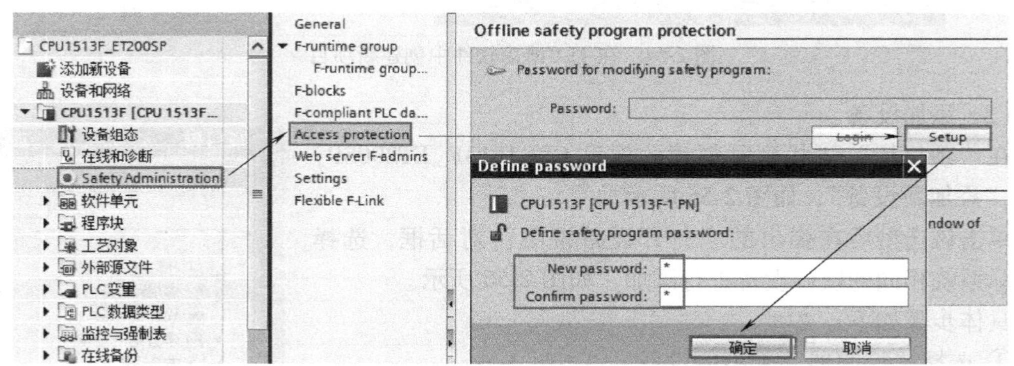

图 2-57　设置安全程序保护密码

除了安全程序的防护，Safety Administration 编辑器中还有一些关于安全系统的基本信息和参数设置，其功能说明如下：

- General

在“General”标签页下，主要显示了安全系统的模式、安全程序的状态以及 F-标签。其中 F-标签（包括 F-项目标签、F-软件标签、F-硬件标签和 F-通信地址标签）是安全程序版本的一个标识，当用户对安全系统中的硬件、软件等进行修改后，其硬件组态、软件程序以及整个安全项目均生成一个新的标签，以此来标识该项目的一个最终版本信息，如图 2-58 所示。

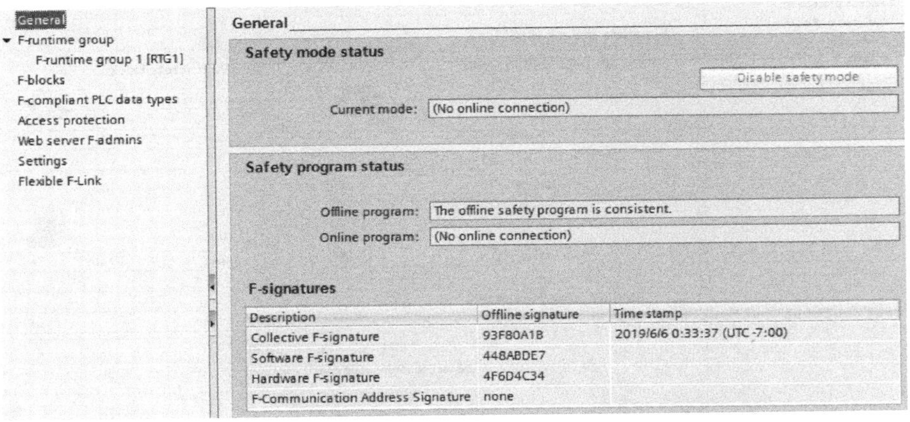

图 2-58　General 的信息

该标签主要用于安全程序的认证。一旦安全项目被认证后，需要将整个项目程序进行打印存档，此时整个项目中涉及的安全硬件及程序均不能再改动，否则 F-标签将会发生变化，与打印版不一致，新的项目将不被认证机构承认。

- F-runtime group

F-runtime group（F-运行组）是用户需要了解的一个概念。

我们之前提到过，西门子的安全系统是基于标准 PLC 硬件，在标准 PLC 内同时实现了安全程序和标准程序的运行而互相不影响，这就需要在标准 PLC 内为安全系统提供一个运行的环境，故此，西门子在标准的 PLC 内建立了一个相对独立的运行环境，用于执行安全程序，这就是 F-runtime group（F-运行组）。于是所有与故障安全相关的程序都将运行在 F-runtime group（F-运行组）中，既借助了标准 PLC 程序的运行机制，又与标准程序没有冲突。

默认情况下，F-CPU 在创建时，会自动创建一个 F-runtime group（F-运行组），名称为 RTG1，如图 2-59 所示。该运行组将占用一个组织块（例如，OB123）作为 F 系统的 OB 块，并将其设置为中断时间为 100ms、优先等级为 13（或者 12）的循环时间中断组织块。这就意味着，整个 F 程序是每隔 100ms（该中断时间可设）才被 OB123 调用执行一次。这是因为这些安全设备并不会经常动作，例如，急停按钮一般情况下不会被轻易触发，因此无须每个 CPU 运行周期都对安全程序进行扫描处理，为了不占用 CPU 内部的资源，将安全程序设置为周期执行的方式。

另外，可以看到，OB123 内部自动调用一个主函数 FB1（Main_Safety_RTG1），而未来用户自己编制的安全程序必须都要在 FB1 中被调用才可以被执行。

安全运行组参数主要是设置安全运行组运行的超时警告时间、故障时间。

安全运行组的 Pre/Post 过程功能块则主要用于 F-link 通信的 Pre 和 Post 功能块。

- F-blocks

在“F-blocks”下，可以查看安全程序块是否在安全运行组中被使用，以及每个块的 F-标签，如图 2-60 所示。

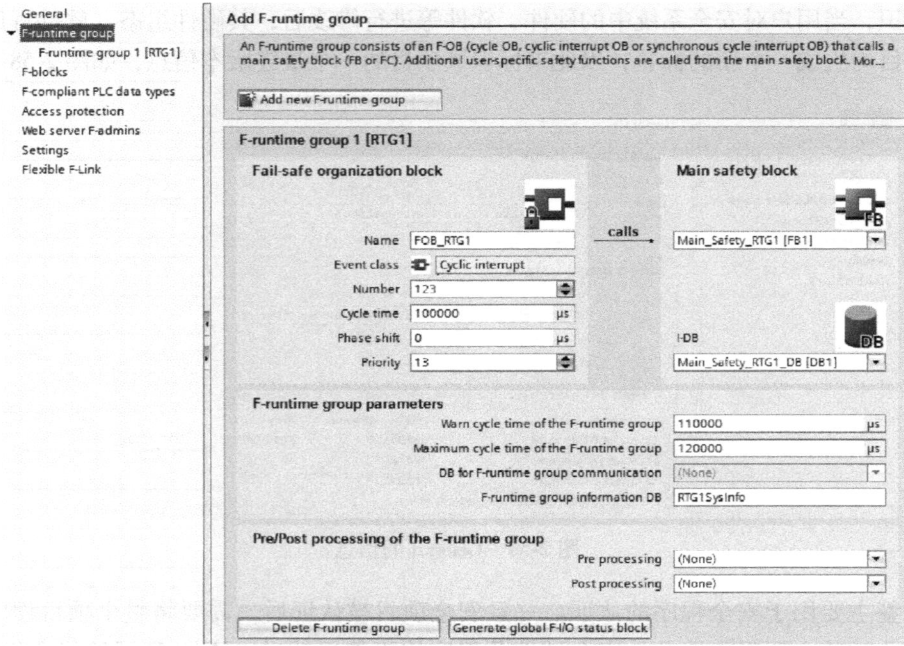

图 2-59 F-runtime group 设置及参数

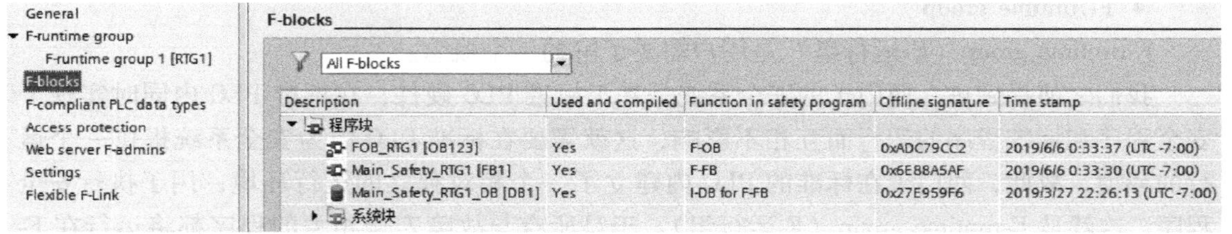

图 2-60 F-blocks 的信息

- F-compliant PLC data types

在“F-compliant PLC data types”下，可以显示用户创建的 F 数据类型（UDT）及此数据类型是否在安全程序中被使用，如图 2-61 所示。

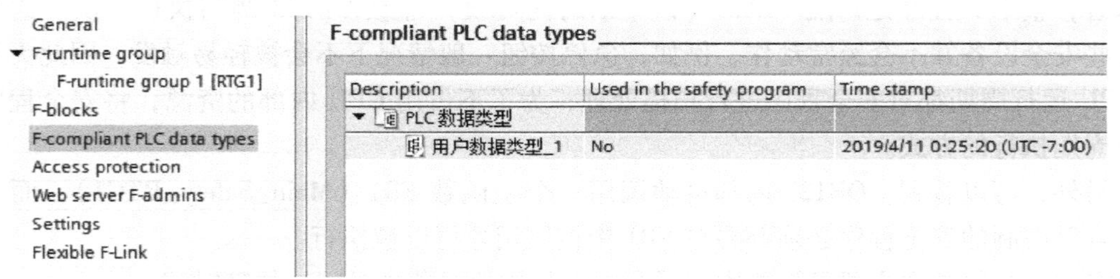

图 2-61 F-compliant PLC data types 的信息

- Web server F-admins

在“Web server F-admins”下，可以显示 F-CPU Web 服务器管理的用户信息，如图 2-62 所示。

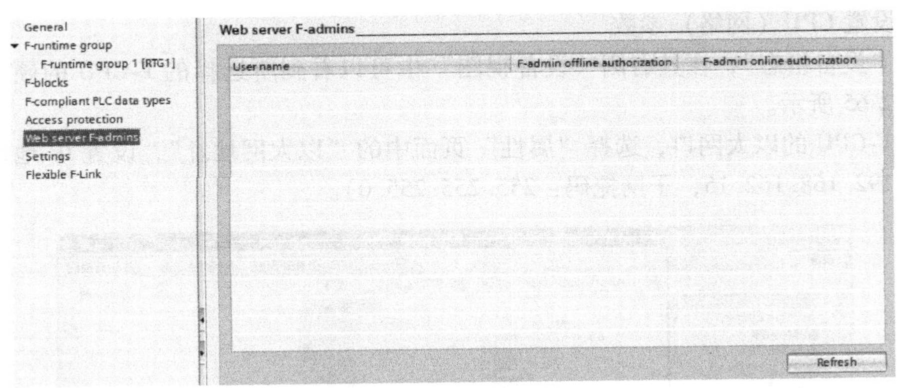

图 2-62　Web server F-admins 的信息

- Settings

在“Settings”下，可以设置安全程序的相关参数，包括程序块号的范围、安全系统的版本等。而为了编制程序方便，一般建议在高级设置中勾选“Enable consistent upload from the F-CPU（从 F-CPU 中一致性上传）”，如图 2-63 所示。

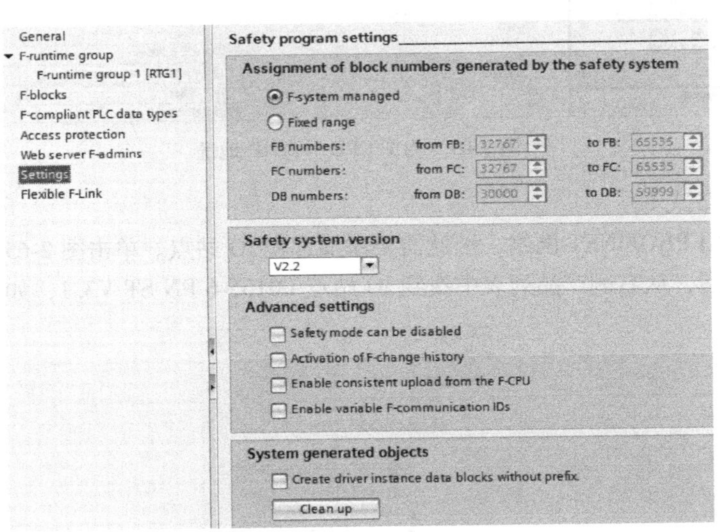

图 2-63　Settings 设置

- Flexible F-Link

在“Flexible F-Link”下，组态 F-DB 块中已创建好的 UDT 变量，用于 F-link 安全通信，如图 2-64 所示。

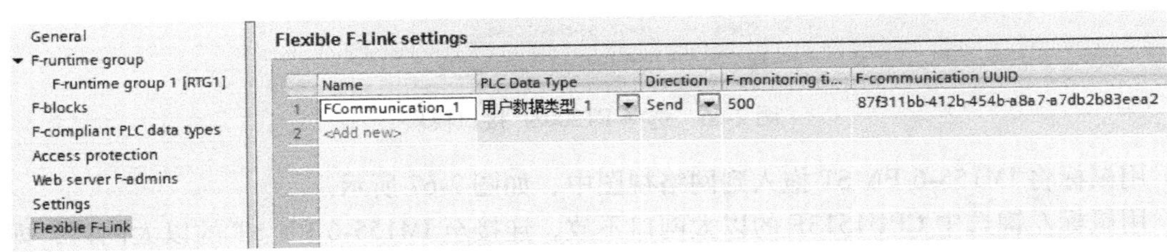

图 2-64　Flexible F-Link 选项

(4) 设置 CPU (网络) 参数

单击“设备组态”，在其右侧“设备视图”中可以看到所选择的 F-CPU 的硬件组态页面，如图 2-65 所示。

双击 F-CPU 的以太网口，选择“属性”页面中的“以太网地址”，设置 IP 地址（本例 IP 地址：192. 168. 162. 15，子网掩码：255. 255. 255. 0）。

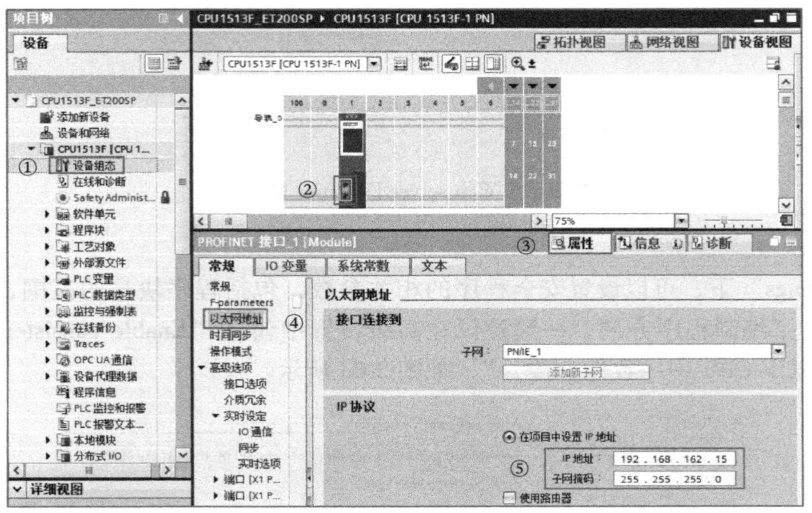

图 2-65 为 F-CPU 分配 IP 地址

(5) 添加分布式 IO

在本例中使用 PROFINET 网络，因此需要添加远程 IO 站点。单击图 2-65 中的“设备和网络”进入网络视图，从右侧产品列表中找到 IO 站点 IM155-6 PN ST V3. 1，如图 2-66 所示。

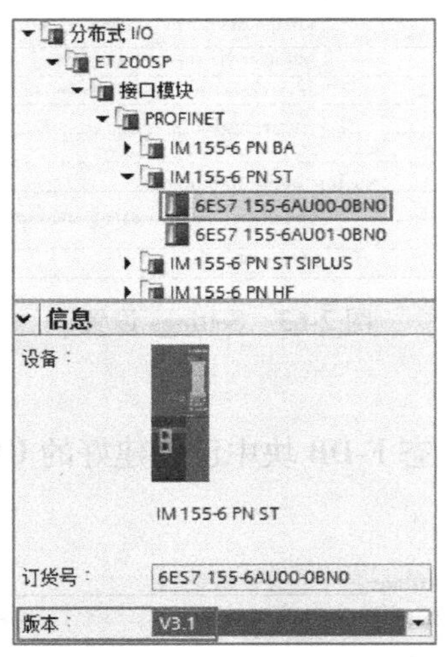

图 2-66 选择 ET200SP 接口模块

用鼠标将 IM155-6 PN ST 拖入到网络视图中，如图 2-67 所示。

用鼠标左键选中 CPU1513F 的以太网口不放，连接至 IM155-6 PN ST 的以太网口，即可建立 CPU 与 IO 站点之间的 PROFINET 网络连接，如图 2-68 所示。

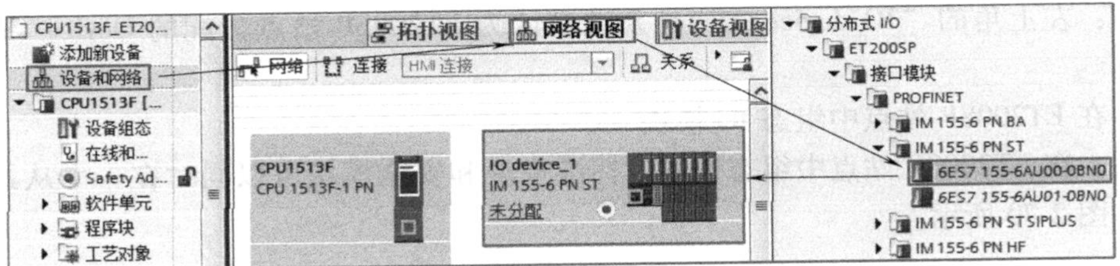

图 2-67　拖拽 ET200SP 到网络视图

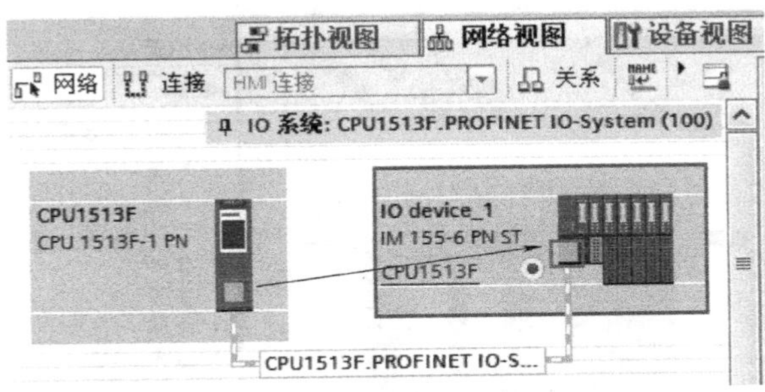

图 2-68　建立 PROFINET 网络连接

(6) 组态 IO 站点

双击 IM155-6 站点进入“设备视图”，在属性页面中单击“以太网地址”选项，为 IM155-6 PN ST 分配 IP 地址：192. 168. 162. 20，如图 2-69 所示。

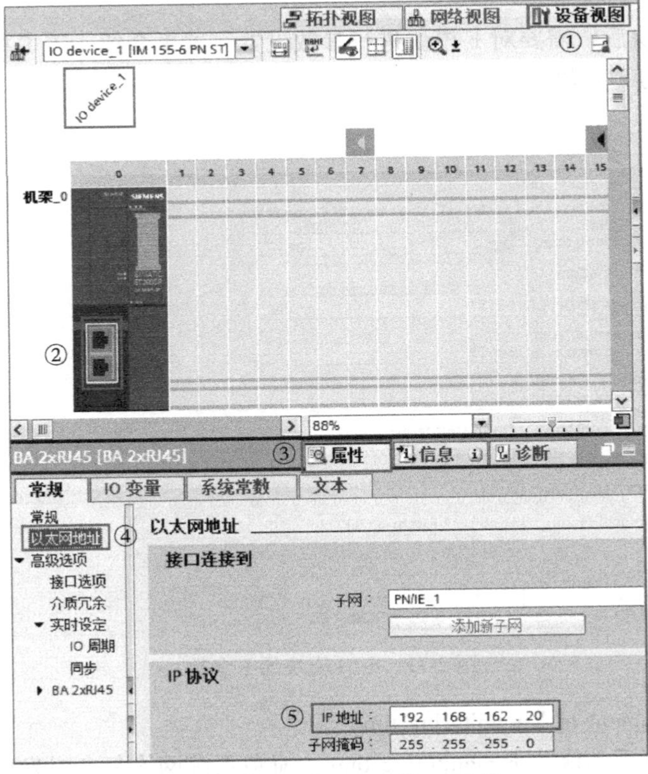

图 2-69　分配 IM155-6 的 IP 地址

注意：左上角的“IO device_1”是系统默认为 ET200SP 站点分配的 Device Name（设备名）。

（7）在 ET200SP 站点中组态 IO 模块

之后，在 ET200SP 站点中组态模块。标准模块和安全模块可以同时在一个从站中进行组态，如图 2-70 所示。

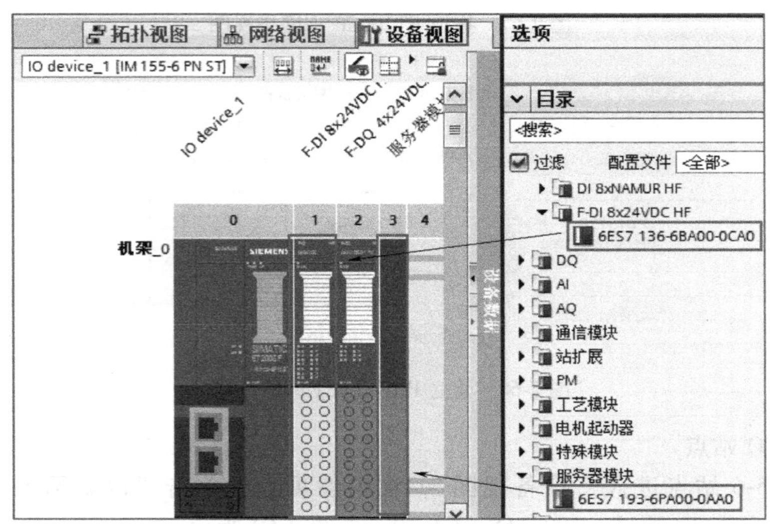

图 2-70　组态 IO 模块

在添加了 F 模块后，需要对 F 模块进行参数设置，这里介绍一下 F 模块的相关参数。

1）F-DI 模块的 F 参数（见图 2-71）说明：

F-parameters

	☐ Manual assignment of F-monitoring time
F-monitoring time:	150 ms
F-source address:	1
F-destination address:	65534
F-parameter signature (with addresses):	32623
F-parameter signature (without addresses):	25948
Behavior after channel fault:	Passivate channel
RIOforFA safety:	No
PROFIsafe mode:	V2 mode
PROFIsafe protocol version:	Loop-back extension (LP)
	☐ F-I/O DB manual number assignment
F-I/O DB-number:	30002
F-I/O DB-name:	F00000_F-DI8x24VDCHF_1

图 2-71　F-DI 模块的 F 参数

- Manual assignment of F-monitoring time

勾选此选项后可手动修改 F-monitoring time，避免系统网络复杂时发生寻址错误。

- F-monitoring time

在系统中，在 F-CPU 与 F-IO 模块之间通信的最大时间，默认为 150ms。

- F-source address

在故障安全系统中，每个 F 模块都有一个唯一的 PROFIsafe 地址，该地址是系统中对应 F-CPU 的地址，由系统自动分配，默认为 1。

- F-destination address

除了 F-CPU，每个安全模块也都会有唯一的 PROFIsafe 目标地址，该地址由系统自动分配并保证其唯一性，通常系统分配时会从 65534 开始往下递减，用户也可以自己设定，但要保证其唯一性。

- F-parameter signature（with addresses）

含有地址信息的安全参数签名。

- F-parameter signature（without addresses）

不含地址信息的安全参数签名。

- Behavior after channel fault

通道故障发生后，模块的两种钝化方式（钝化单个通道或钝化整个模块），本例中选择钝化故障通道。

- RIOforFA safety

显示是否“RIOforFA-Safety”协议被使用。该协议实际上是定义了新的故障安全模块在 S7-1500/1200 F-CPU 中的响应，最显著的变化就是用值状态（Value status）替代了之前 S7-300/400F 系统中的 QBAD。

- PROFIsafe mode

显示安全模块支持的 PROFIsafe 模式，V2 模式表示支持 PROFINET。

- PROFIsafe protocol version

显示被使用的 PROFIsafe 协议版本，Loop-back extension（LP）指的是本版本的 PROFIsafe 协议报文包括回环位。

- F-I/O DB-number

F-I/O 模块对应的背景 DB 块号，由 F 系统自动分配，用于保存 F-I/O 模块的参数。

- F-I/O DB-name

F-I/O 模块对应的背景 DB 块名，由 F 系统自动分配，用于保存 F-I/O 模块的参数。

2）F-DI 模块电源参数（见图 2-72）说明：

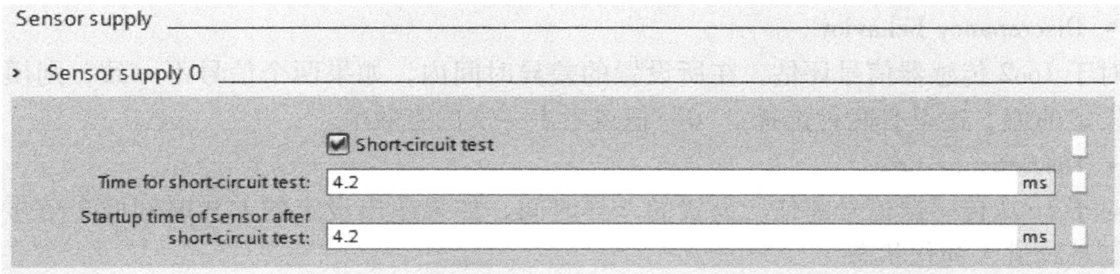

Sensor supply

› Sensor supply 0

☑ Short-circuit test

Time for short-circuit test: 4.2 ms

Startup time of sensor after short-circuit test: 4.2 ms

图 2-72　F-DI 模块电源参数

● Short-circuit test

当使用模块的 VS 电源为输入传感器供电时，可激活短路检测功能。

● Time for short-circuit test

VS 电源关断时间。当通道进行短路检测时，如果模块的检测回路在该关断时间内没有检测到“0”信号，则模块会触发故障并产生诊断信息。

● Startup time of sensor after short-circuit test

VS 电源供电时留给传感器的启动时间。

3）F-DI 模块通道参数（见图 2-73）说明：

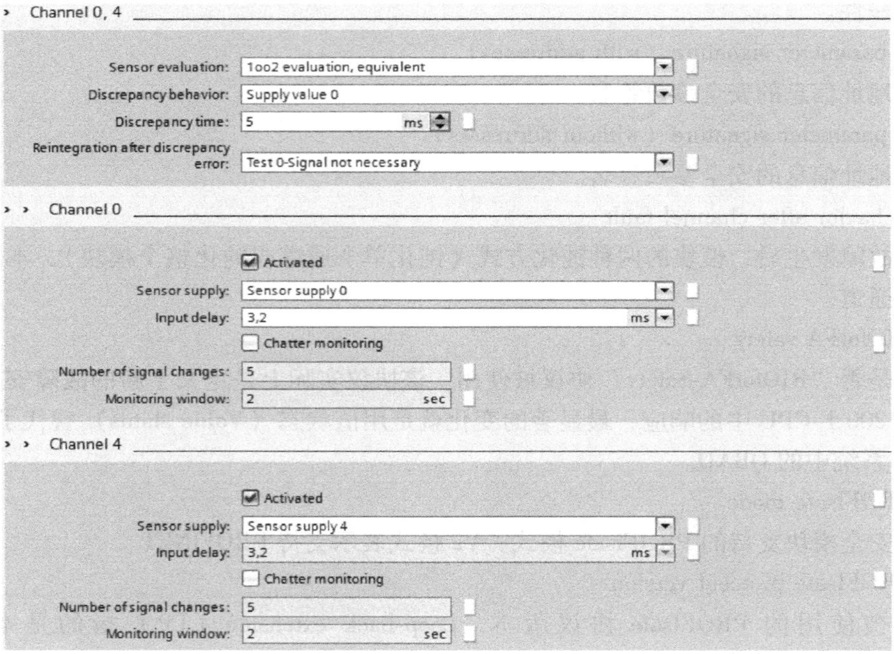

图 2-73 F-DI 模块通道参数

● Sensor evaluation

传感器评估类型分为两种：

1oo1 评估：一个输入通道连接一个传感器的方式，系统仅对单通道进行评估。

1oo2 评估：两个输入通道连接一个双通道传感器或两个单通道传感器的方式。系统对双通道进行交叉评估，可根据触点类型选择对等或非对等方式。

● Discrepancy behavior

对于 1oo2 传感器信号评估，在所设置的差异时间内，如果两个信号不一致，则模块将提供设定的值，这里有两种选择：“0”值或者上一次的有效值。

● Discrepancy time

对于 1oo2 传感器信号评估所设置的差异时间，如果超出设定的差异时间两个信号不一致，则系统进入钝化状态。

● Reintegration after discrepancy error

差异报错恢复后，需要传感器信号先恢复到 0 状态，之后才能复位差异错误。默认情况下不需要设置。

- Sensor supply

为该通道选择传感器电源，模块提供了多组 VS 电源，可选任一 VS 电源或外部电源为传感器供电，但最好选择相对应的一组，不容易出错。

- Input delay

输入通道干扰抑制时间。

- Chatter monitoring

如果输入信号频繁抖动，可以设置一个抖动监控，目前版本暂时无法激活该功能。

- Number of signal changes

输入信号抖动次数设定。

- Monitoring window

抖动监视时间。

4）F-DQ 模块通道参数（见图 2-74）说明：

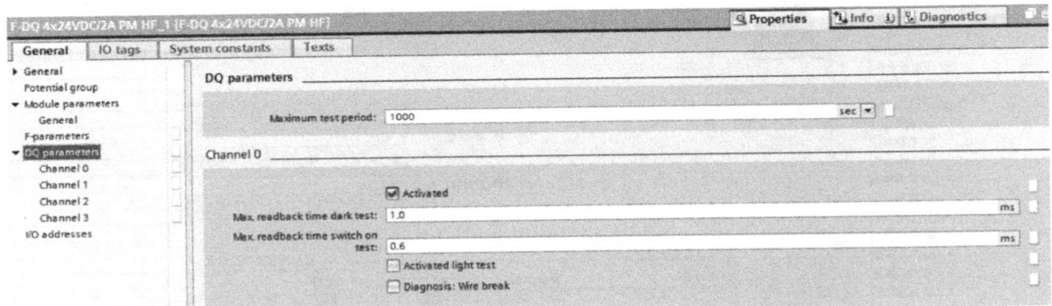

图 2-74 F-DQ 模块通道参数

- Maximum test period

F-DQ 模块在通道中提供了检测脉冲，对通道连线进行检测。该检测周期指的是检测的周期间隔。有两个检测间隔可选：1000s 或 100s。

- Activated

该通道是否被激活。如果不激活，则该 DQ 通道没有输出。一般来讲，如果没有用到该通道，最好设置为不激活。

- Max. readback time dark test

关断检测（dark test）脉冲最大的读回时间设定。当模块输出为“1”时，一组检测脉冲将会导致该信号出现一组瞬间为“0”的情况，类似于通道被“关断”，该关断信号应该在一定时间内被检测到，否则该通道将报错。关断检测主要用于短路检测。

注意：此时所连接的负载应该是对此类检测脉冲不敏感的设备，否则该负载可能会出现“抖动”的情况。

- Max. readback time switch on test

接通检测（switch on test）是在输出为“0”的状态下，模块内部的“P”开关和“M”开关分别依次接通，但负载并不接通的一种检测方式。该参数也是检测脉冲读回的最大时间设定。接通检测主要用于短路检测。

- Activated light test

点亮检测（light test）也是在输出为“0”的状态下，模块内部的“P”开关和“M”开关同时接通时的检测方式，此时负载会出现短暂接通的情况，因此可以由用户选择是否激活该检测。另外，点亮检测主要用于断线检测。

- Diagnosis：Wire break

主要用于外部接线的断线检测。该检测机制与高性能 DQ 模块的断线检测机制一致。

（8）保存并编译、下载

硬件组态完成后，选中 CPU1513F 站点，单击“编译”按钮，成功后单击“下载”按钮。在弹出的“扩展下载到设备”对话框中，选择“接口/子网的连接”类型为“PN/IE_1”，单击“开始搜索”按钮，在“选择目标设备”中选中已找到的设备，单击“下载”按钮，如图 2-75 所示。

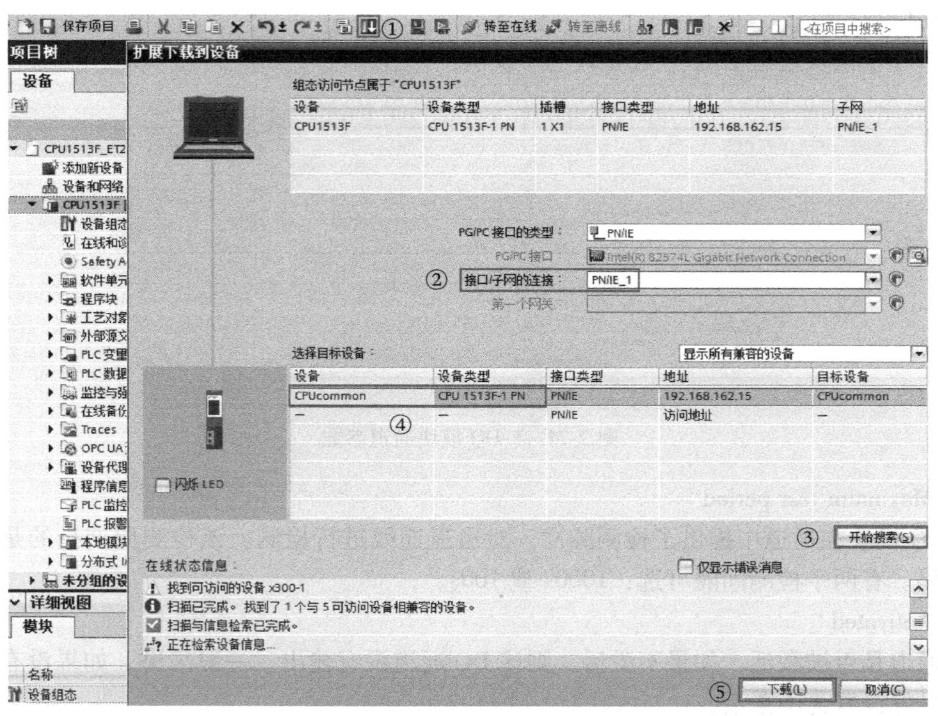

图 2-75　编译并下载硬件组态

之后会弹出“下载预览”对话框，选择“全部停止”动作，单击“装载”按钮，如图 2-76 所示。

在“下载结果”对话框选择“启动模块”，单击“完成”按钮。之后项目文件将被下载至 F-CPU 并启动 F-CPU 进入 RUN 模式，如图 2-77 所示。

（9）分配 ET200SP 设备名称

首先在网络视图中鼠标右键单击 IM155-6 站点，选择“分配设备名称”选项，将设备名称分配给网络中的 PROFINET 设备，如图 2-78 所示。

在弹出的对话框中选择待分配的设备名称“io device_1”，单击“更新列表”按钮，然后选中目标设备的 MAC 地址，单击“分配名称”按钮即可，如图 2-79 所示。

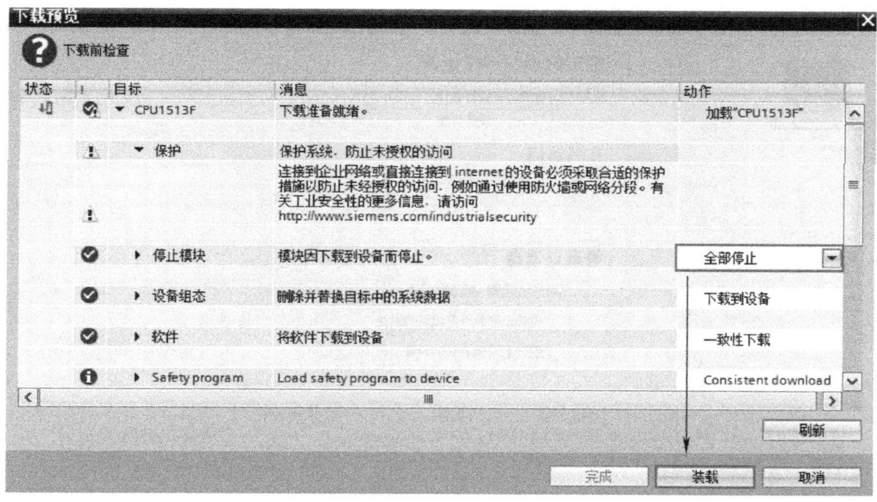

图 2-76 下载选项

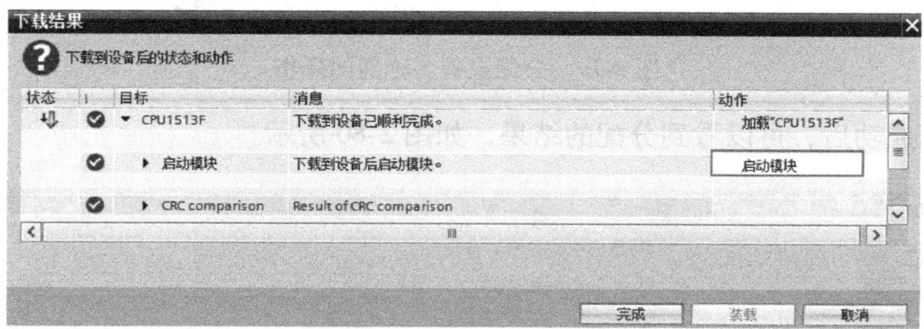

图 2-77 下载后启动 CPU

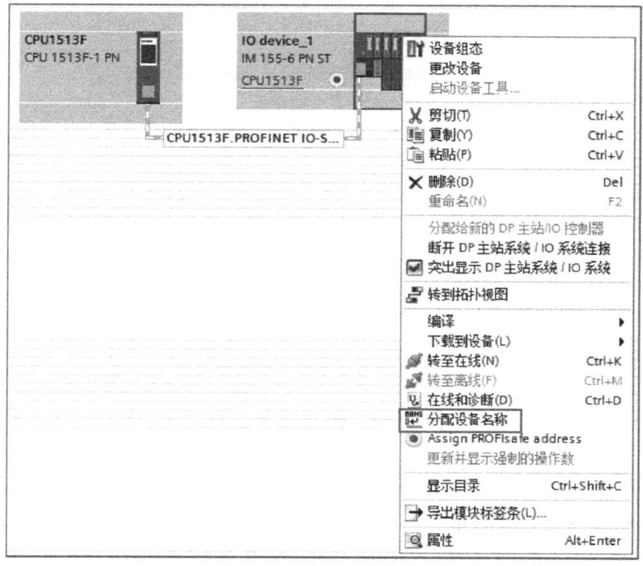

图 2-78 分配 PN 设备名称

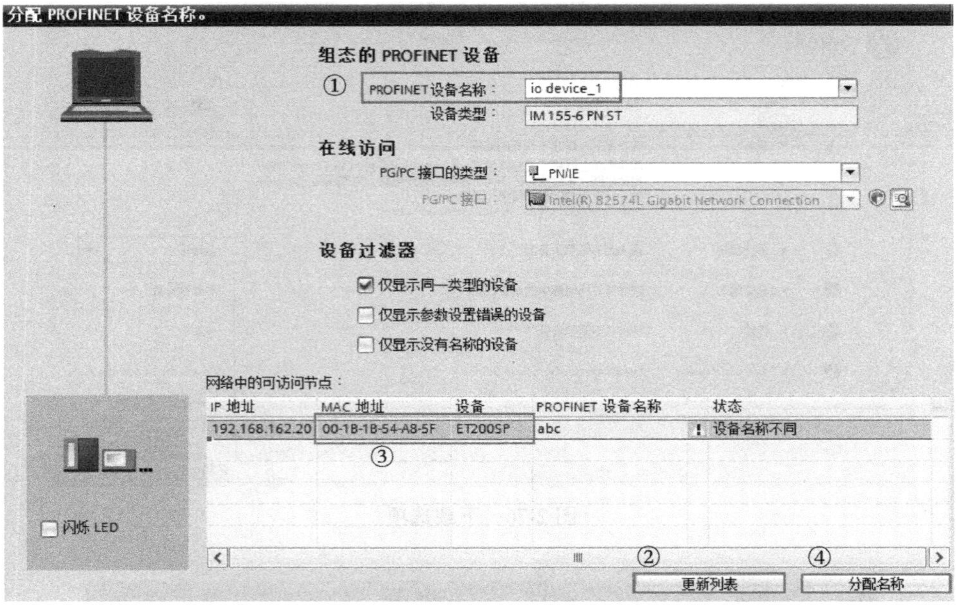

分配 PROFINET 设备名称。
组态的 PROFINET 设备
①
PROFINET设备名称：
io device_1
设备类型：
IM 155-6 PN ST
在线访问
PG/PC 接口的类型：
PN/IE
PG/PC 接口：
Intel(R) 82574L Gigabit Network Connection
设备过滤器
仅显示同一类型的设备
仅显示参数设置错误的设备
仅显示没有名称的设备
网络中的可访问节点：
IP 地址
MAC 地址
设备
PROFINET 设备名称
状态
192.168.162.20
00-1B-1B-54-A8-5F
ET200SP
abc
设备名称不同
③
闪烁 LED
②
④
更新列表
分配名称

图 2-79　分配设备名称前的操作

名称分配成功后，可以看到分配的结果，如图 2-80 所示。

分配 PROFINET 设备名称。
组态的 PROFINET 设备
PROFINET设备名称：
io device_1
设备类型：
IM 155-6 PN ST
在线访问
PG/PC 接口的类型：
PN/IE
PG/PC 接口：
Intel(R) 82574L Gigabit Network Connection
设备过滤器
仅显示同一类型的设备
仅显示参数设置错误的设备
仅显示没有名称的设备
网络中的可访问节点：
IP 地址
MAC 地址
设备
PROFINET 设备名称
状态
192.168.162.20
00-1B-1B-54-A8-5F
ET200SP
io device_1
确定
闪烁 LED
更新列表
分配名称

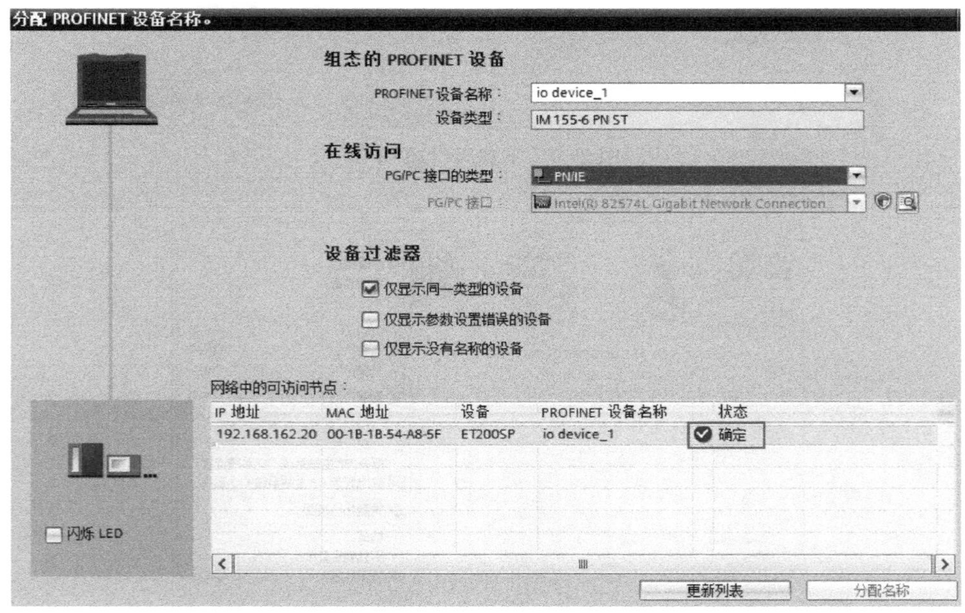

图 2-80　查看设备名称

为 PN 设备分配名称的操作一般在下载硬件组态之前做。

（10）分配安全模块 F 目标地址

下载硬件组态之后，还需要为安全模块分配安全系统的 PROFIsafe 地址。首先在网络视图中鼠标右键单击 IM155-6 站点，选择“Assign PROFIsafe address”，如图 2-81 所示。

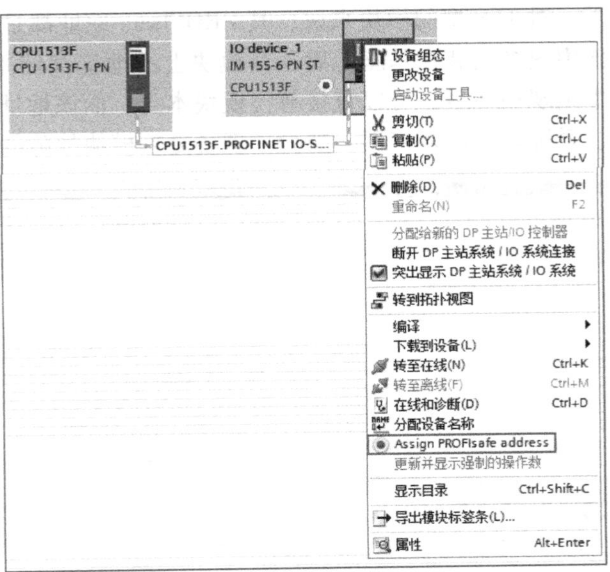

图 2-81　分配 PROFIsafe 地址

在弹出的对话框中，勾选带有黄色标签的安全模块，单击 “Identification” 按钮，然后勾选右侧待确认的安全模块，单击 “Assign PROFIsafe addr...” 按钮即可将 PROFIsafe 地址写入到没有地址的安全模块中，如图 2-82 所示。

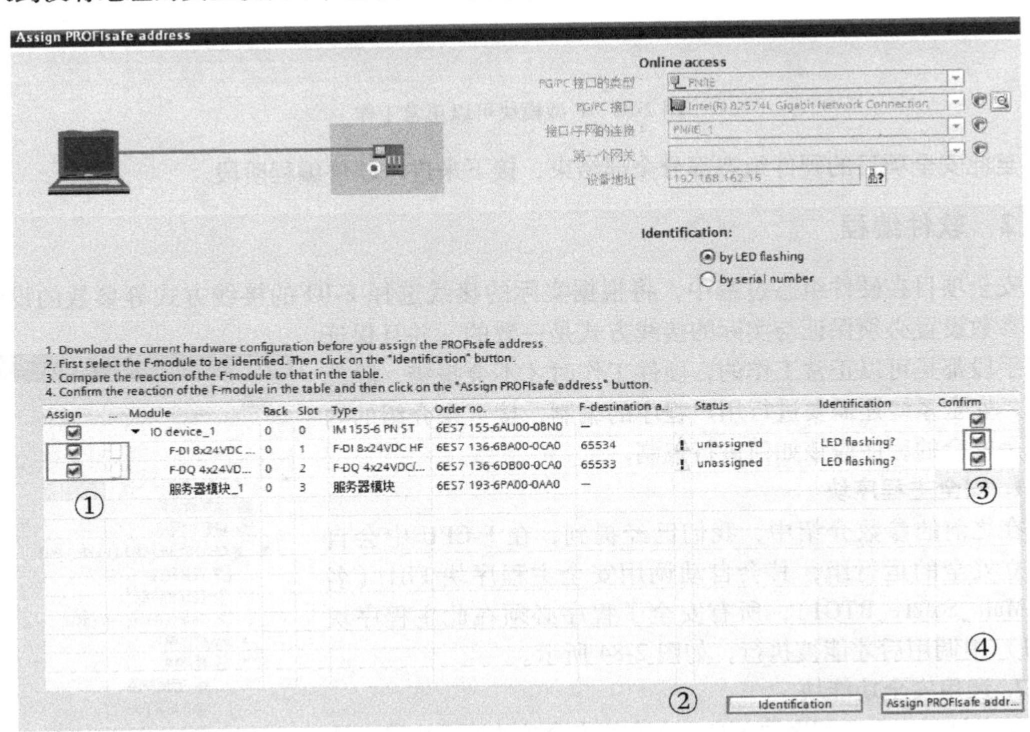

图 2-82　为 F 型模块分配 PROFIsafe 地址

地址分配成功后，系统即可正常使用，如图 2-83 所示。

这里需要强调一下，对于 F 型的模块来讲，其 PROFIsafe 地址都是被存储在模块后面的地址存储单元中，当该模块被安装在基座上后，其模块上的地址存储单元就会留在基座上，当该模块在使用过程中出现损坏后，可以直接替换模块本身，而该地址单元不用更换，所以不需要修改硬件组态，系统即可恢复使用，减少了现场处理模块故障的时间。

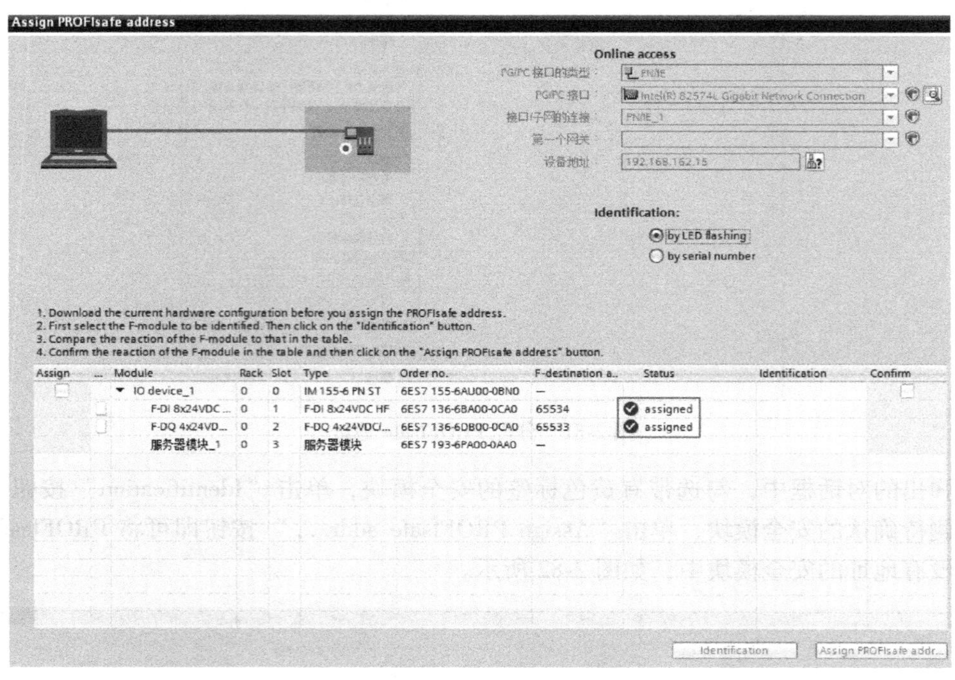

图 2-83　F 型模块可以正常工作

至此安全项目的硬件组态部分全部结束，接下来进入软件编程阶段。

2.3.2　软件编程

安全项目在硬件组态过程中，将根据实际的接线选择 F-IO 的接线方式等参数的设置，这些参数设置必须保证与实际的接线方式是一致的，并且保证检测手段都是可以正常工作的，硬件工作时才不会报错。除此之外，安全系统还需要进行用户程序的编制，接下来介绍的内容就是安全的程序应该如何进行编制。

1. 安全主程序块

在之前的参数介绍中，我们已经提到，在 F-CPU 中会自动建立安全的运行组，其会自动调用安全主程序块 FB1（名称：Main_Safety_RTG1），所有安全子程序必须在此主程序块（FB1）中调用后才能被执行，如图 2-84 所示。

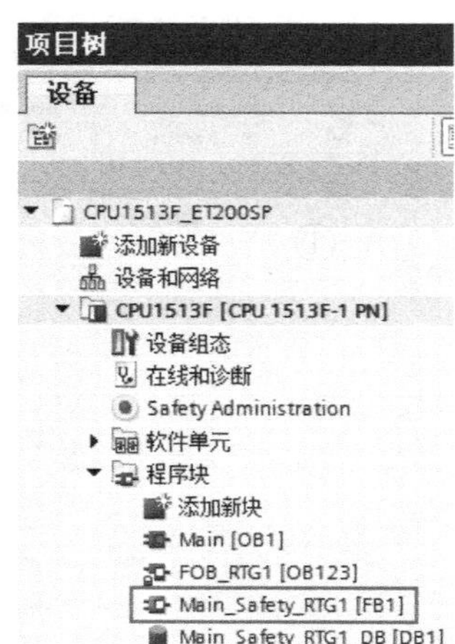

图 2-84　安全主程序块

2. 调用安全功能块

单击打开安全主程序块 FB1，在右侧安全功能列表中可以选择相应的指令或者调用相应的安全功能块进行安全程序的编制。

故障安全系统的程序指令以及编程的方法其实与标准程序

是类似的，这里所有涉及安全的指令都是带黄色标识的，因此用户在编制安全程序时，只要选择带黄色标识的指令或者功能块即可。

由于安全系统对数据的认证是有一定范围的，因此不是所有的数据类型都支持，而且出于安全功能的考虑，也不是所有的指令都支持，这一点需要广大读者注意。而符合故障安全编程要求的编程语句也只有 F-LAD 以及 F-FBD 两种。

另外，因为安全系统对数据有较为严格的检验机制，因此所有经过校验的地址、数据块都是有黄色标识的，在安全程序中，应尽量避免使用非校验的地址或者数据。

以上都是在程序编制过程中需要注意的基本规范，对编程的其他具体要求，后面还会进行介绍。

具体到实例，通过一个急停功能的程序来说明编程的一般方法。

实例中，在打开 FB1 后，可以在右侧 Safety Function 目录下选择相应的功能块，例如，选择调用急停功能块 ESTOP1。该功能块是经过认证的，因此用户不需要自己编制相应的急停功能，只需要调用该功能块并填上相应的地址或者参数即可。

例如，此时需要在引脚 E_STOP 上填写急停按钮的输入地址 I0.0，在引脚 ACK 上填写故障复位变量 M0.0，在引脚 Q 上填写输出设备对应地址 Q6.0，输出引脚 DIAG 为诊断字节，分配地址 MB1，如图 2-85 所示。

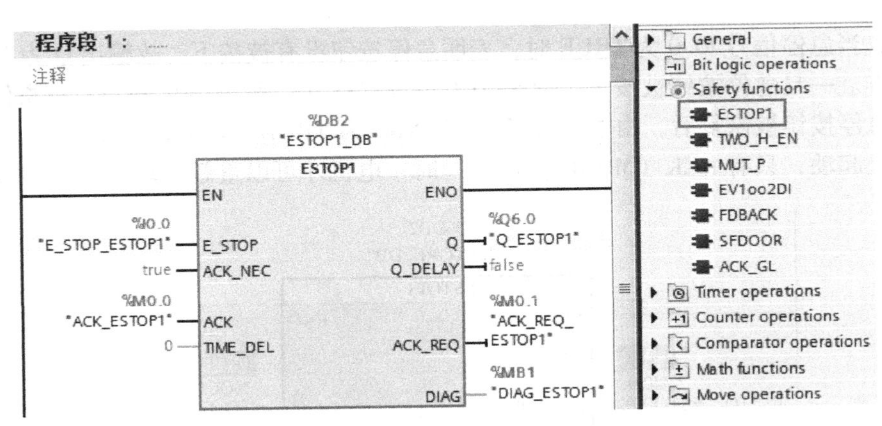

图 2-85　安全程序中调用急停功能块

需要强调的是，此时，作为触发该安全功能的地址（本例中为 I0.0 “E_STOP_ESTOP1”）必须是来自于 F-DI 模块经过验证的输入信号；输出地址（本例中为 Q6.0 “Q_ESTOP1”）也应该是安全输出模块的地址；而“复位”或者“确认”按钮，可以采用普通的 IO 地址或中间线圈（本例中为 M0.0 “ACK_ESTOP1”）来触发。

但总的来讲，应该减少“非安全”的地址或数据在安全程序中出现的频率，而在触发安全功能时，必须采用经过系统验证或程序校验过的地址。

另外，安全程序不应过于复杂。

3. 编译和下载

安全程序编制结束后，单击“编译”按钮对程序进行编译，成功后单击“下载”按钮，在弹出的对话框中选择“全部停止”和“重新初始化”，单击“装载”按钮将程序下载至 F-CPU 即可，如图 2-86 所示。

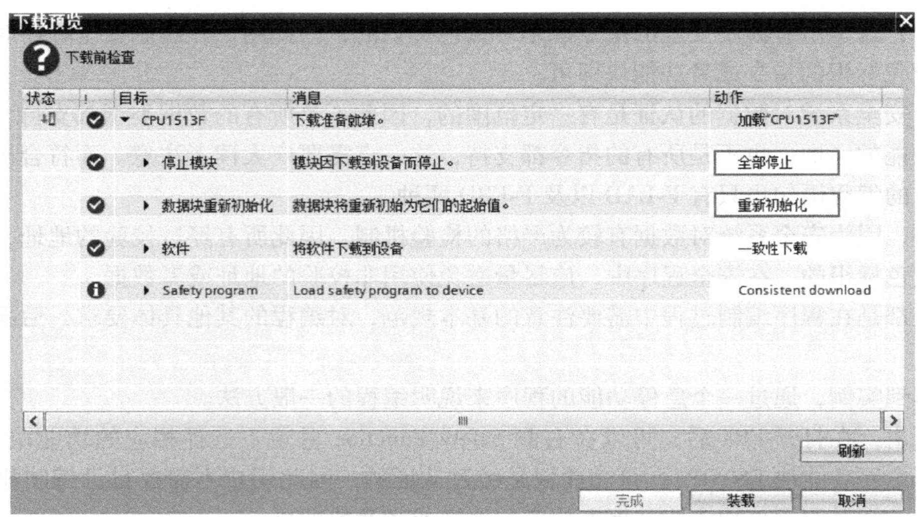

图 2-86 安全程序编译下载

4. 安全程序监控

当 F-CPU 正常运行后，打开安全程序块 FB1，单击“监控”按钮，可看到安全程序运行情况。

例如，当急停信号 I0.0 为 TRUE 时，表明急停按钮没有被按下，故输出 Q 为 TRUE，电机正常工作。一旦急停按钮被按下，此时 I0.0 变成 FALSE，则输出 Q 断开，电机停止工作；此时，当急停按钮被恢复后，由于设置了 ACK_NEC 为 TRUE，要求进行复位确认，因此电机不会马上起动，只有 ACK（M0.0）为“1”时，电机才可以重新起动，如图 2-87 所示。

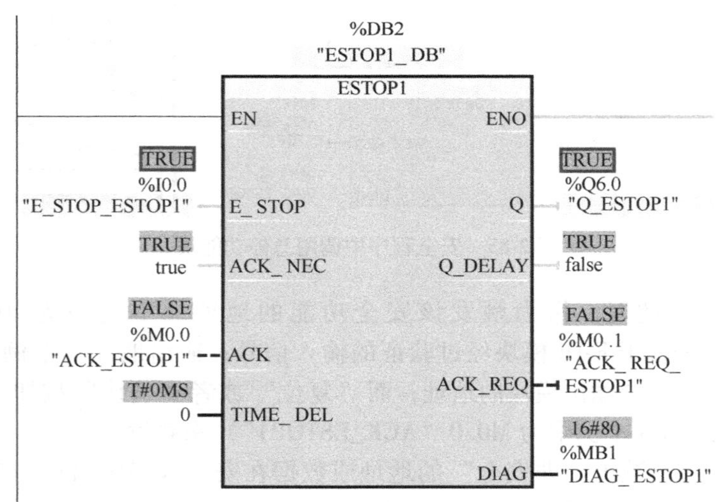

图 2-87 急停功能块正常工作

以上是一个安全程序最基本的编程和监控方法。这些安全功能块本身的功能是比较完善的，所有的引脚参数都需要用户详细地了解，用户在编制程序的过程中，可以参考相关的编程手册，本书不对这些功能块的具体引脚做详细的介绍。但除了这些功能块，还有一些程序是需要加载到安全系统中或者用户常用的，这主要包括安全系统的“去钝化”处理以及安全通信程序的编制。

2.3.3　钝化及去钝

1. 钝化状态

钝化状态，是故障安全系统的自我保护的一种机制，即当系统发现内部出现某些故障时，将停止读入外部信号和向外部输出信号，用“安全值”（一般是“0”）来代替这些输入值或者输出值，从而让设备进入一种安全状态。

这么看来，钝化有点类似于用户自己编制的应急程序，但钝化是安全系统自动触发的，是来自于硬件的，而不是用户程序来控制的，因此，是不会出现误动作的。

接下来，我们将举例说明系统钝化的状态。例如，在 1oo2 状态下，急停按钮双通道中的一路信号丢失，导致通道差异，安全模块将自动监测到双通道不一致，就会报错并导致模块钝化。此时安全模块 DIAG 诊断指示灯（红色）会闪烁。

另外，还有两种方式来判断模块是否处于钝化状态。

1）通过直接读取安全模块的诊断信息（注意不是 F-CPU 的诊断信息），可获取钝化错误信息，如图 2-88 所示。

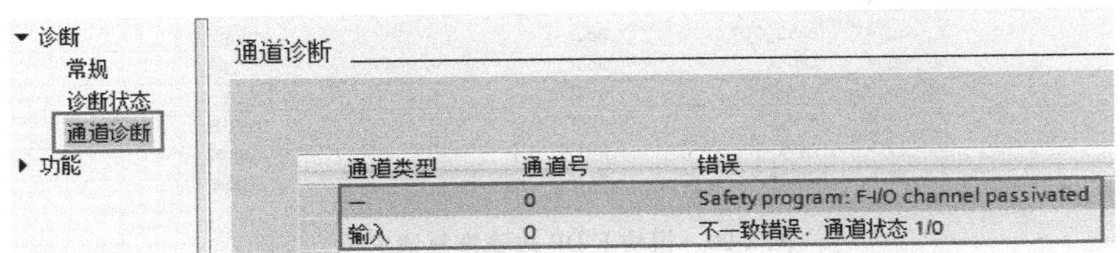

图 2-88　模块诊断信息

2）在程序中，可以通过访问该安全信号模块的 F-I/O DB 来读取模块的钝化状态。本例中该 DB 块为 DB30002，打开该 DB 并监控 PASS_OUT（和 QBAD）的位状态，此时均为 TRUE，表明通道已经钝化，如图 2-89 所示。

F00000_F-DI8x24VDCHF_1

	名称	数据类型	起始值	监视值
1	▼ Input			
2	PASS_ON	Bool	false	FALSE
3	ACK_NEC	Bool	true	TRUE
4	ACK_REI	Bool	false	FALSE
5	IPAR_EN	Bool	false	FALSE
6	DISABLE	Bool	false	FALSE
7	▼ Output			
8	PASS_OUT	Bool	true	TRUE
9	QBAD	Bool	true	TRUE
10	ACK_REQ	Bool	false	FALSE
11	IPAR_OK	Bool	false	FALSE
12	DIAG	Byte	16#0	16#02
13	DISABLED	Bool	false	FALSE

图 2-89　模块 F-DB 钝化状态

2. 去钝处理

为了保障设备的安全，当系统进入钝化状态后，安全模块是不能正常输出信号的，因为此时硬件检测到了外部故障（例如，短路、断线等）。此时，维护人员必须到现场对故障进行处理。当故障消除后，系统依然无法正常工作，必须进行去钝化处理。

去钝化处理有两种方式：自动去钝和手动去钝。通过设置该模块对应的 F-I/O DB 块中输入引脚 ACK_NEC 来进行选择：当 ACK_NEC = 1 时为手动去钝，否则为自动去钝。系统默认均为手动去钝方式。因为一般情况下，当故障刚被修复时，维护人员还没有离开危险区域，此时不能进行自动去钝的，因此，一般情况下，要求进行手动去钝操作。

手动去钝操作的具体方法，有以下两个步骤：

1）判断外部故障是否被排除。此时需参考 ACK_REQ 的引脚状态。当复位信号 ACK_REQ 变为 TRUE 后，表示可以去钝，如图 2-90 所示。

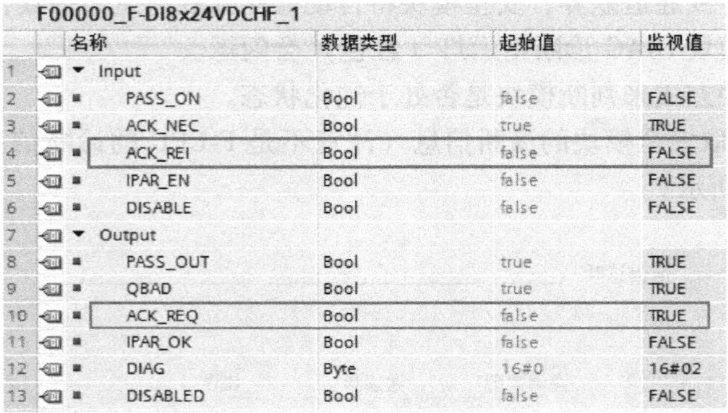

F00000_F-DI8x24VDCHF_1

	名称	数据类型	起始值	监视值
1	▼ Input			
2	PASS_ON	Bool	false	FALSE
3	ACK_NEC	Bool	true	TRUE
4	ACK_REI	Bool	false	FALSE
5	IPAR_EN	Bool	false	FALSE
6	DISABLE	Bool	false	FALSE
7	▼ Output			
8	PASS_OUT	Bool	true	TRUE
9	QBAD	Bool	true	TRUE
10	ACK_REQ	Bool	false	TRUE
11	IPAR_OK	Bool	false	FALSE
12	DIAG	Byte	16#0	16#02
13	DISABLED	Bool	false	FALSE

图 2-90 模块 F-DB 故障恢复请求位

2）编制去钝程序。去钝程序的编制有对某个模块去钝或对整个系统去钝两种方式。对模块去钝只需要触发对应模块 F-I/O DB 中的 ACK_REI 引脚即可，如图 2-91 所示。

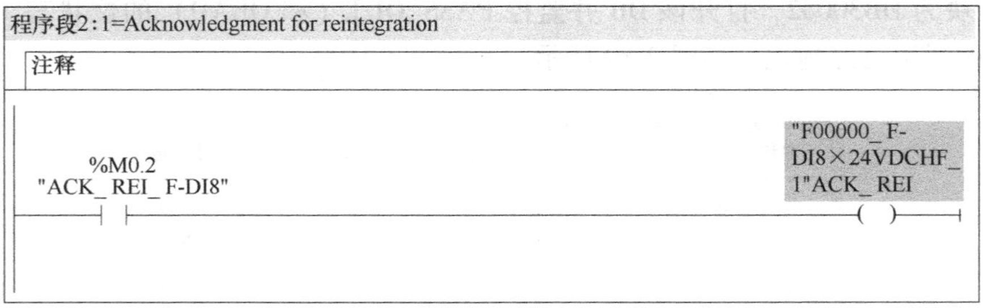

程序段2：1=Acknowledgment for reintegration

注释

%M0.2
"ACK_ REI_ F-DI8"

"F00000_ F-DI8×24VDCHF_ 1"ACK_ REI

图 2-91 模块去钝程序

也可以对整个系统中所有模块同时去钝，只需调用“ACK_GL”功能块即可，如图 2-92 所示。

成功去钝后，硬件模块恢复正常，此时系统可以恢复正常工作。但本例中急停功能还需要进行自身的复位操作，此时通过 ACK_REQ 的状态判断是否需要复位，当 ACK_REQ 为 TRUE 时，表示程序块请求复位，如图 2-93 所示。

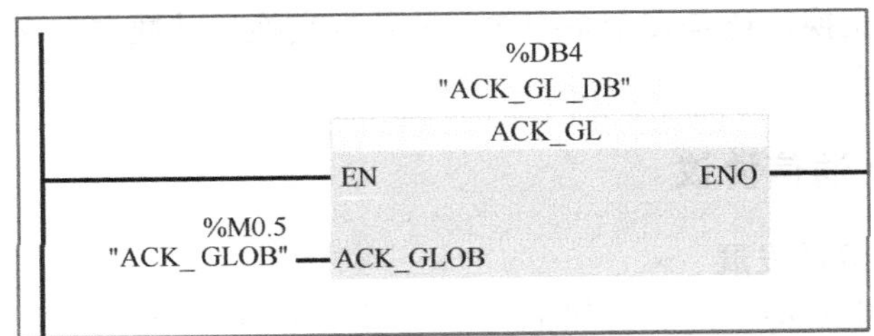

图 2-92　全局去钝程序

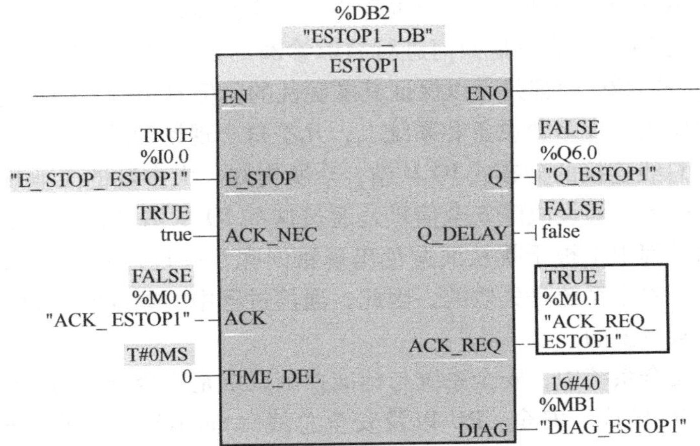

图 2-93　急停功能块复位请求

此时脉冲触发 ACK，复位操作完成，系统恢复正常工作，如图 2-94 所示。

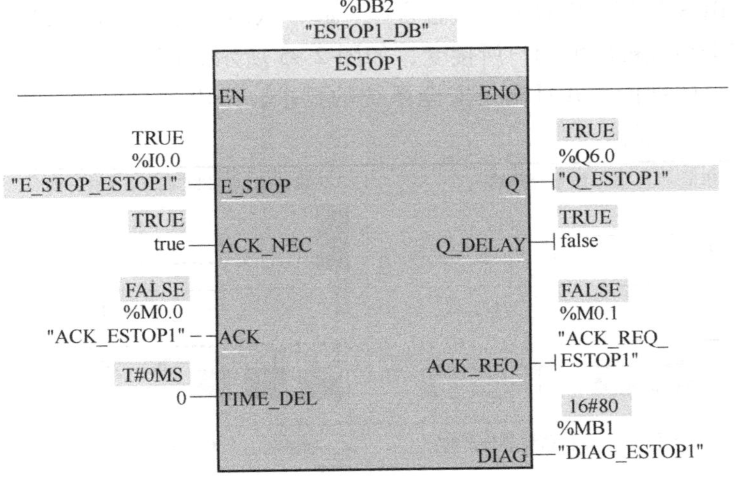

图 2-94　急停功能块复位完成

2.4　西门子安全系统的通信

安全系统除了安全硬件和相关软件外，安全通信也是安全系统的一个组成部分。无论是安全系统内部的数据交换，还是安全系统之间的数据交换，其数据在交换过程必须由特殊的机制来保障数据的安全。

2.4.1 PROFIsafe 通信协议

1. PROFIsafe 协议的发展

故障安全系统的主要特点是能够保证信号（数据）在整个系统中传递和处理时，该信号（数据）是准确的，一旦出现异常，系统能够马上发现并立即将系统引导至安全状态。之前已经介绍了故障安全系统的基本安全原理以及安全系统的硬件模块上集成的故障检测的机制，了解到信号在 PLC 系统中是如何进行故障诊断的，通过这样的一些机制，故障安全的信号在 IO 模块以及 CPU 中都是可以保证其准确性的。但对于目前的控制系统来讲，分布式系统结构已经被应用在大多数设备和系统上，几乎每个现场和系统都存在着 PROFIBUS 或者 PROFINET 现场总线连接的分布式 IO 从站，众所周知，大多数的工业现场环境都存在着一定的电磁干扰，因此，假设故障安全信号是通过这些 IO 从站进行采集的，如何保障这些安全信号在其传输过程中不被干扰从而避免出现错误呢？一旦信号（数据）在传输过程中出现错误，则意味着安全系统是失效的，因此，通信过程中的数据安全的保障机制对于故障安全系统来讲是非常重要的。

在早期的故障安全系统中，安全系统与标准控制系统是完全分开的两套系统。故障安全系统有专用的安全 IO 模块、安全 CPU 以及安全总线（SafetyBus）。在当时的技术条件下，整个安全系统是封闭的，成本非常高，应用也较为复杂，因此不利于推广。随着技术的不断发展，安全系统与标准系统不断融合，逐渐形成了目前的安全系统集成的方案，即安全模块可以与标准模块混合使用，安全 CPU 的功能也可以被集成在标准的 CPU 中，而安全总线也与标准的 PROFIBUS 和 PROFINET 总线融合在一起，从而将安全系统的成本和应用的难度大大降低，使得安全系统被广大用户所接受，如图 2-95 所示。而其中，安全信号（数据）能够在标准总线系统中被传输并且满足安全系统的要求，是由于总线安全协议——PROFIsafe 协议的出现才得以实现的。

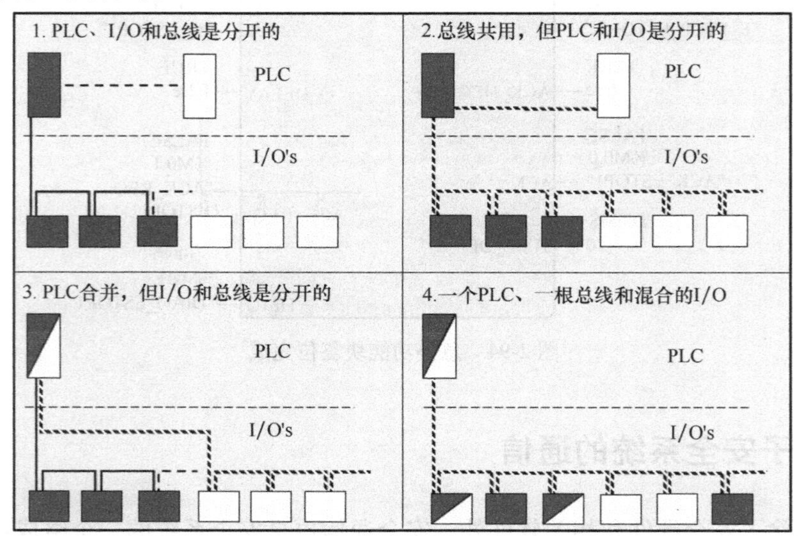

图 2-95 故障安全系统的发展历程

PROFIsafe 协议是西门子于 1999 年推出的首个基于现场总线的安全通信协议，并成为 IEC 61784 标准。PROFIsafe V1 版本将安全设备和标准设备的数据流完全整合在以 PROFIBUS 为平台的总线系统中，使标准设备和安全设备能同时共用一条通信链路，并且经过了 TÜV 的测试，认证了其在 PROFIBUS 上运用的安全性，达到了 IEC 61508 中 SIL3 的等级。而 V2 版本则实现了在 PROFINET 上使用安全性的认证。同时，PROFIsafe 也是一个开放的协议，目前越来越多的厂商都支持该协议。目前我国于 2015 年颁布了相关的国家标准 GB/T 20830—2015《基于 PROFIBUS DP 和 PROFINET IO 的功能安全通信行规——PROFIsafe》，标志着 PROFIsafe 也将逐步成为我国在相关领域内的国家标准。

2. PROFIsafe 协议的工作原理

按照 PROFIsafe 标准的描述，安全通信是在标准传输系统的基础上附加的安全传输协议，如图 2-96 所示。

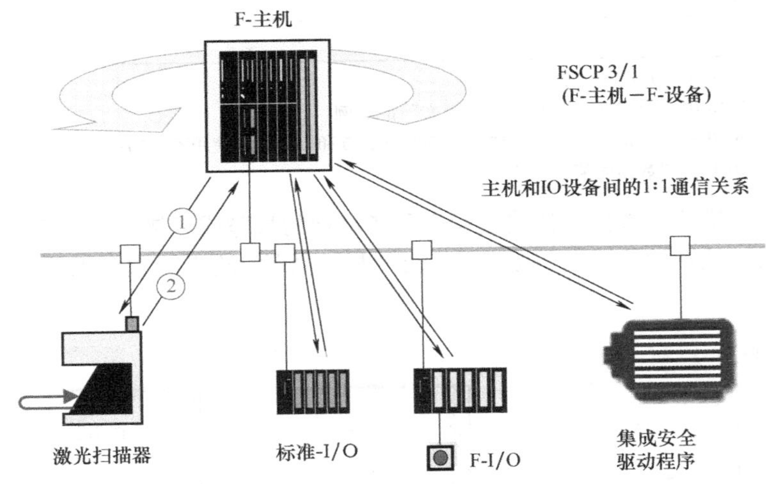

图 2-96 标准传输系统上附加安全协议

①—数据输出 ②—数据输入

标准传输系统包括传输系统的全部硬件（见图 2-96）和相关协议功能（即图 2-97 所示中 OSI 模型的第 1、2 和 7 层）。

安全应用和标准应用同时共享同一个标准通信系统。

而安全传输功能则由可以确定性地发现通过标准传输系统产生的各种可能的故障/危害或者使残余故障概率保持在某一限值以下的所有措施组成。

其中可能的故障/危害包括：随机故障，例如，由于电磁干扰对传输通道的影响；标准硬件的失效/故障；标准硬件和软件内组件的系统故障。

对可能发生的传输错误的控制措施是安全通信行规的一个重要组成。IEC 61784-3：2010 中列出的通用安全措施见表 2-3。在一个安全单元内，这些安全措施都应当被采用和监视。

表 2-3 控制错误的措施

通信错误	安全措施			
	（虚拟）序列号①	接收超时②	发送方和接收方的代码名称③	数据一致性校验④
数据破坏				×
非计划的重复		×		
错序	×			
丢失	×	×		
不可接受的延迟		×		
插入	×		×	
伪装			×	×
寻址			×	
在交换机内的循环存储失效	×			
报文回送			×	

① IEC 61784-3：2010 中“序列号”的实例。
② IEC 61784-3：2010 中“时间期望”和“反馈报文”的实例。
③ IEC 61784-3：2010 中“连接证实”的实例。可选的发送方和接收方正使用不同的代码名称。
④ IEC 61784-3：2010 中“数据完整性保证”的实例。

通过这些监控措施，数据在传输过程中可能出现的故障或者错误几乎都可以被监控到。

此原理仅限于认证“安全传输功能”。而“标准传输系统”（黑色通道）不需要任何额外的安全认证。

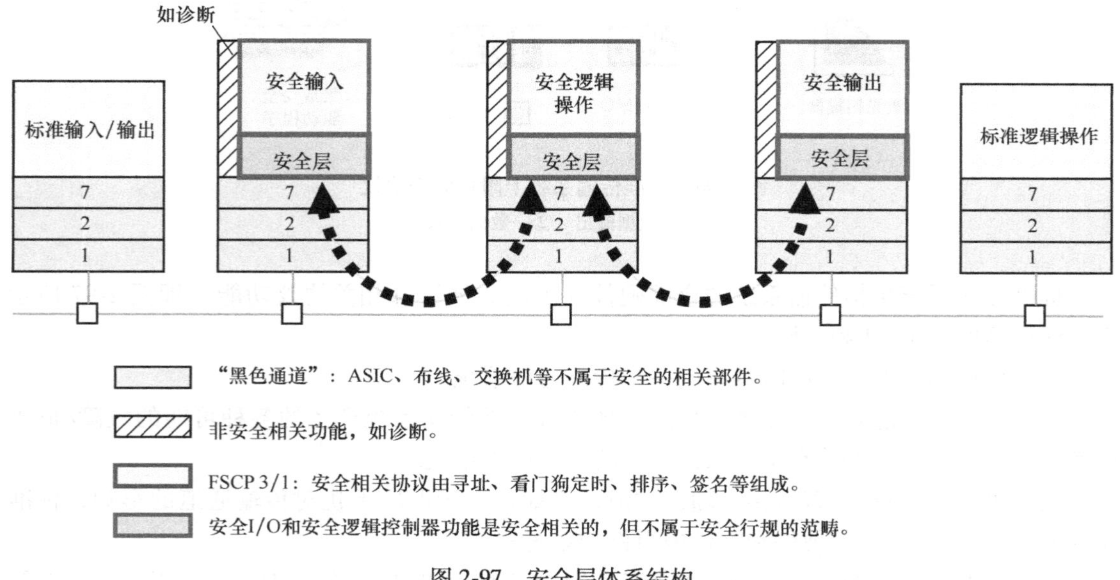

图 2-97 安全层体系结构

根据这个原理，可以得到如下结论：

1）对于交换机、中继器、接口模块等所有这些标准系统中的网络传输设备应用在安全系统中时，被视为“黑色通道”，并不影响安全系统的安全等级。

2）对于典型的现场总线系统配置网络拓扑来讲，安全传输的路径其实是从 F-主机经由背板总线通过标准网络接口、标准网络路径进入远程 F-设备，或者进入远程 IO 从站并经过背板总线最终进入 F-IO 模块（F-设备），如图 2-98 所示。

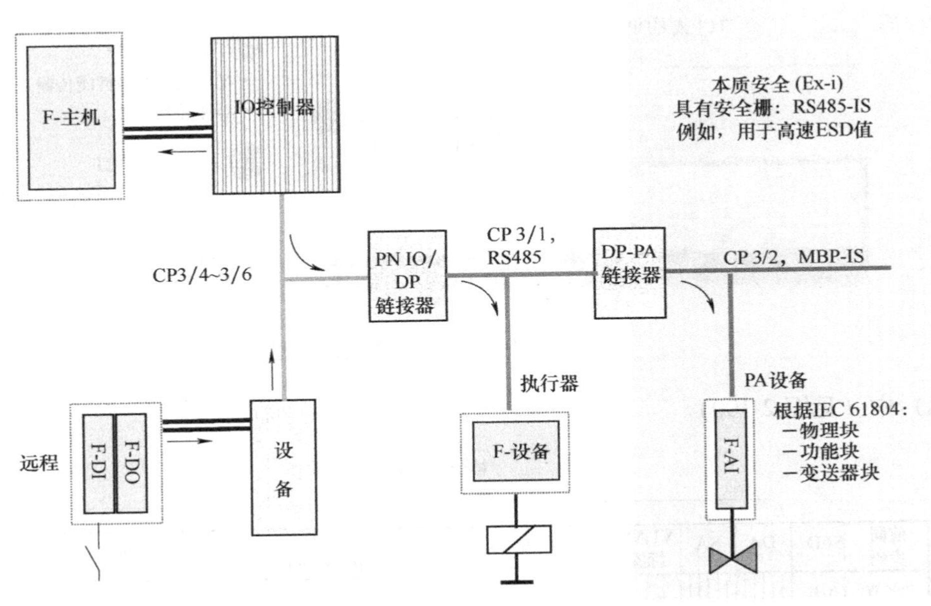

═ —— 本地(背板)总线

PN IO —— PROFINET IO传输

MBP-IS —— 用于防爆区域的数据传输

RS485 —— 高速(串口)数据传输

RS485-IS —— 用于防爆区域的特殊RS485

F-DI —— 故障安全数字输入

F-DO —— 故障安全数字输出

F-AI —— 故障安全模拟输入

PA设备 —— 符合过程自动化设备模型的设备(IEC 61804)

图 2-98　完整的安全传输路径

3. PROFIsafe 通信的报文格式

之前，在介绍安全通信原理时曾经提到，安全通信是建立在标准通信的基础之上，但安全通信究竟如何实现的呢？在此，介绍一下安全的数据是如何被传递的。

我们以 PROFINET 为例介绍故障安全的报文及传输方式。

对于 PROFINET，其基本通信模型与工业以太网相同，但其 IO 数据是由特殊通道直接上传至应用层，中间不经过标准的 TCP/IP 层（见图 2-99）。

对于标准的 PROFINET 报文，其数据报文的结构中，IO 数据均包含在 PDU（处理数据

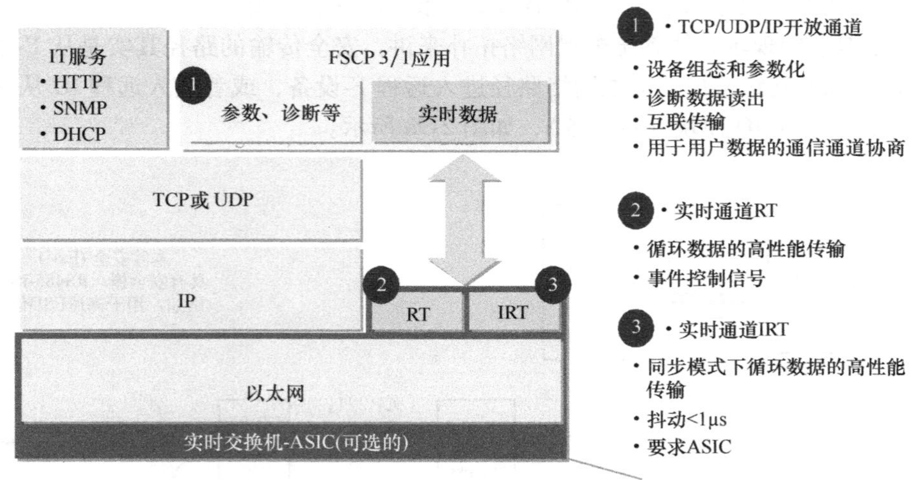

图 2-99 PROFINET 通信模型

单元）中（见图 2-100）。

帧长度：64 ...1436字节

前同步码	SFD	DA	SA	VLAN标签	以太网类型	帧ID	PDU（数据、IOPS/IOCS序列）	循环	数据状态	X状态	FCS
7字节	ABh						40...1412字节				

20 字节　最小：40字节[①]　4字节　4字节

关键字：

前同步码 —— AAAAAAAAAAAAAAh；
SFD —— 起始帧定界符：ABh；
DA —— 目标地址(6字节)；
SA —— 源地址(6字节)；
VLAN标签 —— 指示特定优先级；可选；
以太网类型 —— 以太网帧类型：8892h，用于CP 3/4 到CP 3/6(2字节)；
帧ID —— 帧标识符(CP 3/4 到CP 3/6报文类型)；
IOPS —— IO生产者状态：正常/异常和位置(可选/GSD)；
IOCS —— IO消费者状态：正常/异常和位置(可选/GSD)；
循环 —— 循环计数器(2字节)；31.25μs的倍数；
数据状态 —— 冗余、有效性、设备状态等信息；
X状态 —— 传输状态(1字节)；总是“00h”；
FCS —— 32位CRC(104C11DB7h)。

图 2-100 PROFINET 报文格式

①—被传输的最小用户数据的 VLAN 标签为 36 字节。

对于安全 IO 的数据，将同样以安全 PDU 的形式包含在标准报文的 PDU 部分进行传输。该安全 PDU 包括三个部分：F-IO 数据、状态/控制字和 CRC 校验。

其中：

- F-IO 数据部分包含了安全模块的 IO 值。

• 状态/控制字表征了该报文的功能，是F-设备来的数据报文还是F-控制器发出的控制报文。

• CRC 校验则用于识别整个报文的准确性，如果报文在传输过程中有任何的错误，通过 CRC 校验即可发现。

当一个模块化的 IO 设备带有多个安全模块时，一个 PROFINET 消息报文则包含多个安全 PDU。另外，工厂自动化和过程自动化场合对于安全系统有着不同的要求：前者处理短的二进制 I/O（“位”），通常会以很高速度进行处理；后者包含了较长的 I/O 值（“浮点数”），可能需要的处理时间稍长。因此安全报文提供了两种不同复杂程度的 CRC 校验来满足 SIL3 所需求的安全输入/输出数据（见图 2-101）。

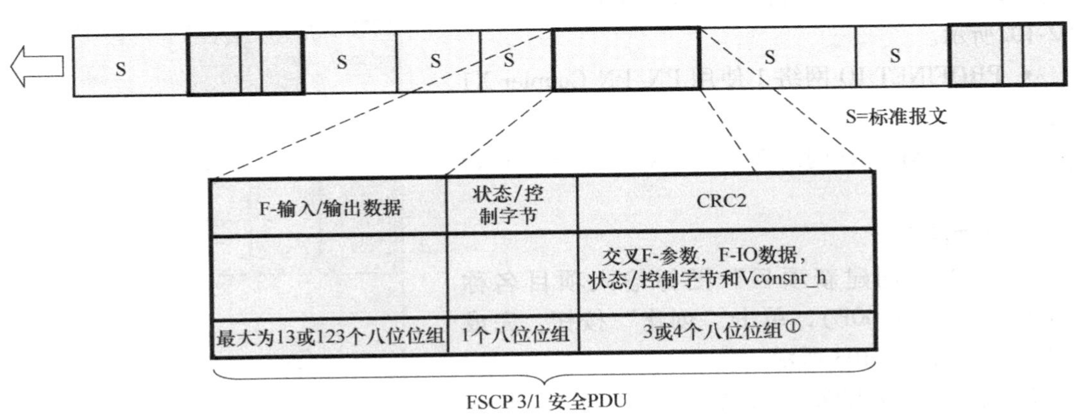

图 2-101　报文中的安全 PDU

①—3 个八位位组对应于最大为 13 个八位位组的 F-IO 数据；4 个八位位组对应于最大为 123 个八位位组的 F-IO 数据。

通过这样的方式，安全数据可以借助于标准 PROFINET 报文进行传输。

由于安全数据全部包含在标准报文的数据 PDU 部分，并不影响报文头和报文尾，报文中涉及的源地址、目的地址等传输层信息均与标准系统是一样的，因此标准总线的交换机等传输层设备不影响安全系统的安全等级，所以采用标准总线即可实现安全数据的传递。

PROFIsafe 协议是自动加载在安全系统的硬件中，因此无须用户进行任何的设置。用户需要进行安全通信时，仅需要进行通信的组态和程序块的调用。

2.4.2　IO 控制器与 IO 控制器通信

在 TIA 安全系统中，两个 S7-1500F CPU 之间的 PROFINET 接口可以借助 PN/PN Coupler 模块进行控制器与控制器之间的安全相关的通信。通信通过两个安全应用程序块进行，即 SENDDP 块用于发送数据，而 RCVDP 块用于接收数据。这些块由用户在 F-CPU 相应的安全程序中调用，可用于固定数量的 BOOL 和 INT 类型数据的安全传送。

在例程中，我们将以 CPU 1513F-1PN 作为一个 PROFINET 控制器，CPU 1515F-1PN 作为另一个 PROFINET 控制器，通过 PN/PN Coupler 实现两个 CPU 的安全相关的通信。

1. 软硬件环境

PLC 系统设备清单见表 2-4。

表 2-4 PLC 系统设备清单

设备类型	设备型号	订货号
TIA 博途软件	STEP 7 Professional V15 SP1	6ES7823-1AA05-0YA5
安全软件	STEP 7 Safety Advanced V15 SP1	6ES7833-1FA15-0YA5
F PLC 1	CPU 1513F-1PN	6ES7511-1FL01-0AB0
F PLC 2	CPU 1515F-2PN	6ES7515-1FM01-0AB0
PN 耦合器	PN/PN Coupler V4.0	6ES7158-3AD10-0XA0

PN/PN Coupler 提供两组完全相同的网络接口，因此可以同时在两个项目中组态为 I/O 设备，如图 2-102所示。

- PROFINET IO 网络 1 使用 PN/PN Coupler X1 组态。
- PROFINET IO 网络 2 使用 PN/PN Coupler X2 组态。

2. 硬件组态

1）单击“创建新项目”图标输入项目名称（1500F_PNPN_1500F），单击“创建”按钮，完成项目创建，如图 2-103 所示。

2）插入 S7-1500F 站点，将名称修改为 CPU1513F，并选择固件 V2.6 版本，再单击“确定”按钮，如图 2-104 所示。

3）在设备组态界面创建新的以太网子网并设置 IP 地址，如图 2-105 所示。

4）在“网络视图”中，组态 PN/PN Coupler X1，如图 2-106 所示。

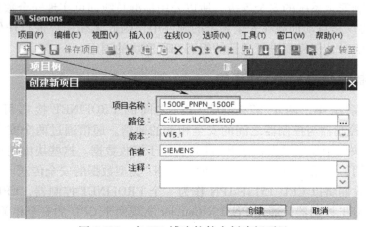

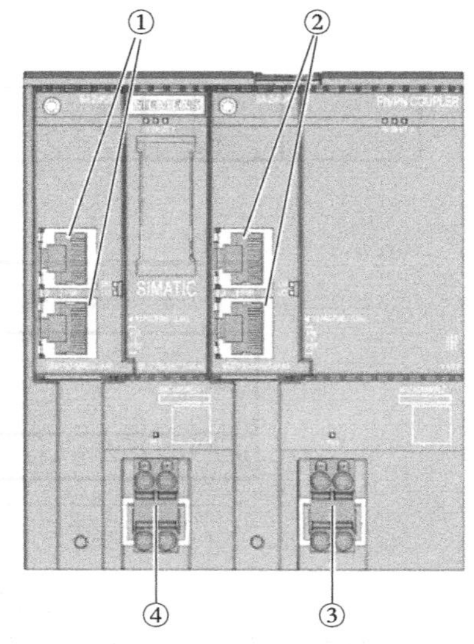

图 2-102 PN/PN Coupler 模块面板图

①—PROFINET IO 子网 1（X1 PROFINET）
②—PROFINET IO 子网 2（X2 PROFINET）
③—电源 2（DC 24V） ④—电源 1（DC 24V）

Siemens
项目(P) 编辑(E) 视图(V) 插入(I) 在线(O) 选项(N) 工具(T) 窗口(W) 帮助(H)
保存项目
项目树
创建新项目
项目名称： 1500F_PNPN_1500F
路径： C:\Users\LC\Desktop
版本： V15.1
作者： SIEMENS
注释：
启动
创建 取消

图 2-103 在 TIA 博途软件中创建新项目

图 2-104　插入 S7-1500F 站点

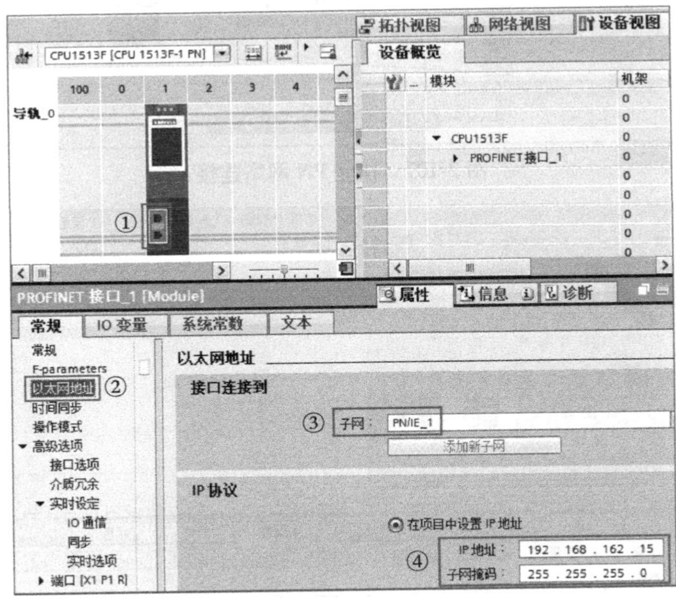

图 2-105　添加子网并设置 IP 地址

最新版本的 PN/PN Coupler V4.0 需要安装 GSD 文件后才能在软件中看到，可从网址 https://support.industry.siemens.com/cs/us/en/view/23742537/zh 获取 GSD 文件。

5）将 PN/PN Coupler X1 作为 IO 设备分配给 IO 控制器（在两个网口间通过拖拽完成），如图 2-107 所示，并进入“设备视图”分配 IP 地址，如图 2-108 所示。

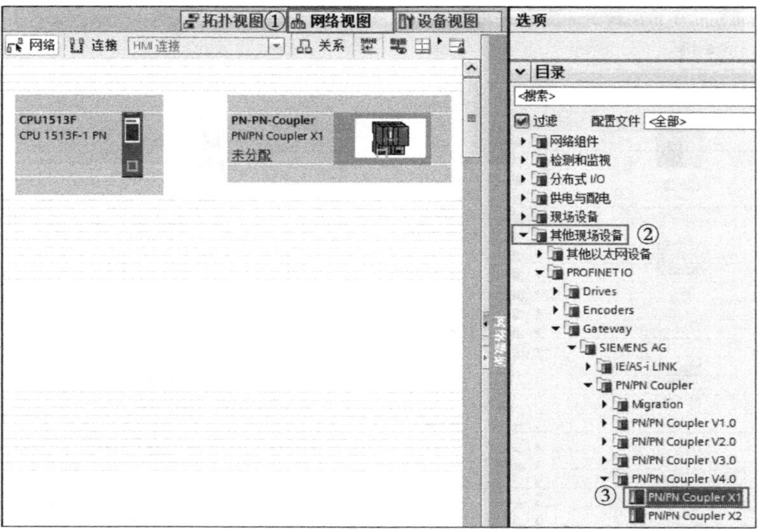

图 2-106 插入 PN/PN Coupler

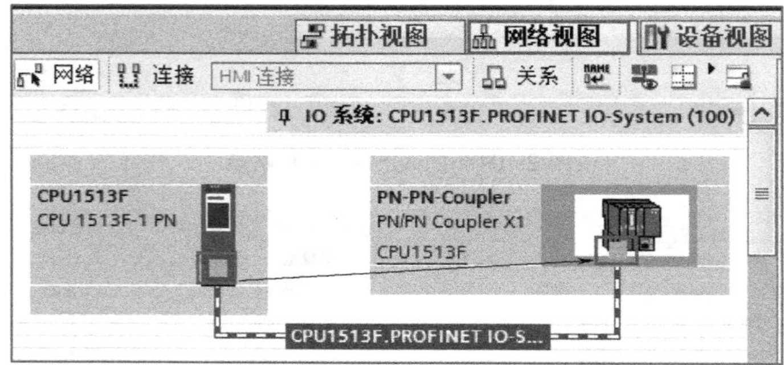

图 2-107 建立 PN 网络连接

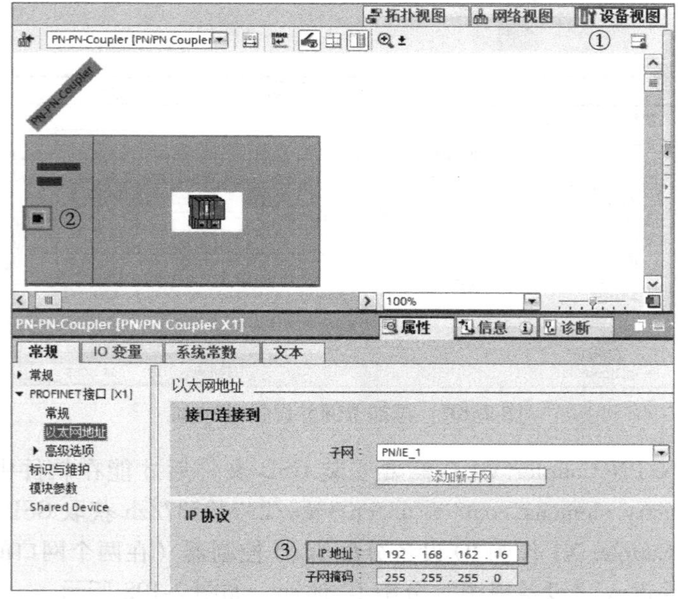

图 2-108 为 PN/PN Coupler 分配 IP 地址

6）需要在 PN/PN Coupler 中组态 F 数据交换的区域。这里组态安全的数据发送区和接收区，如图 2-109 所示。

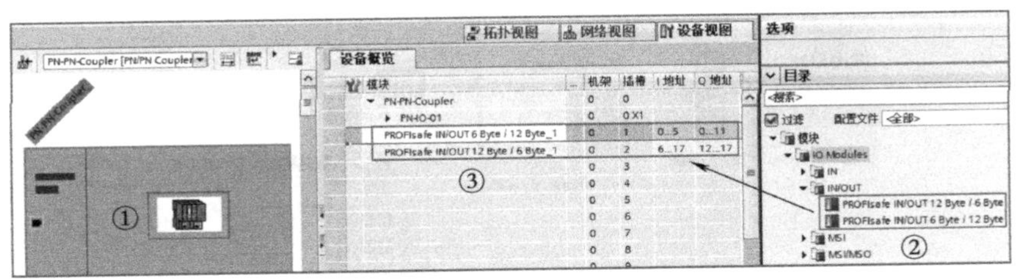

图 2-109　组态 F-IN/OUT 区域

在 PN/PN Coupler 内组态安全通信数据区的规则如下：

- 发送区：6 字节输入/12 字节输出。
- 接收区：12 字节输入/6 字节输出。

注意：对于故障安全系统来讲，由于其每一个地址的数据都有系统内部的反馈，因此在组态 12 字节的输出区时，系统会自动地分配一个 6 字节的输入区，用于接收输出区数据状态的反馈；而输入字节地址区同样也包含一定的输出地址。同样，对于故障安全型的模块来讲，在为输入模块分配地址时也对应着一定的输出地址，这一点在组态 F-IO 模块地址时要注意一下。

7）与组态 PN/PN Coupler X1 类似，组态 S7-1515F CPU，同时将 PN/PN Coupler X2 组态成 IO 设备，如图 2-110 所示。

注意：通信双方的传输条目应匹配，发送区对应接收区，接收区对应发送区。

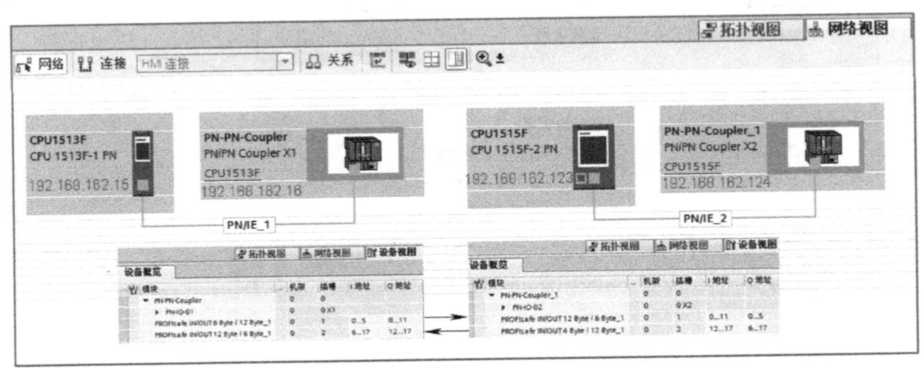

图 2-110　配置数据交换区

8）将两个安全 CPU 编译下载后，还需要在线分配 PN Coupler 设备名称，PROFINET 通信才能正常，这一点是组态 PN 通信的必要步骤，这里不再详述，如图 2-111 所示。

分配成功后，系统可以正常运行，如图 2-112 所示。

9）同样在 S7-1515F 侧对 PN Coupler X2 接口在线分配设备名称，然后通过“在线”监控连接状态，正常后硬件组态完成，如图 2-113 所示。

3. 软件编程

与安全相关的通信除了进行硬件组态外，还要调用专门的安全通信程序块完成数据的发

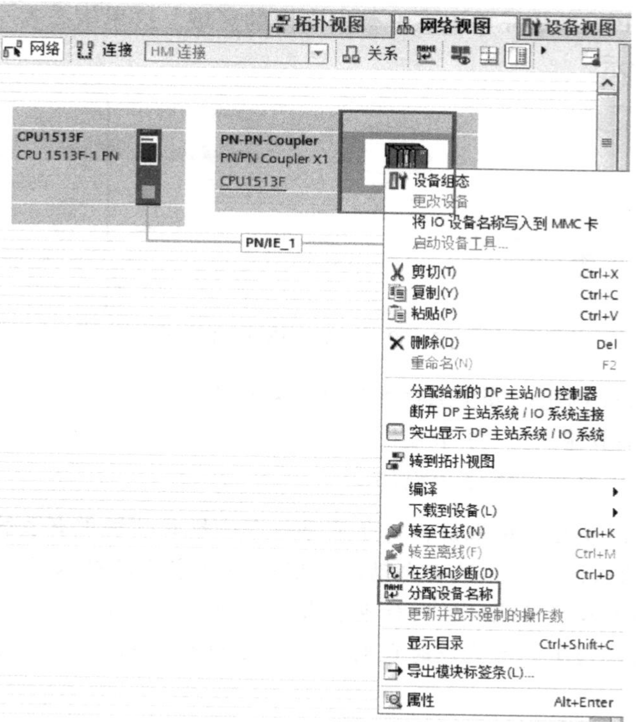

图 2-111　分配设备名称

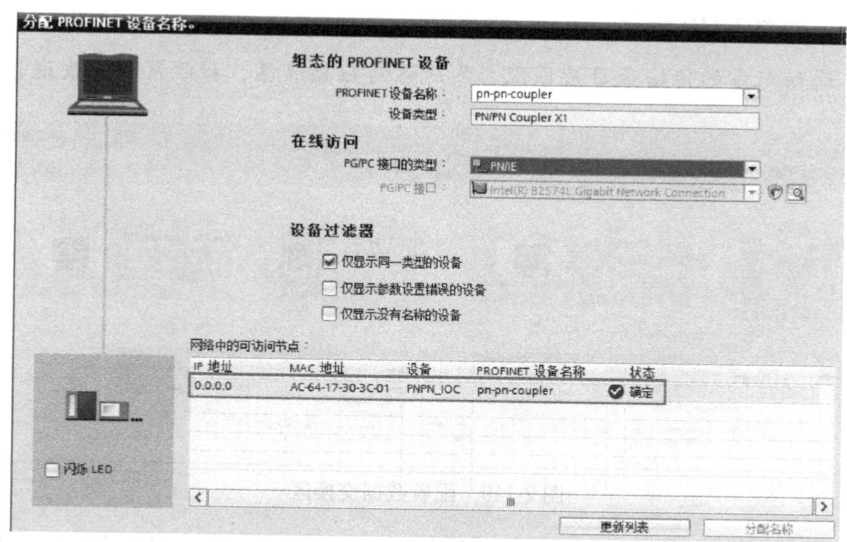

图 2-112　分配设备名称成功

送和接收，具体步骤如下：

1）在项目树中，单击“Safety Administration”，可以看到安全运行组在添加安全 CPU 硬件时系统已经自动生成，同时系统默认在 OB123 中调用安全主程序“Main_Safety_RTG1 [FB1]”，如图 2-114 所示。

2）单击“程序块”下面的“Main_Safety_RTG1”（FB1），调用 RCVDP 数据接收功能

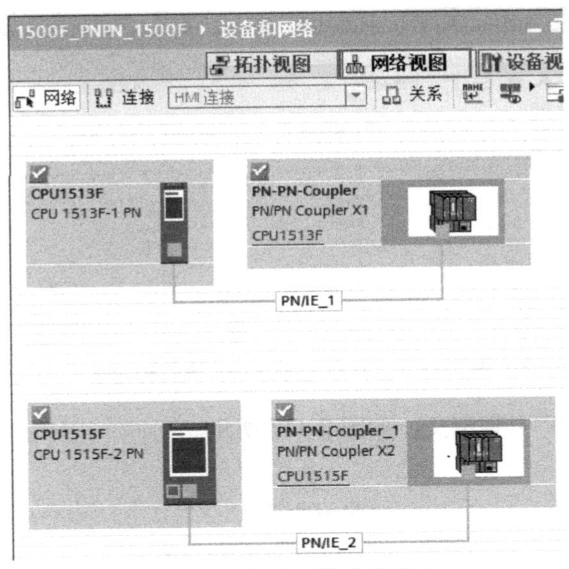

图 2-113　网络视图在线状态

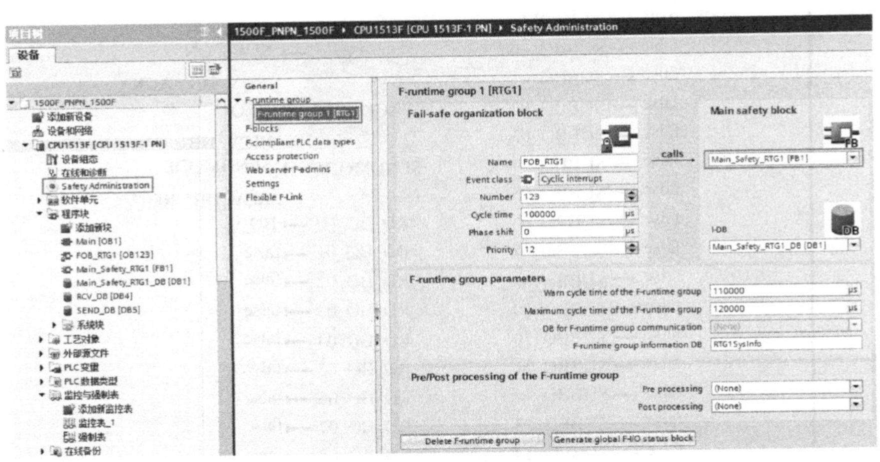

图 2-114　安全运行组

指令。注意：F 通信程序，必须先接收，再发送，即在程序段 1 为接收指令，如图 2-115 所示。

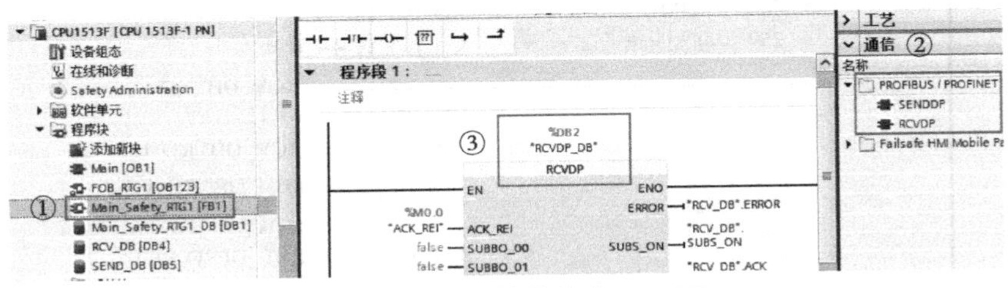

图 2-115　调用接收指令 RCVDP

新建 F-DB，用于存储通过 RCVDP 指令接收到的安全数据（最大 16 Bool+2 Int），如图 2-116所示。

1500F_PNPN_1500F ▸ CPU1513F [CPU 1513F-1 PN] ▸ 程序块 ▸ RCV_DB [DB4]

保持实际值 快照 将快照值复制到起始值中

RCV_DB

	名称	数据类型	起始值	保持	可从 HMI
1	▼ Static			☐	☐
2	ERROR	Bool	false	☐	☑
3	SUBS_ON	Bool	false	☐	☑
4	ACK_REQ	Bool	false	☐	☑
5	SENDMODE	Bool	false	☐	☑
6	RD_BO_0	Bool	false	☐	☑
7	RD_BO_15	Bool	false	☐	☑
8	RD_I_0	Int	0	☐	☑
9	RD_I_1	Int	0	☐	☑

图 2-116　1513F 接收 F-DB 块引脚变量

3）接收指令 RCVDP 引脚定义，如图 2-117 所示。

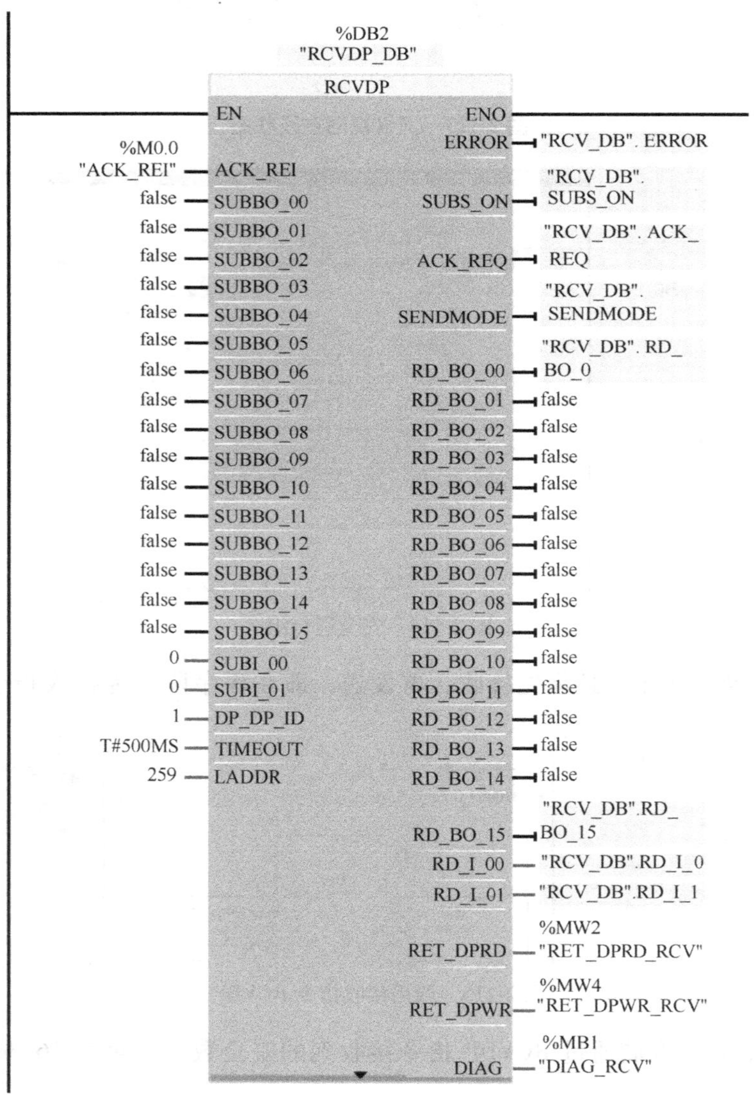

图 2-117　1513F 调用接收指令 RCVDP 进行安全数据的接收

其中各引脚定义见表 2-5。

表 2-5　RCVDP 功能指令参数说明

输入参数	
ACK_REI	1=发生通信错误后，对发送数据的重新集成进行确认
SUBBO_00~SUBBO_15	用于接收 Bool 数据的安全值
SUBI_00、SUBI_01	用于接收 Int 数据的安全值
DP_DP_ID	唯一的 SENDDP 和 RCVDP 之间的关联值，确认发送和接收的对应关系，示例中是 1，与 S7-1500F 侧 SENDDP 的 ID 一致
TIMEOUT	与安全相关的通信的监视时间
LADDR	IO 传输区域的硬件标识符
输出参数	
ERROR	1=通信出错
SUBS_ON	1=使用替代值
ACK_REQ	1=需要对发送数据的重新集成进行确认
SENDMODE	1=具有 F_SENDDP 的 F-CPU 处于取消激活的安全模式中
RD_BO_00~RD_BO_15	接收的 Bool 数据
RD_I_00、RD_I_01	接收的 Int 数据
RET_DPRD/RET_DPWR	DPRD_DAT/DPWR_DAT 的错误代码
DIAG	诊断信息

其中“LADDR”指的是在变量表的系统常量中查找接收区对应的硬件标识符值，如图 2-118所示。

图 2-118　接收硬件标识符

注意：在输出变量中，除了“RET_DPRD”“RET_DPWR”和“DIAG”三个变量以外，其他的变量都需要用故障安全的地址变量。

4）发送安全数据，需要调用安全的 SENDDP 数据发送功能块，如图 2-119 所示。与调用接收功能块相对应的是，该功能块的调用将放在安全程序的最后一条语句。

具体引脚的定义请参照表 2-6。

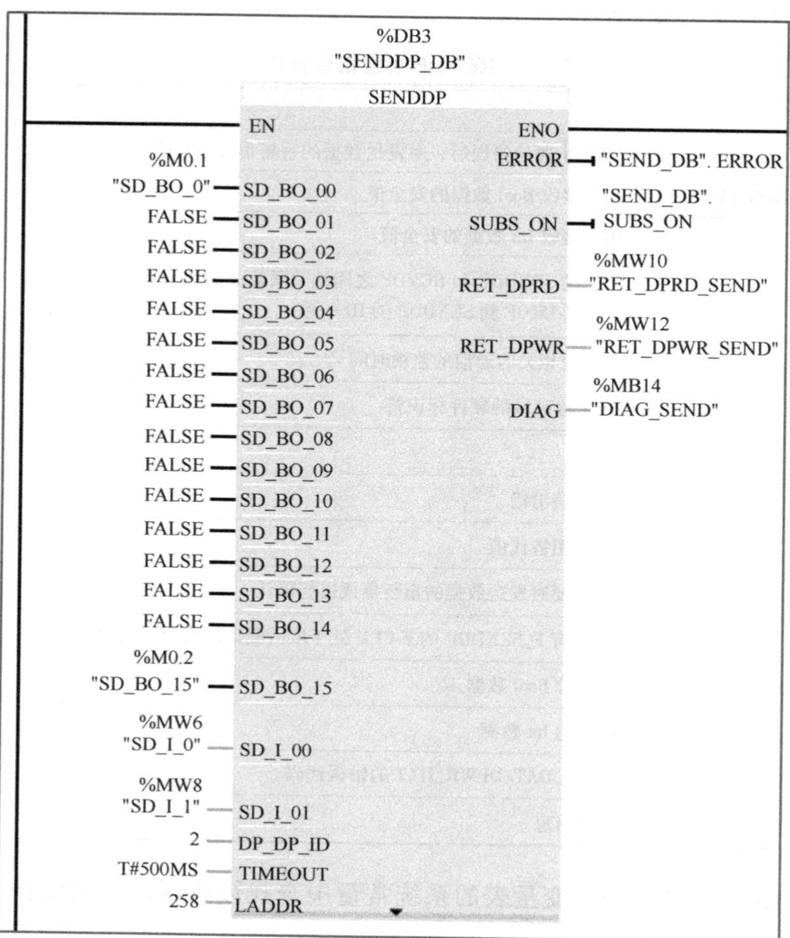

图 2-119　1513F 调用发送指令 SENDDP

表 2-6　SENDDP 功能指令参数说明

输入参数	
SD_BO_00～SD_BO_15	用于发送 Bool 数据
SD_I_00、SD_I_01	用于发送 Int 数据
DP_DP_ID	唯一的 F_SENDDP 和 F_RCVDP 之间的关联值，确认发送和接收的对应关系，示例中是 2，与 S7-1500F 侧 RCVDP 的 ID 一致
TIMEOUT	与安全相关的通信的监视时间
LADDR	接 IO 传输区域的硬件标识符
输出参数	
ERROR	1＝通信出错
SUBS_ON	1＝接收方输出故障安全值
RET_DPRD/RET_DPWR	DPRD_DAT/DPWR_DAT 的错误代码
DIAG	诊断信息

其中，“DP_DP_ID”：用户自定义通信连接号，应与通信伙伴接收块定义的连接号一致；“LADDR”：在变量表的系统常量中，查找发送区对应的硬件标识符值，如图 2-120 所示。

图 2-120　发送硬件标识符

最好新建 F-DB，用于存储通过 SENDDP 指令发送出去的数据，如图 2-121 所示。

1500F_PNPN_1500F ▸ CPU1513F [CPU 1513F-1 PN] ▸ 程序块 ▸ SEND_DB [DB5]

SEND_DB

	名称	数据类型	起始值	保持	可从 HMI
1	▼ Static			☐	☐
2	ERROR	Bool	false	☐	☑
3	SUBS_ON	Bool	false	☐	☑

图 2-121　1513F 发送 F-DB 块

注意：在输出变量中，除了“RET_DPRD”“RET_DPWR”和“DIAG”三个变量以外，其他的变量都需要用故障安全的地址变量。

5）在 S7-1515F 侧，同样在“Main_Safety_RTG1”（FB1）中，新建 F-DB 分别用于接收和发送，如图 2-122 所示。

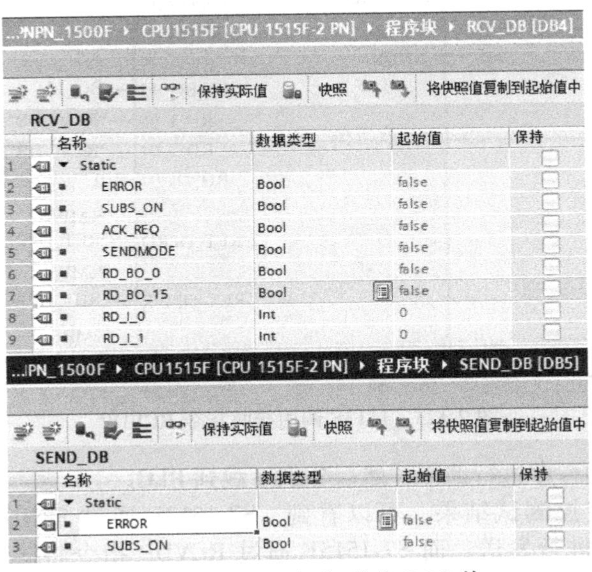
...NPN_1500F ▸ CPU1515F [CPU 1515F-2 PN] ▸ 程序块 ▸ RCV_DB [DB4]

RCV_DB

	名称	数据类型	起始值	保持
1	▼ Static			☐
2	ERROR	Bool	false	☐
3	SUBS_ON	Bool	false	☐
4	ACK_REQ	Bool	false	☐
5	SENDMODE	Bool	false	☐
6	RD_BO_0	Bool	false	☐
7	RD_BO_15	Bool	false	☐
8	RD_I_0	Int	0	☐
9	RD_I_1	Int	0	☐

...PN_1500F ▸ CPU1515F [CPU 1515F-2 PN] ▸ 程序块 ▸ SEND_DB [DB5]

SEND_DB

	名称	数据类型	起始值	保持
1	▼ Static			☐
2	ERROR	Bool	false	☐
3	SUBS_ON	Bool	false	☐

图 2-122　1515F 发送/接收 F-DB 块

6）参照 S7-1513F 侧在“Main_Safety_RTG1”（FB1）中调用接收块（见图 2-123）和发

送块（见图2-124），填写LADDR参数，同时注意两个PLC发送和接收程序的DP_DP_ID参数之间的匹配关系。

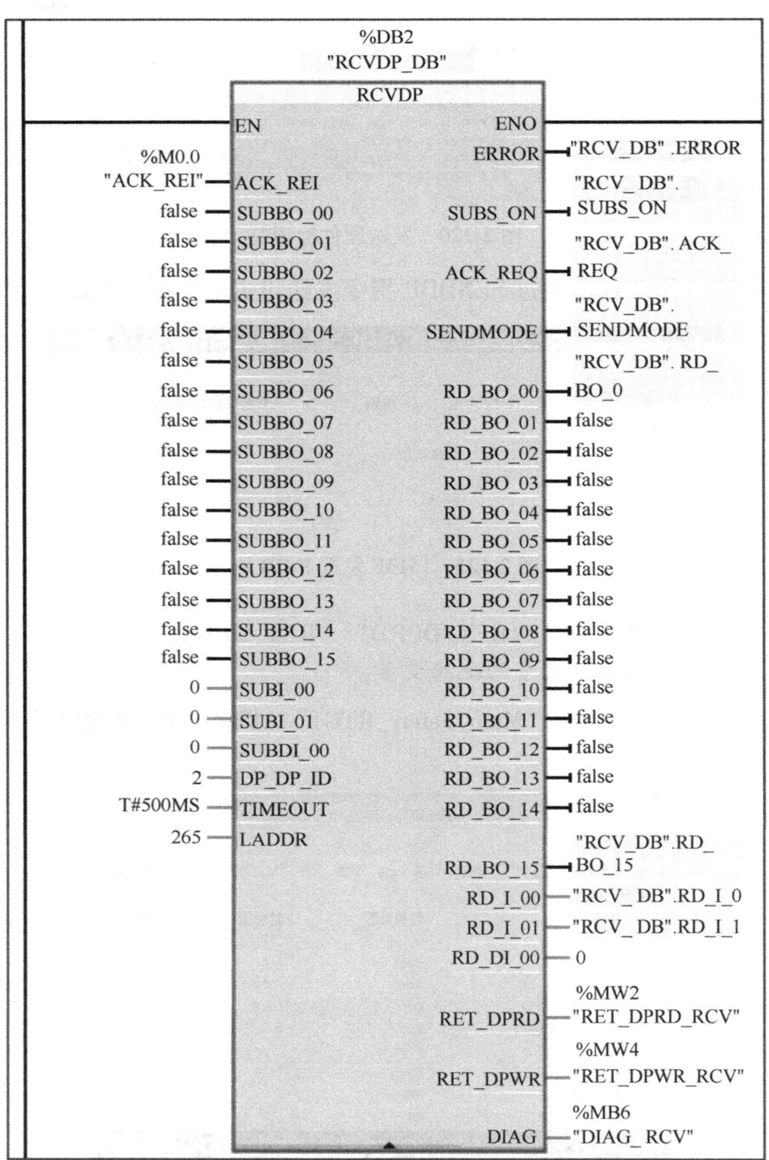

图2-123　1513F调用接收指令RCVDP

7）将两个PLC的程序进行编译，然后分别下载到PLC。

8）使用监控表监控测试结果，可以看到，S7-1513F通过SENDDP本CPU的M0.1、M0.2、MW6和MW8进行发送，而S7-1515F通过RCVDP指令将接收到的数据存放至本CPU的RCV_DB块；同时S7-1515F通过SENDDP指令将本CPU的M0.1、M0.2、MW8和MW10进行发送，S7-1513F通过RCVDP指令将接收到的数据存放至本CPU的RCV_DB块，如图2-125所示。

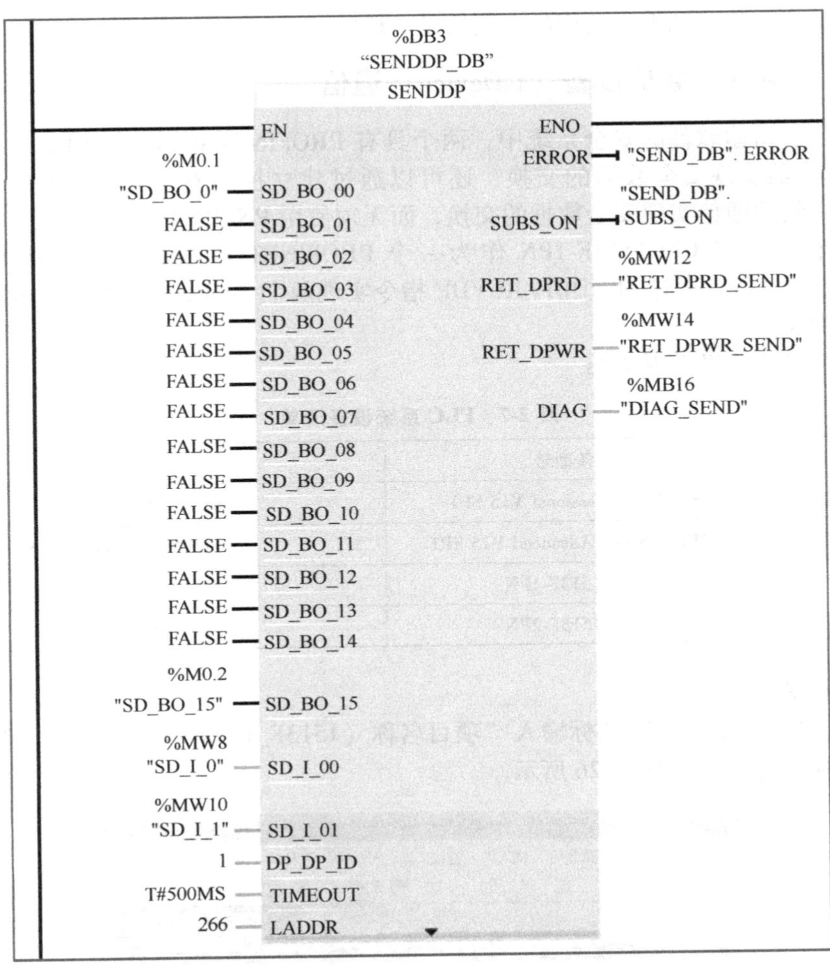

图 2-124　1515F 调用发送指令 SENDDP

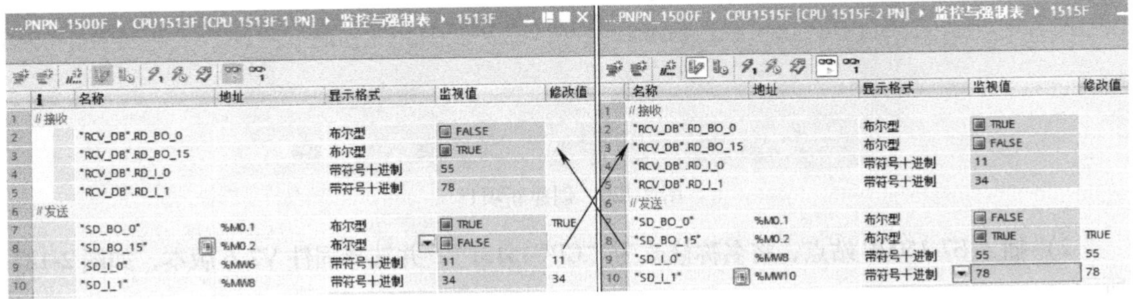

i	名称	地址	显示格式	监视值	修改值
1	//接收				
2	"RCV_DB".RD_BO_0		布尔型	FALSE	
3	"RCV_DB".RD_BO_15		布尔型	TRUE	
4	"RCV_DB".RD_I_0		带符号十进制	55	
5	"RCV_DB".RD_I_1		带符号十进制	78	
6	//发送				
7	"SD_BO_0"	%M0.1	布尔型	TRUE	TRUE
8	"SD_BO_15"	%M0.2	布尔型	FALSE	
9	"SD_I_0"	%MW6	带符号十进制	11	11
10	"SD_I_1"	%MW8	带符号十进制	34	34

i	名称	地址	显示格式	监视值	修改值
1	//接收				
2	"RCV_DB".RD_BO_0		布尔型	TRUE	
3	"RCV_DB".RD_BO_15		布尔型	FALSE	
4	"RCV_DB".RD_I_0		带符号十进制	11	
5	"RCV_DB".RD_I_1		带符号十进制	34	
6	//发送				
7	"SD_BO_0"	%M0.1	布尔型	FALSE	
8	"SD_BO_15"	%M0.2	布尔型	TRUE	TRUE
9	"SD_I_0"	%MW8	带符号十进制	55	55
10	"SD_I_1"	%MW10	带符号十进制	78	78

图 2-125　监控运行结果

说明：

- 一般情况下，本例程中的 M 线圈值都应该是安全型的地址或者数据，本例为了说明该通信功能块的调用方法，因此用 M 线圈代替了实际的 F-IO 地址或者数据。
- 对于传统的 DP 通信来讲，也可以使用 DP/DP 耦合器来实现两个 F-CPU 之间的安全数据的交换，组态方法和编程调用的功能块是一样的。

2.4.3 IO 控制器与智能设备（I-Device）通信

在基于 TIA 博途软件的安全系统中，两个具有 PROFINET 接口的 F-CPU 之间，除了使用 PN/PN 耦合器实现安全数据的交换，还可以通过建立控制器（Controller）与智能设备（i-Device）之间的通信实现安全数据的交换，而无须使用 PN/PN 耦合器。

在本例程中，将 CPU1513F-1PN 作为一个 PROFINET 控制器，CPU1515F 作为一个 PROFINET 智能设备，通过 SENDDP/RCVDP 指令实现两个 F-CPU 之间的安全相关的通信。

1. 软硬件环境

PLC 系统设备清单见表 2-7。

表 2-7 PLC 系统设备清单

设备类型	设备型号	订货号
TI 博途 A 软件	STEP 7 Professional V15 SP1	6ES7823-1AA05-0YA5
安全软件	STEP 7 Safety Advanced V15 SP1	6ES7833-1FA15-0YA5
F PLC 1	CPU 1513F-1PN	6ES7511-1FL01-0AB0
F PLC 2	CPU 1515F-2PN	6ES7515-1FM01-0AB0

2. 硬件组态

1）单击“创建新项目”图标输入“项目名称（1513F_1515F_iDevice）”，单击“创建”按钮，完成项目创建，如图 2-126 所示。

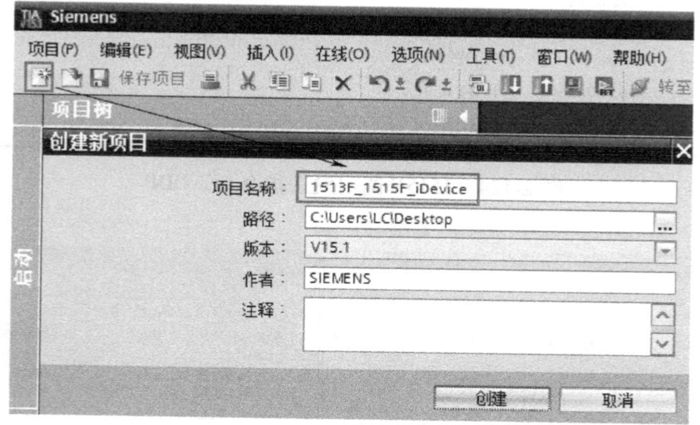

图 2-126 创建新项目

2）插入 S7-1500F 站点，将名称修改为“CPU1513F”，并选择固件 V2.6 版本，如图 2-127 所示。

3）在设备组态界面创建新的以太网并设置 IP 地址，本例中的“IP 地址”为“192.168.162.15”，“子网掩码”为“255.255.255.0”，如图 2-128 所示。

4）重复上面的步骤，在项目中添加 S7-1515F CPU，将以太网接口连接到同一个子网，设置“IP 地址”为“192.168.162.123”，“子网掩码”为“255.255.255.0”，如图 2-129 所示。

5）在“操作模式”中选择激活 S7-1515F CPU 智能设备（I/O 设备）功能，并将其分

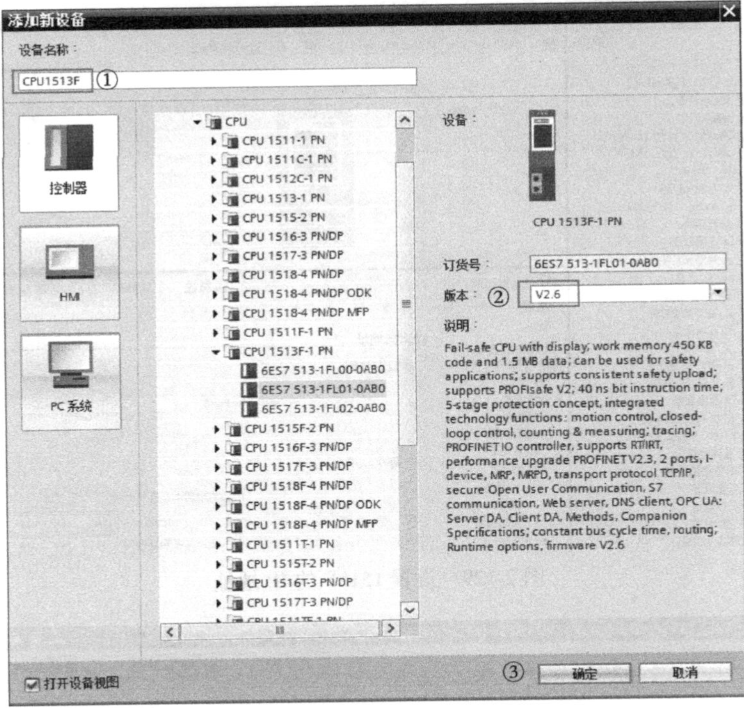

图 2-127　插入 CPU 站点

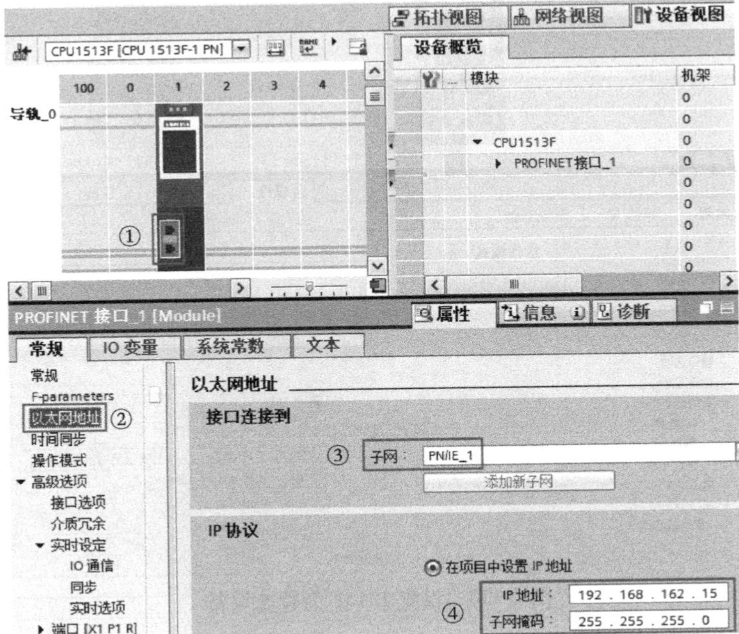

图 2-128　设置 1513F 的 IP 地址

配给作为控制器的 S7-1513F CPU （Controller），如图 2-130 所示。

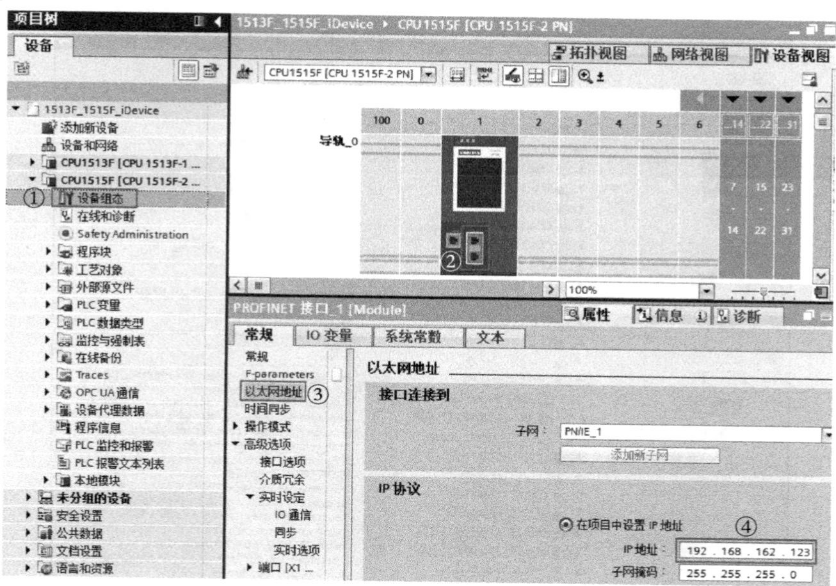

图 2-129 设置 1515F 的 IP 地址

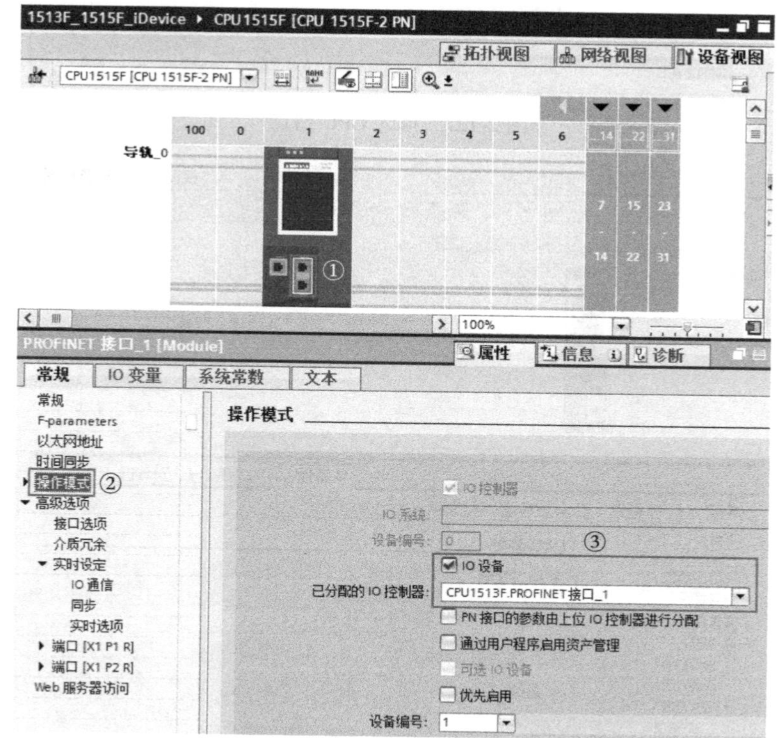

图 2-130 设置 1515F 为智能设备

6）在下面的“传输区域”中，组态两个 CPU 之间的通信地址区。注意，在通信类型中一定要选择 F-CD，同时注意箭头方向，如图 2-131 所示。如果需要发送的数据多于 16 个布尔量（Bool）和两个整型变量（Int），可以再配置多个同样的传输地址区。

7）将两个安全 CPU 都编译保存，然后下载。以 S7-1515F 为例，首先将项目进行编译，

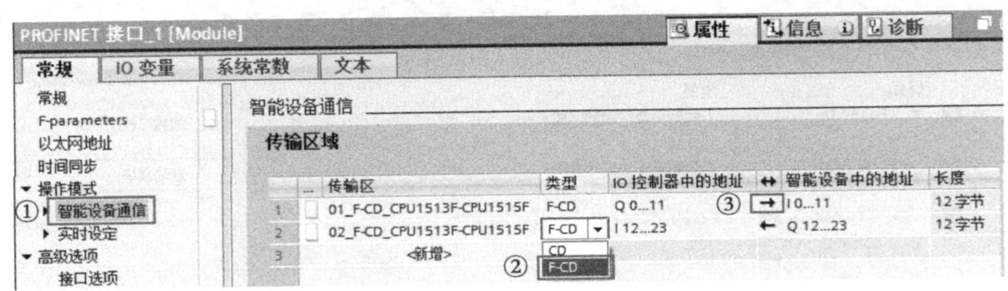

图 2-131　设置 F 数据传输区

如图 2-132 所示。

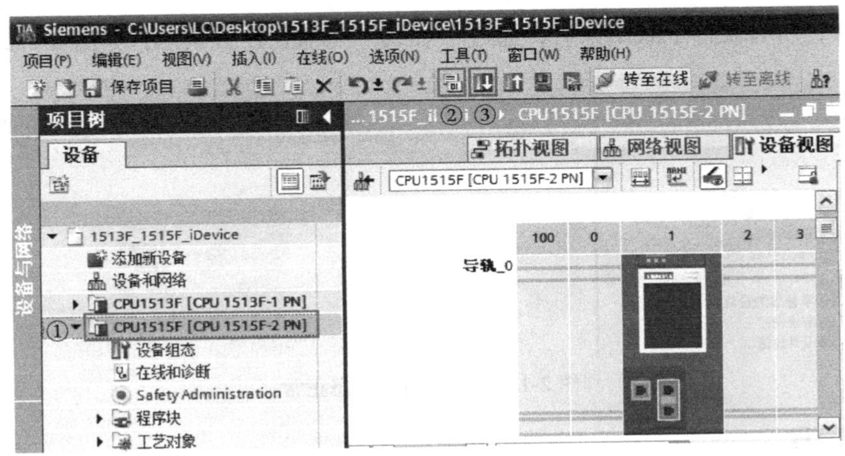

图 2-132　编译 1515F 项目

单击“下载”按钮后，在“下载预览”对话框中选择“一致性下载”，如图 2-133 所示。

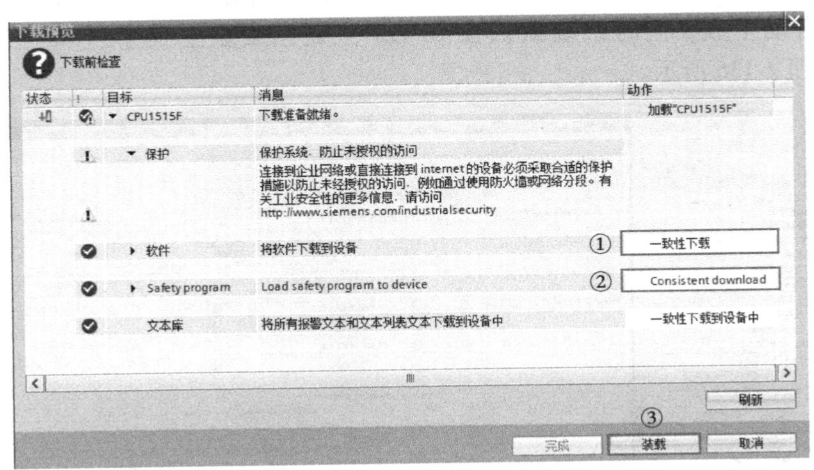

图 2-133　下载 1515F 项目

单击“装载”按钮后，在“下载结果”对话框中选择“启动模块”，然后单击“完成”按钮，如图 2-134 所示。

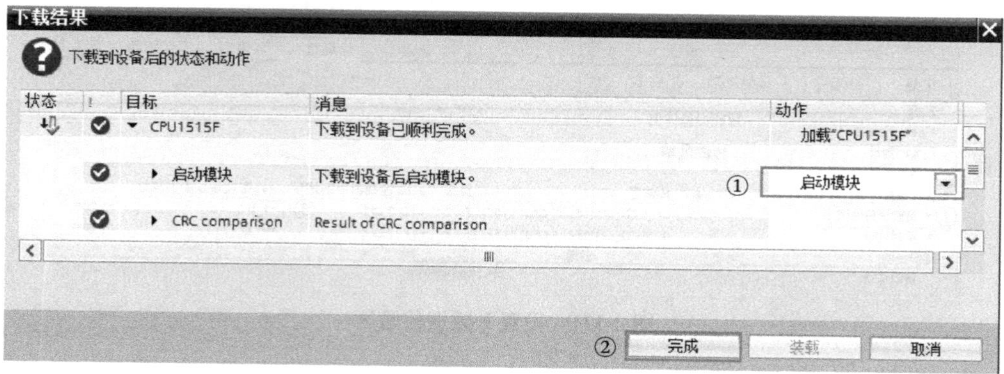

图 2-134　下载并启动 1515F CPU

8）同样，所有硬件下载结束后，通过“在线”可监控连接状态，如图 2-135 所示。

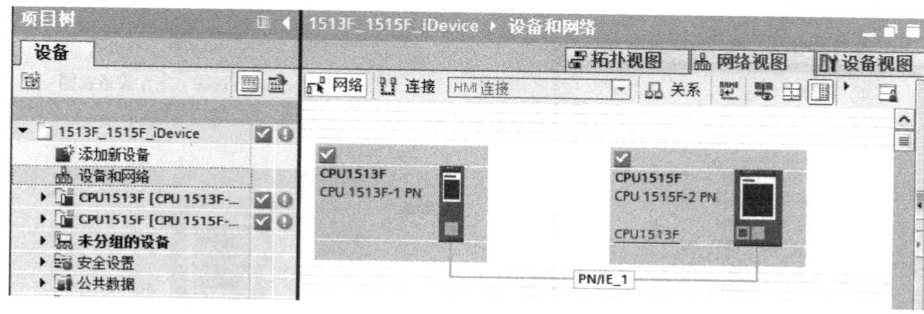

图 2-135　网络组态状态正常

3. 软件编程

除了硬件组态，此安全通信的方式同样也需要调用安全通信程序块完成数据的发送和接收。

1）在项目树中单击“Safety Administration”，可以看到安全运行组在添加安全 CPU 硬件时系统已经自动生成，同时系统默认在 OB123 中调用安全主程序“Main_Safety_RTG1 [FB1]”，如图 2-136 所示。

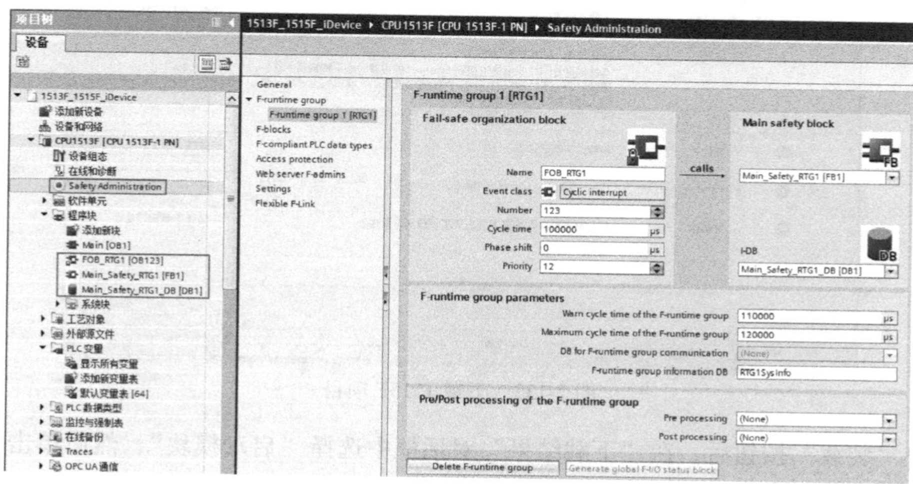

图 2-136　系统自动创建的安全运行组

2）在 S7-1513F CPU 中添加 F-DB 接收数据块，如图 2-137 所示。

图 2-137　添加接收 F-DB 块

在 F-DB 块中创建 16 个 Bool 变量和两个 Int 变量的接收区，如图 2-138 所示。

1513F_1515F_iDevice ▸ CPU1513F [CPU 1513F-1 PN] ▸ 程序块 ▸ RCV_DB [DB4]

保持实际值　快照　将快照值复制到起始值中　将

RCV_DB

	名称	数据类型	起始值	保持	可从 HMI/...
1	▼ Static			☐	☐
2	ERROR	Bool	false	☐	☑
3	SUBS_ON	Bool	false	☐	☑
4	ACK_REQ	Bool	false	☐	☑
5	SENDMODE	Bool	false	☐	☑
6	RD_BO_0	Bool	false	☐	☑
7	RD_BO_1	Bool	false	☐	☑
8	RD_BO_2	Bool	false	☐	☑
9	RD_BO_3	Bool	false	☐	☑
10	RD_BO_4	Bool	false	☐	☑
11	RD_BO_5	Bool	false	☐	☑
12	RD_BO_6	Bool	false	☐	☑
13	RD_BO_7	Bool	false	☐	☑
14	RD_BO_8	Bool	false	☐	☑
15	RD_BO_9	Bool	false	☐	☑
16	RD_BO_10	Bool	false	☐	☑
17	RD_BO_11	Bool	false	☐	☑
18	RD_BO_12	Bool	false	☐	☑
19	RD_BO_13	Bool	false	☐	☑
20	RD_BO_14	Bool	false	☐	☑
21	RD_BO_15	Bool	false	☐	☑
22	RD_I_0	Int	0	☐	☑
23	RD_I_1	Int	0	☐	☑

图 2-138　接收 F-DB 块引脚定义

3）单击“程序块”下的安全主程序“Main_Safety_RTG1”（FB1），在程序段 1 中调用 RCVDP 接收功能块。

注意： F 通信程序接收指令，必须在安全主程序的开始调用，如图 2-139 所示。

4）接收功能块 RCVDP 引脚定义，如图 2-140 所示。

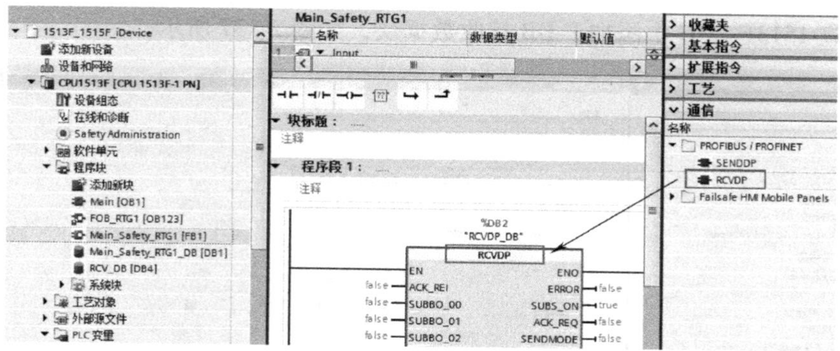

图 2-139 插入接收功能块 RCVDP

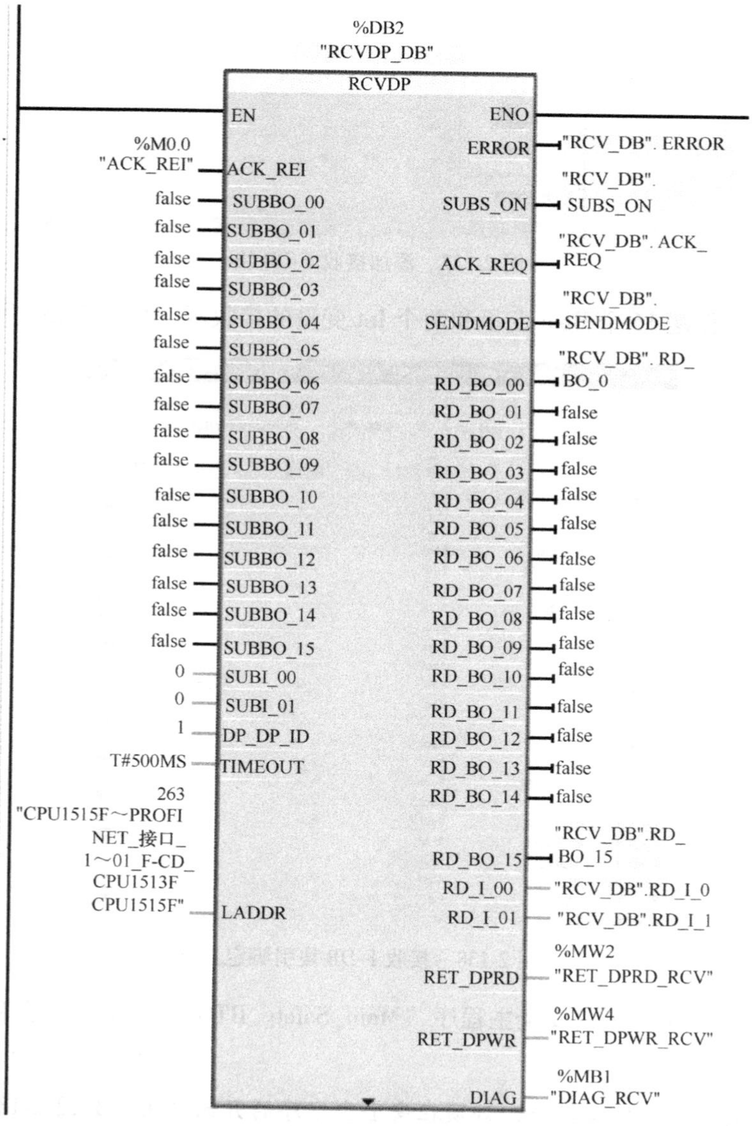

%DB2
"RCVDP_DB"
RCVDP

输入实参	输入引脚	输出引脚	输出实参
	EN	ENO	
%M0.0 "ACK_REI"	ACK_REI	ERROR	"RCV_DB". ERROR
false	SUBBO_00	SUBS_ON	"RCV_DB". SUBS_ON
false	SUBBO_01	ACK_REQ	"RCV_DB". ACK_REQ
false	SUBBO_02	SENDMODE	"RCV_DB". SENDMODE
false	SUBBO_03	RD_BO_00	"RCV_DB". RD_BO_0
false	SUBBO_04	RD_BO_01	false
false	SUBBO_05	RD_BO_02	false
false	SUBBO_06	RD_BO_03	false
false	SUBBO_07	RD_BO_04	false
false	SUBBO_08	RD_BO_05	false
false	SUBBO_09	RD_BO_06	false
false	SUBBO_10	RD_BO_07	false
false	SUBBO_11	RD_BO_08	false
false	SUBBO_12	RD_BO_09	false
false	SUBBO_13	RD_BO_10	false
false	SUBBO_14	RD_BO_11	false
false	SUBBO_15	RD_BO_12	false
0	SUBI_00	RD_BO_13	false
0	SUBI_01	RD_BO_14	false
1	DP_DP_ID	RD_BO_15	"RCV_DB".RD_BO_15
T#500MS	TIMEOUT	RD_I_00	"RCV_DB".RD_I_0
263 "CPU1515F~PROFINET_接口_1~01_F-CD_CPU1513F CPU1515F"	LADDR	RD_I_01	"RCV_DB".RD_I_1
		RET_DPRD	%MW2 "RET_DPRD_RCV"
		RET_DPWR	%MW4 "RET_DPWR_RCV"
		DIAG	%MB1 "DIAG_RCV"

图 2-140 1513F 调用接收指令 RCVDP

RCVDP 的引脚说明参见 2. 4. 2 节。

注意： 在输出变量中，除了“RET_DPRD”“RET_DPWR”和“DIAG”三个变量以外，其他的变量都需要用故障安全的地址变量。

5）同样，在指令中，LADDR 参数需要在“系统常量”中找到之前配置的传输地址区的硬件标识符，如图 2-141 所示。

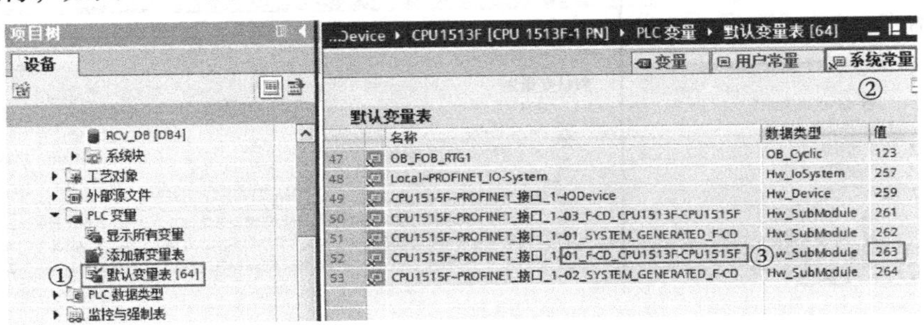

图 2-141　接收硬件标识符

6）同样，在程序的最后一条，调用 SENDDP 数据发送功能块，如图 2-142 所示。

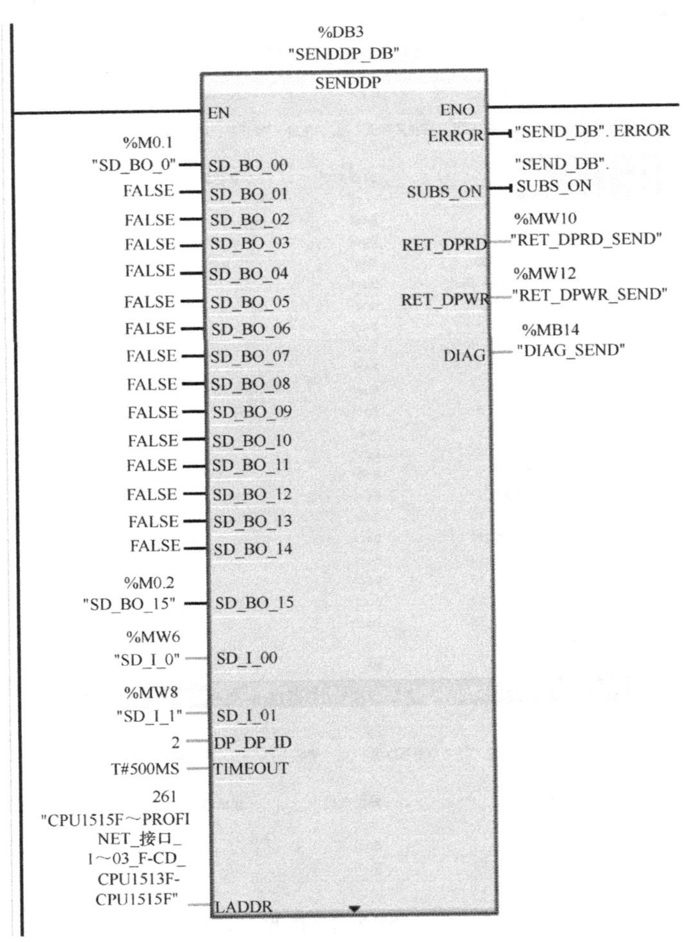

图 2-142　1513F 调用发送指令 SENDDP

SENDDP 的引脚说明参见 2. 4. 2 节。

注意：在输出变量中，除了“RET_DPRD”“RET_DPWR”和“DIAG”三个变量以外，其他的变量都需要用故障安全的地址变量。

同样，在“系统变量”中查找硬件标识符，如图 2-143 所示。

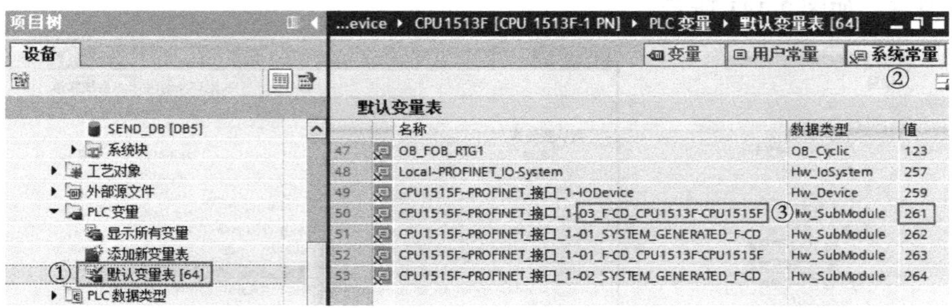

图 2-143　发送硬件标识符

7）在 S7-1515F 侧，同样在“Main_Safety_RTG1”（FB1）中，新建 F-DB，编写接收和发送程序，如图 2-144 所示。

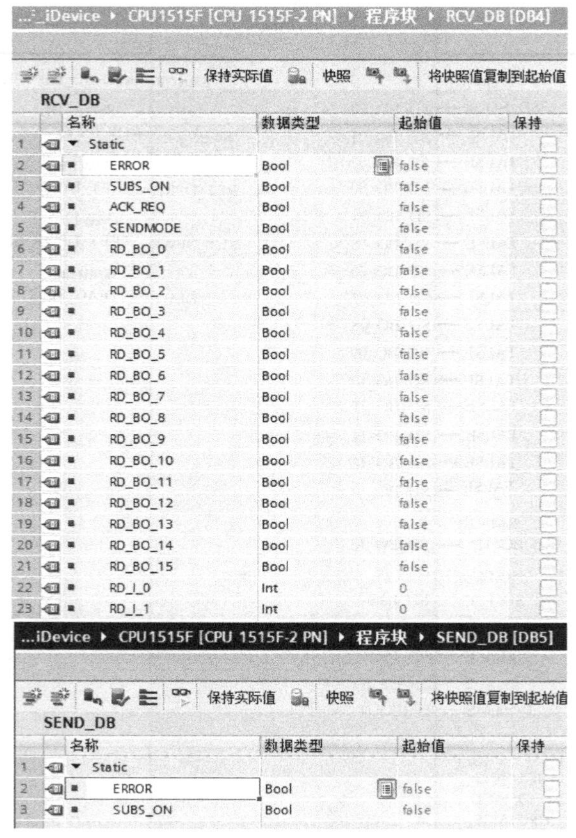

图 2-144　1515F 发送/接收 F-DB 块

8）参照 S7-1513F 侧在“Main_Safety_RTG1”（FB1）中调用接收和发送程序，填写 LADDR 参数，同时注意两个 PLC 发送和接收程序的 DP_DP_ID 参数之间的匹配关系，如图 2-145、图 2-146 所示。

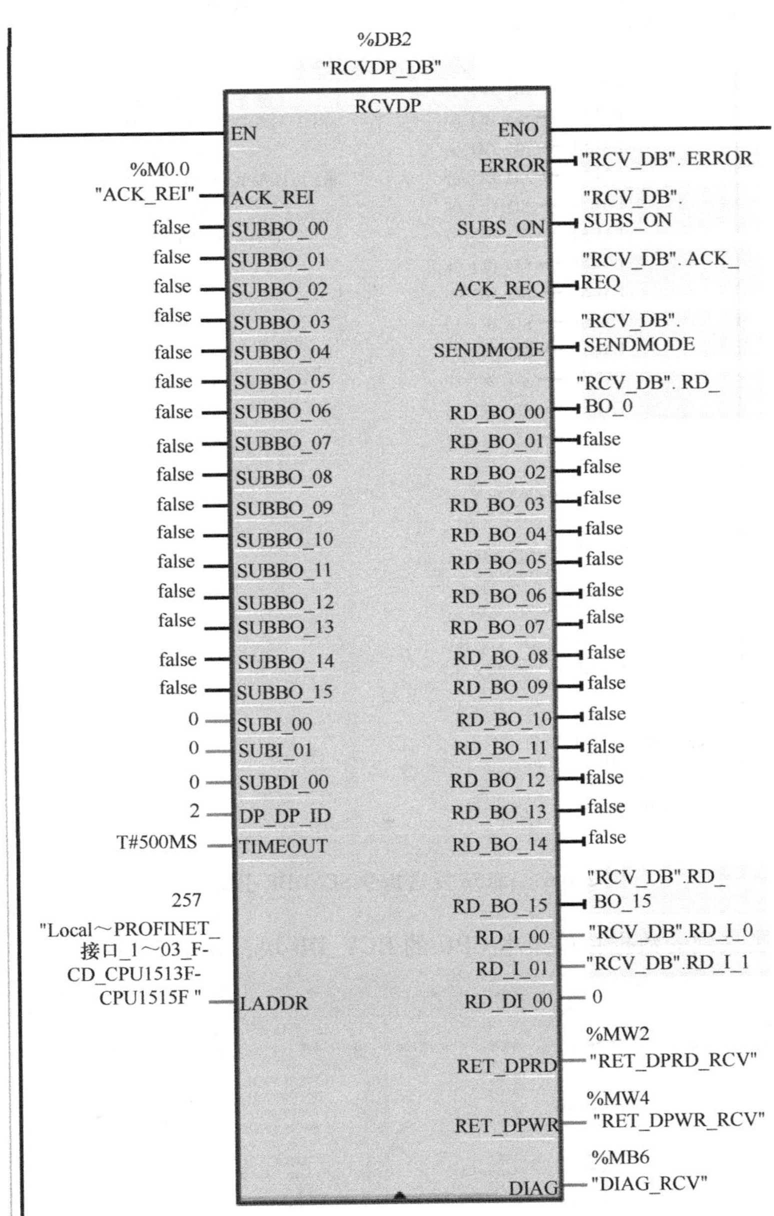

图 2-145　1515F 接收指令 RCVDP 引脚参数

9）将两个 PLC 的程序进行编译，然后分别下载到 PLC。

10）使用监控表监控测试结果，S7-1513F 通过 SENDDP 指令将 M0.1、M0.2、MW6 和 MW8 进行发送，S7-1515F 通过 RCVDP 指令将接收到的数据存放至本 CPU 的 RCV_DB 块；S7-1515F 通过 SENDDP 指令将 M0.1、M0.2、MW8 和 MW10 进行发送，S7-1513F 通过

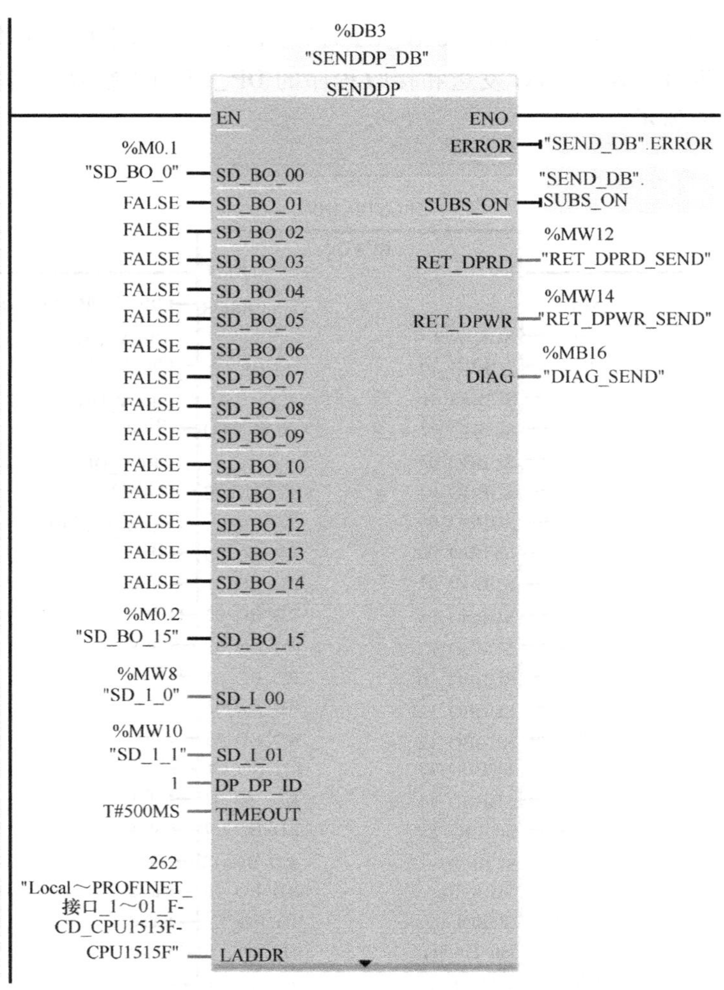

图 2-146　1515F 发送指令 SENDDP 引脚参数

RCVDP 指令将接收到的数据存放至本 CPU 的 RCV_DB 块，如图 2-147 所示。

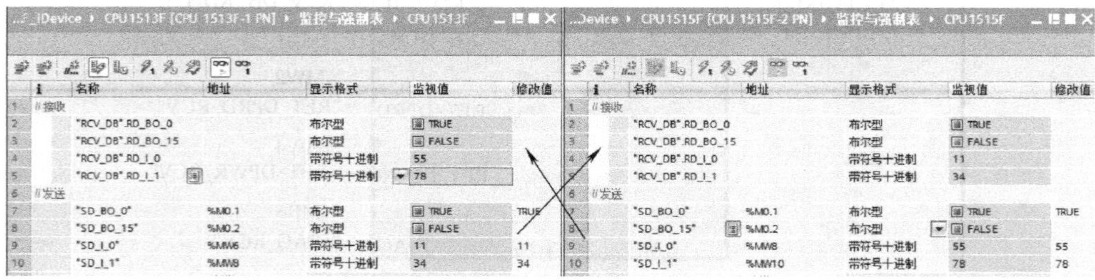

i	名称	地址	显示格式	监视值	修改值
1	//接收				
2	"RCV_DB".RD_BO_0		布尔型	TRUE	
3	"RCV_DB".RD_BO_15		布尔型	FALSE	
4	"RCV_DB".RD_I_0		带符号十进制	55	
5	"RCV_DB".RD_I_1		带符号十进制	78	
6	//发送				
7	"SD_BO_0"	%M0.1	布尔型	TRUE	TRUE
8	"SD_BO_15"	%M0.2	布尔型	FALSE	
9	"SD_I_0"	%MW6	带符号十进制	11	11
10	"SD_I_1"	%MW8	带符号十进制	34	34

i	名称	地址	显示格式	监视值	修改值
1	//接收				
2	"RCV_DB".RD_BO_0		布尔型	TRUE	
3	"RCV_DB".RD_BO_15		布尔型	FALSE	
4	"RCV_DB".RD_I_0		带符号十进制	11	
5	"RCV_DB".RD_I_1		带符号十进制	34	
6	//发送				
7	"SD_BO_0"	%M0.1	布尔型	TRUE	TRUE
8	"SD_BO_15"	%M0.2	布尔型	FALSE	
9	"SD_I_0"	%MW8	带符号十进制	55	55
10	"SD_I_1"	%MW10	带符号十进制	78	78

图 2-147　监控 F 通信的结果

2.4.4　Flexible F-Link 通信

在 TIA 安全系统中，S7-1200F/S7-1500F 的 PROFINET 接口之间还可以直接进行控制器与控制器之间的安全相关的通信。该通信方式通过建立普通的 TCP 连接，调用 TCP 通信用的发送程序块（TSEND）、接收程序块（TRCV）即可实现。这些块由用户在 F-CPU 的普通程序中调用即可，无须修改安全程序，最大通信数据量可达 100 B。这种方式，我们称之为 Flexible F-Link 通信。

在例程中，我们将 CPU1513F-1PN 作为一个 PROFINET 控制器，CPU1515F-2PN 作为另一个 PROFINET 控制器，通过调用 TSEND/TRCV 指令块实现两个 F-CPU 之间的安全相关的通信，其通信原理如图 2-148 所示。

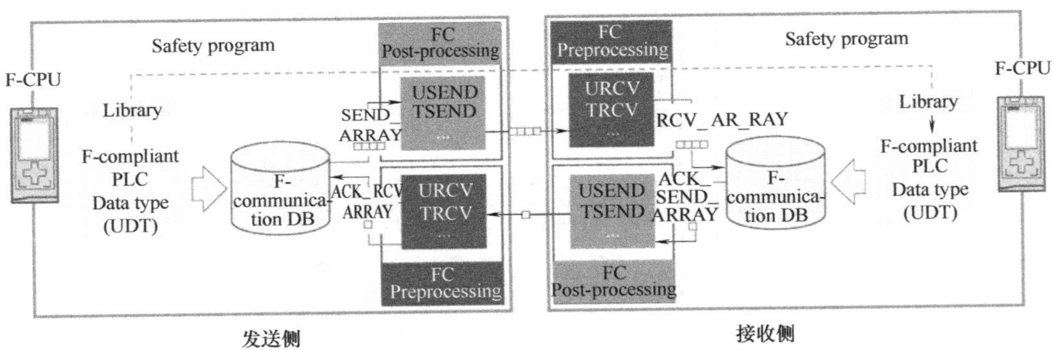

图 2-148　F-Link 通信方式的实现原理

1. 软硬件环境

PLC 系统软、硬件设备清单见表 2-8。

表 2-8　PLC 系统软、硬件设备清单

设备类型	设备型号	订货号
TIA 博途软件	STEP 7 Professional V15 SP1	6ES7823-1AA05-0YA5
安全软件	STEP 7 Safety Advanced V15 SP1	6ES7833-1FA15-0YA5
F PLC 1	CPU 1513F-1PN	6ES7511-1FL01-0AB0
F PLC 2	CPU 1515F-2PN	6ES7515-1FM01-0AB0

2. 硬件组态

1）单击“创建新项目”图标，输入“项目名称（1513F_F_Link）”，单击“创建”按钮，完成项目创建，如图 2-149 所示。

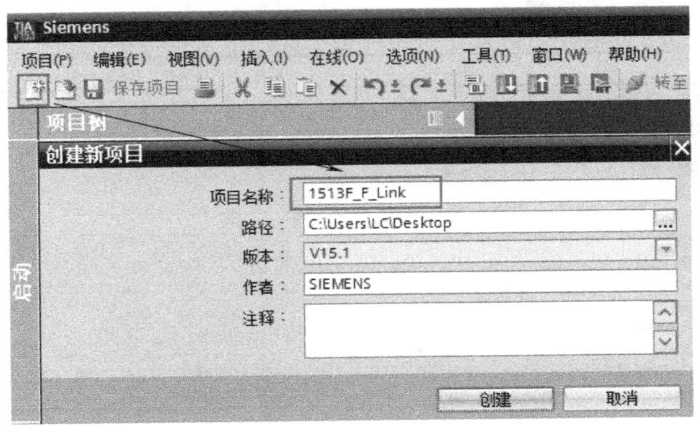

图 2-149　创建新项目

2）插入 S7-1500F 站点，将名称修改为“CPU1513F”，并选择固件 V2.6 版本，如图 2-150 所示。

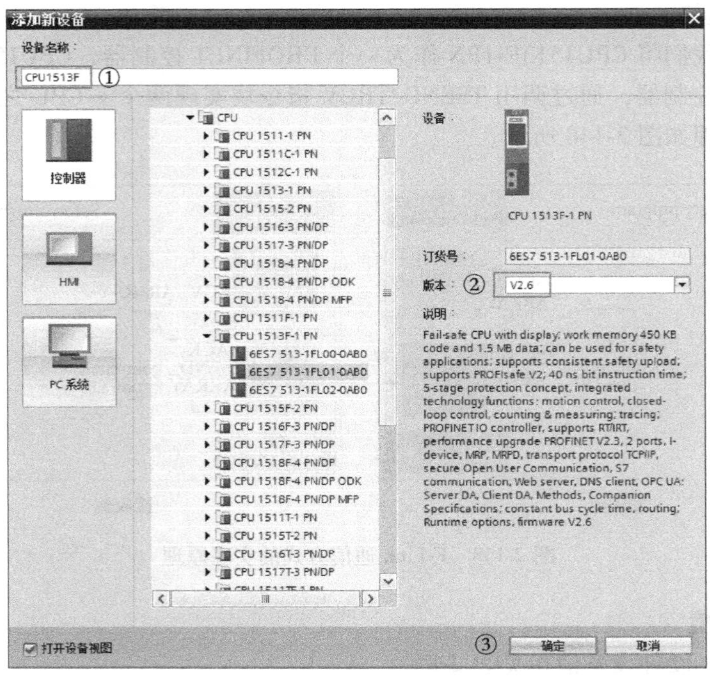

图 2-150 插入新站点

3）在设备组态界面创建新的以太网并设置 IP 地址，本例中 CPU 的 IP 地址为 192.168.162.15，子网掩码为 255.255.255.0，如图 2-151 所示。

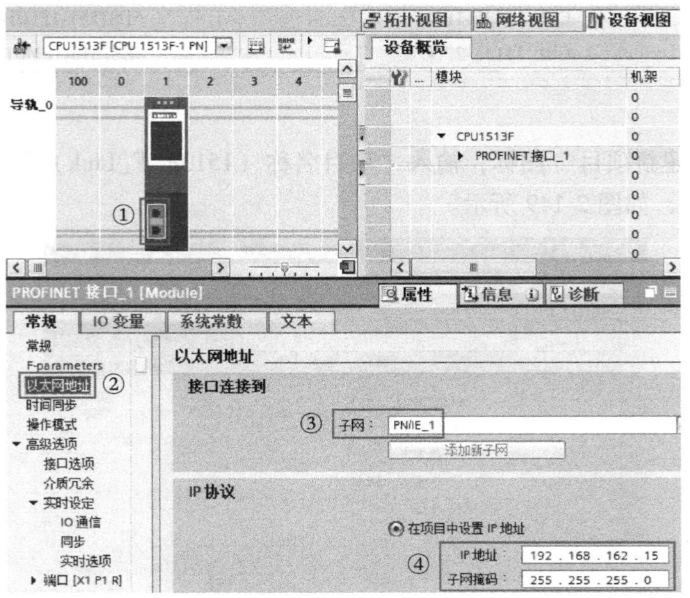

图 2-151 设置 1513F 的 IP 地址

4）将安全 CPU 编译保存，然后下载。

3. 软件编程

安全 F-Link 通信是基于标准 TCP 的通信方式，是通过调用功能块建立 TCP 连接和实现数据交换的，因此在通信过程中需要创建用户自定义数据类型。

1）在项目树中，单击“PLC 数据类型”下的“添加新数据类型”图标并修改新名称为“F_datatype”，单击“确定”按钮，如图 2-152 所示。

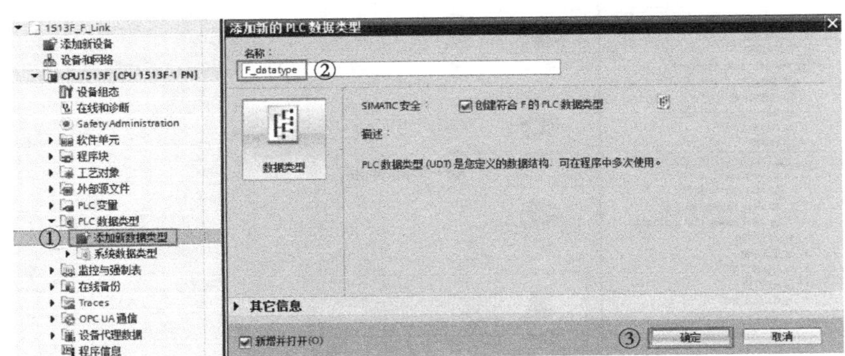

图 2-152　创建安全数据类型

2）为“F_datatype”新数据类型添加两个变量，分别为 Run_Status（Bool 型）和 Motor_Speed（Int 型），如图 2-153 所示。

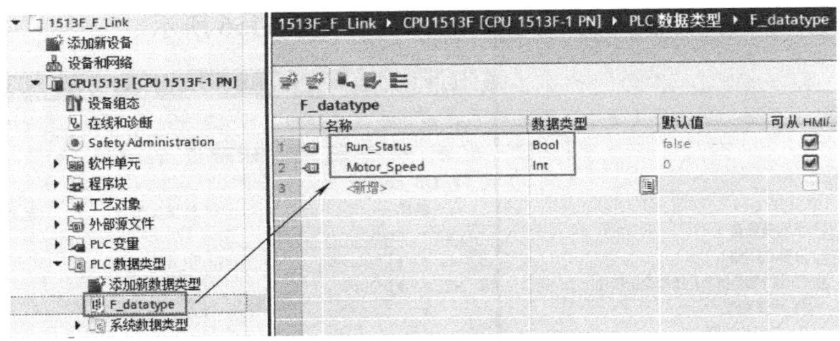

图 2-153　添加变量

3）打开“Safety Administration”中的“Flexible F-Link”界面，添加发送（F_send）和接收（F_rcv）两行数据区进行通信配置，在数据类型中，选择我们刚刚自定义的 F_datatype，注意通信传输方向的选择，并复制发送和接收的“F-communication UUID”到记事本备用，如图 2-154 所示。

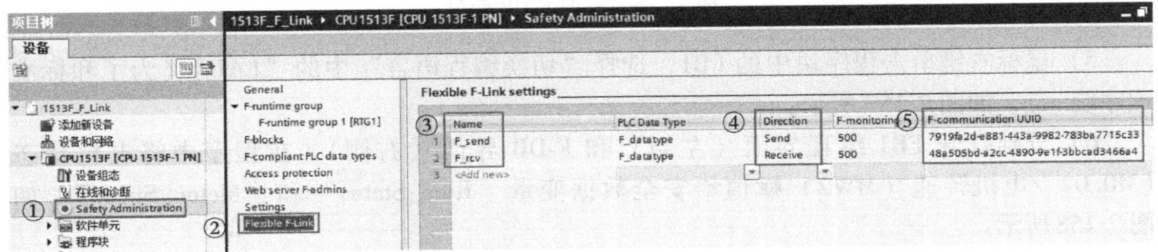

图 2-154　组态 F-Link

4）创建用于发送和接收的 F-DB 块。在项目树中单击“添加新块”，在弹出的界面中选择“数据块”并勾选“Create F-block”功能，数据类型可以选择“全局 DB”，也可以选择系统提供的“F_PS_COM_RCV_F_datatype”和“F_PS_COM_SEND_F_datatype”，修改名称为“F_DB_comm”，单击“确定”按钮，如图 2-155 所示。

图 2-155　创建 F-DB 块

打开“F-DB”块后，添加名称为“F_send”（用于发送数据）和“F_rcv”（用于接收数据）两个变量，数据类型选择为“F_datatype”，如图 2-156 所示。

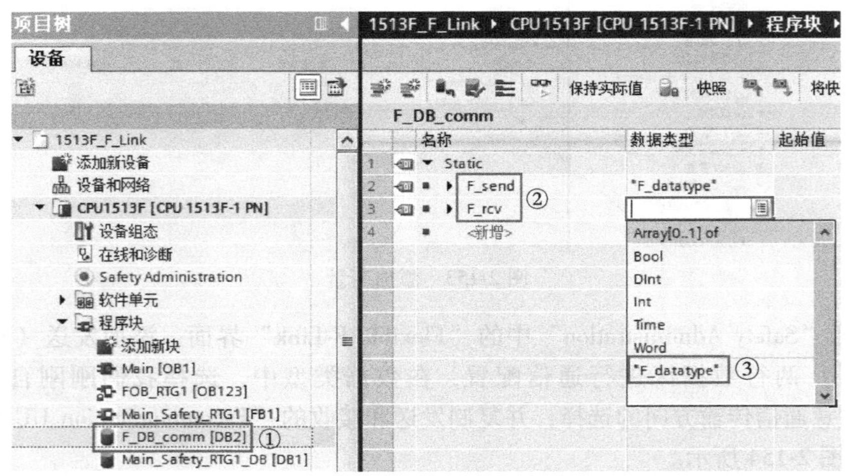

图 2-156　添加 F-DB 变量

5）鼠标右键单击程序块中的 FB1，选择“切换编程语言”中的“LAD”（为了和标准程序统一），如图 2-157 所示。

6）分别打开 FB1 编程界面（左侧）和 F-DB 界面（右侧），在程序中将电机状态（M0.0）/电机转速（MW2）赋值给安全数据变量“Run_Status”和“Motor_Speed”，如图 2-158 所示。

7）添加两个标准 FC 块，分别命名为“F_Link_Send”和“F_Link_Rcv”，注意此时不

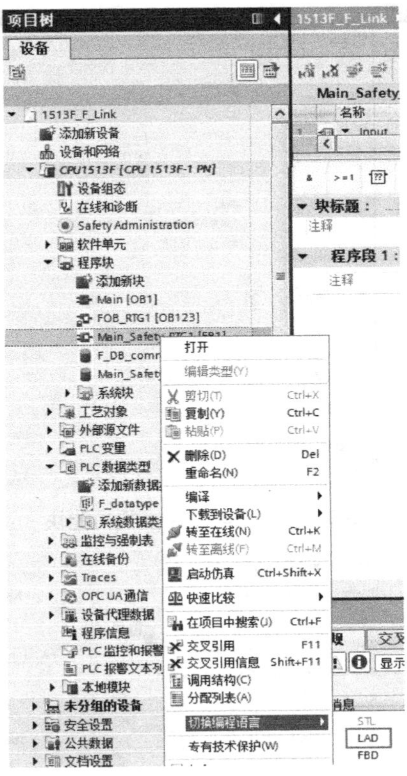

图 2-157　选择 LAD 语言

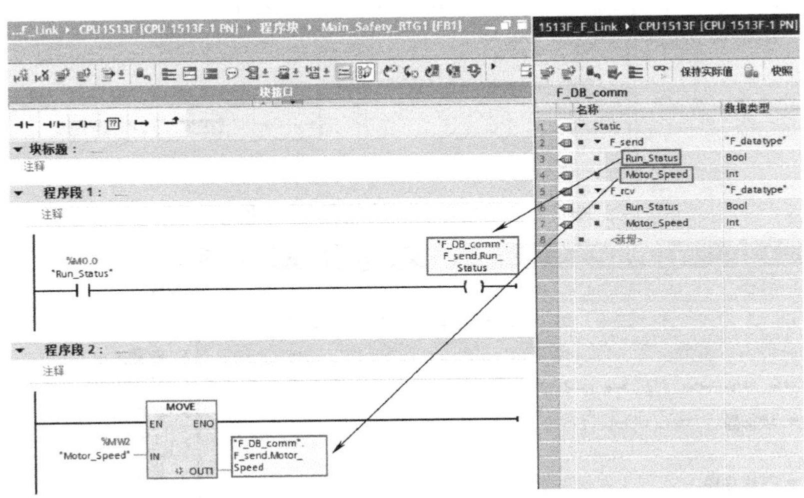

图 2-158　将标准值赋值给安全值

要勾选“Create F-block”，如图 2-159 所示。

然后打开安全管理器，选择“F-runtime group1［RTG1］”，配置“Pre processing”为“F_Link_Rcv［FC2］”以及“Post processing”为“F_Link_Send［FC1］”，如图 2-160 所示。

8）接下来创建 TCP 连接。打开 OB1，从通信指令库中拖拽“TCON”功能块到程序段 1，“TCON”指令用于建立 TCP 连接，如图 2-161 所示。

图 2-159 创建发送接收功能块

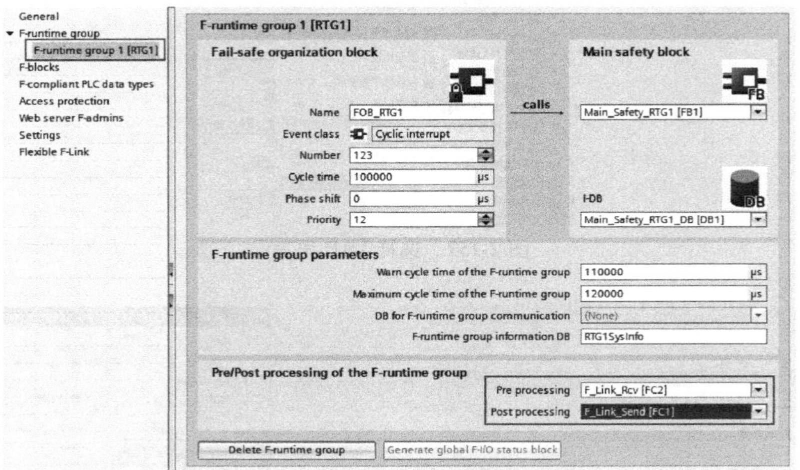

图 2-160 配置发送接收预处理功能

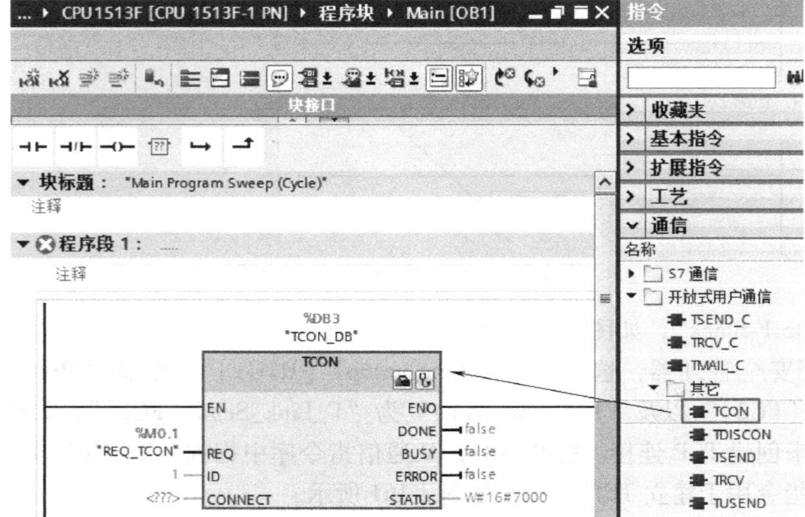

图 2-161 调用 TCON 功能块

“TCON”功能块的关键引脚参数定义如下：

- REQ：使用上升沿触发建立 TCP 连接。
- ID：连接 ID，需要与下述 CONNECT 连接参数中的“ID”号一致。
- CONNECT：用于建立通信连接，该参数包含建立连接所需的全部设置，可通过单击“TCON”指令右上角“工具箱”图标进行配置，如图 2-162 所示。

单击“TCON”块右上角的“工具箱”图标，在属性里选择“组态”中的“连接参数”界面，“伙伴”选择“未指定”，“连接数据”选择“新建”，系统将自动创建一个连接 DB（CPU1513F_Connection_DB），选择本地为“主动建立连接”方，填写伙伴 IP 地址为“192.168.162.123”，连接类型默认为 TCP，连接 ID 默认为 1（程序块中的 ID 参数须与本 ID 一致），如图 2-162 所示。

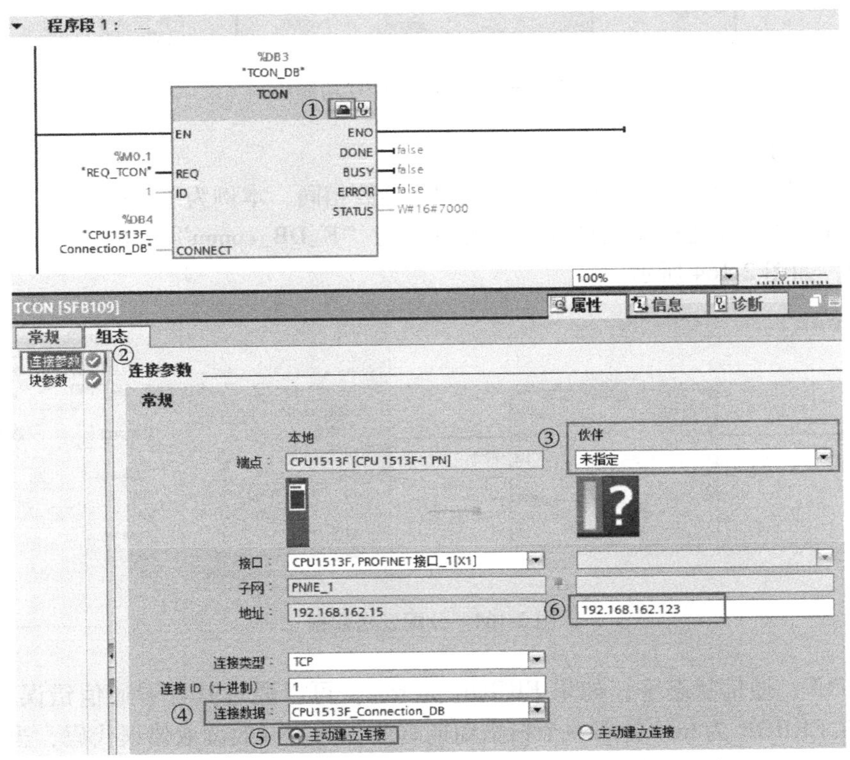

图 2-162　分配 TCON 参数

注意：当参数“主动建立连接”被选中时，则本地 CPU 为 TCP 通信的客户端，其将主动发起建立连接请求。当通信伙伴不存在或建立连接的条件不满足时，“TCON”指令将会报错并终止本次建立连接请求。如果还需要尝试建立连接，则需要再次触发参数 REQ。

- DONE：连接成功建立后，此位将被置位一个扫描周期。

9）连接建立后，还需要调用发送和接收功能块进行数据的发送和接收。打开 FC1（F_Link_Send）程序块，调用 TCP 发送功能块“TSEND”，用于通过已建立的连接发送数据，如图 2-163 所示。

“TSEND”指令块主要参数定义如下：

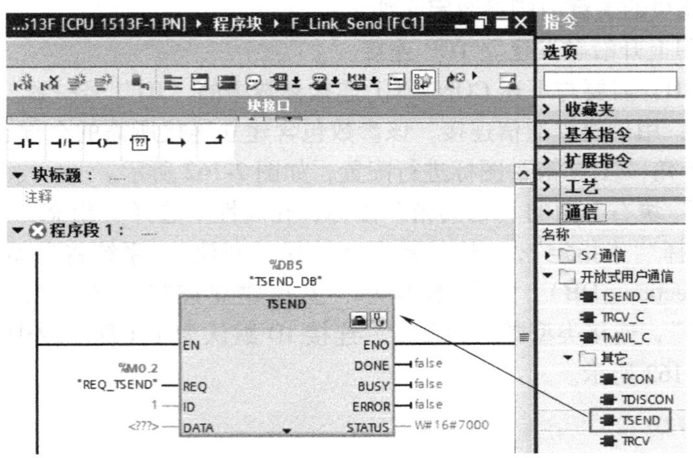

图 2-163　调用 TSEND 功能块

- REQ：上升沿触发发送作业。
- ID：连接 ID，需要与“TCON”指令 ID 参数相同，本例为 1。
- DATA：指向发送区的指针变量，可直接将“F_DB_comm”中的“F_send”变量拖拽到此引脚，如图 2-164 所示。

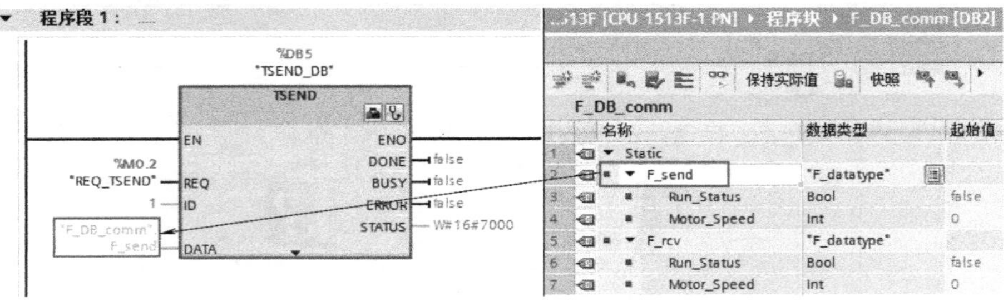

图 2-164　分配发送数据

- STATUS：通信状态字，如果 ERROR 为 true，可以通过其查看通信错误原因。由于 STATUS 只在 ERROR 为 true 的那一个扫描周期有效，为了有效读取错误代码，当 ERROR 为 true 时，使用 MOVE 指令保存 STATUS 变量值。

10）打开 FC2（F_Link_Rcv）程序块，调用 TCP 接收功能块“TRCV”，用于接收数据，如图 2-165 所示。

“TRCV”指令块主要参数定义如下：

- EN_R：启用接收功能，本例为 true。
- ID：连接 ID，需要与“TCON”指令 ID 参数相同，本例为 1。
- DATA：指向接收区的指针变量，可直接将“F_DB_comm”中的“F_rcv”变量拖拽到此引脚，如图 2-166 所示。
- STATUS：通信状态字，如果 ERROR 为 true，可以通过其查看通信错误原因。由于 STATUS 只在 ERROR 为 true 的那一个扫描周期有效，为了有效读取错误代码，当 ERROR 为

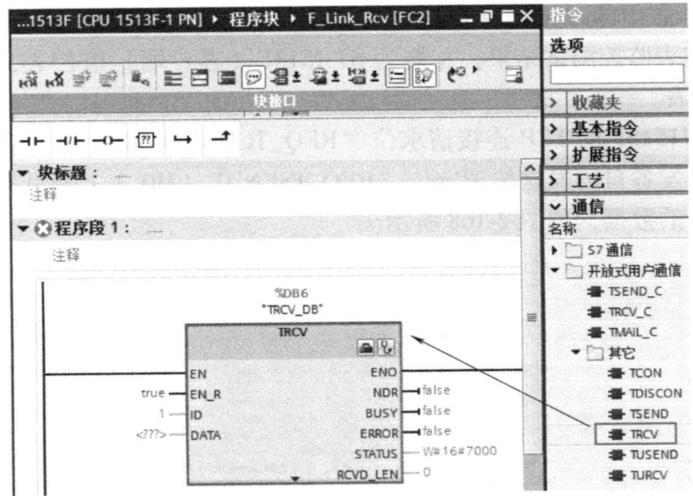

图 2-165　调用 TRCV 功能块

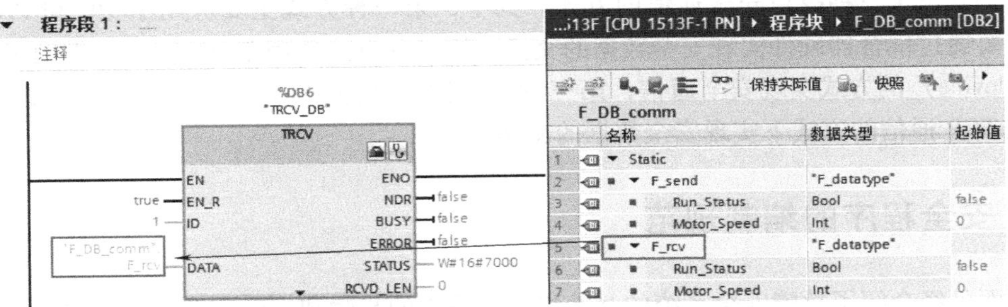

图 2-166　分配发送数据

true 时，使用 MOVE 指令保存 STATUS 变量值。

11）将 CPU1513F 站点进行编译，然后下载到 PLC。

12）按同样的方法创建新项目“1515F_F_Link”，应注意以下几个不同点：

- 将 CPU 型号选择为 CPU1515-2FM01。
- 将 CPU IP 地址设置为 192. 168. 162. 123。
- 打开“Safety Administration”中的“Flexible F-Link”界面，将 CPU1513F 项目备份的 UUID 交叉对应粘贴到 CPU1515F 的发送（F_send）和接收（F_rcv）的 UUID 位置，即发送对接收、接收对发送，如图 2-167 所示。

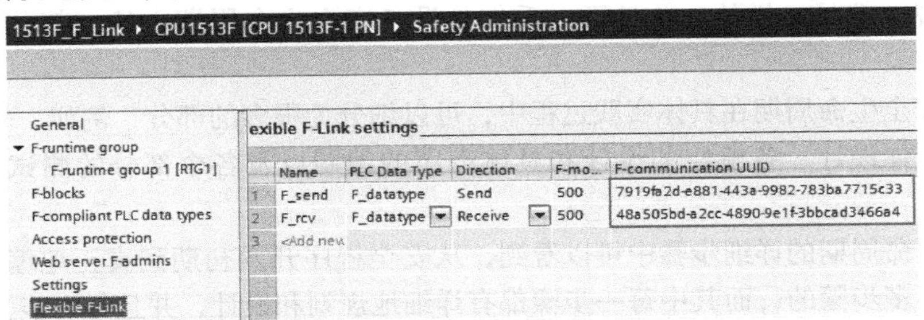

图 2-167　发送/接收区的 UUID 须交叉对应

• 将 TCON 参数中的“主动建立连接”在伙伴方（CPU1513F）激活。

13）使用监控表监控测试结果，左侧为 S7-1513F（客户端）监控表，右侧为 S7-1515F（服务器端）监控表。

首先触发 CPU1515F 的 TCP 连接请求位“REQ_TCON”（M0.1 上升沿有效）建立 TCP 连接；之后分别触发各自的发送块请求位“REQ_TSEND”（M0.2 上升沿有效）后，可以接收到对方发送过来的数据，如图 2-168 所示。

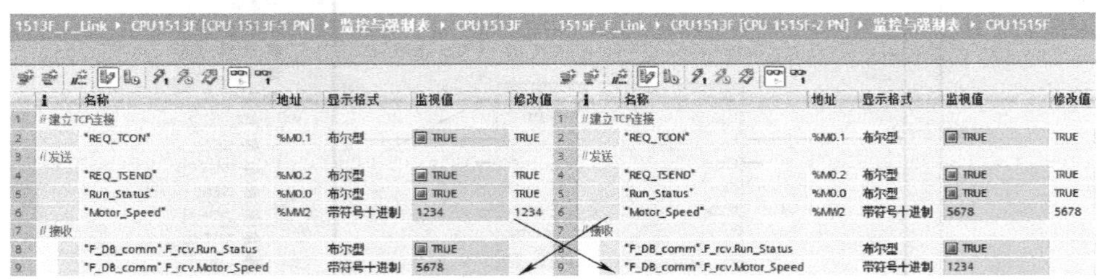

图 2-168 监控结果

以上介绍了三种故障安全通信的方式。其中，第一种方式主要应用于 DP 和 PN 网络，分别需要通过耦合器硬件实现安全数据的交换；第二种方式适用于 PN 网络，借助于智能设备（i-device）的方式实现安全通信；第三种方式则是通过 F-CPU 建立一个 F 的链接关系，在标准 TCP 通信的方式下实现安全数据的交换。

2.5 安全程序的编制规范

前面已经介绍了故障安全系统的基本组态、编程的步骤和方法，并且举例说明了安全通信的程序编制，期间简单介绍了一些基本规则，例如，安全程序需要做去钝化的处理，安全通信块调用的顺序等，故障安全程序在编制过程中，是需要遵循一些原则的，一方面是安全系统在数据处理方面的要求，另一方面，用户按照这些原则进行故障安全程序的编制，将有助于未来进行程序的安全评估，这也是对工程师编制安全程序的一个指导。接下来，将介绍故障安全程序在编制过程中应该遵循哪些原则和注意哪些问题。

2.5.1 软件生命周期

正如之前所介绍的安全设备是有安全生命周期的。同样，对于故障安全系统的程序，也是有安全生命周期的（IEC 62061）。软件的安全生命周期相对于设备来讲没有那么复杂，但遵循的基本规则都是一样的，并且可以看作是设备安全生命周期中的一部分，如图 2-169 所示。

软件的安全生命周期在具体实践过程中，可以细分为很多的部分，例如，软件的结构设计、软件的整体设计、各模块的设计和具体程序的编制以及各个部分的测试，如图 2-170 所示。

从软件生命周期的详细步骤中可以看到，从安全程序开发初期到真正地编制安全程序，其中间是有很多步骤的，而其中每一步骤都有详细地规划和设计，并且每一步骤都应进行相应的测试和验证，因此故障安全程序的开发是有很多要求的。

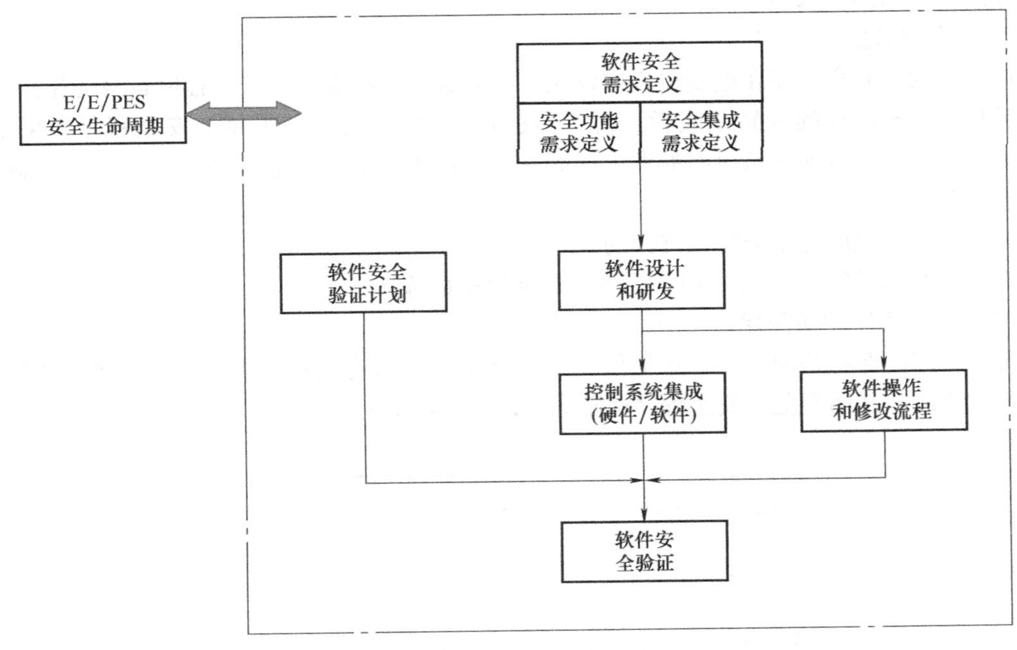

图 2-169　软件的安全生命周期

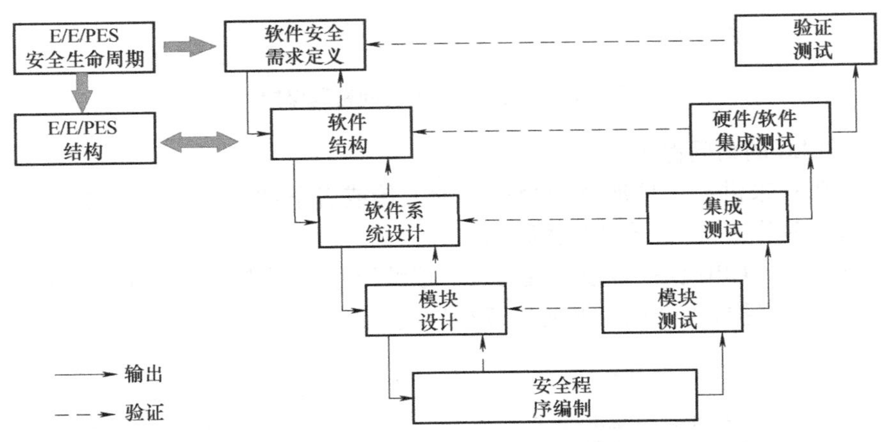

图 2-170　软件安全的详细步骤

对于西门子的安全系统，用户只需调用西门子提供的安全功能块即可，由于这些功能块都是已经开发好并且经过评估认证的，因此安全功能这部分的程序开发不需要用户自己来做，但安全程序的结构以及编程中应注意的规则还是需要用户了解并遵守的，因为这些规则将有助于用户的程序更加符合安全认证的规范，未来更容易通过安全认证。

2.5.2　西门子安全 PLC 程序编制规范

西门子安全 PLC 程序的编制，除了按照前面所述的故障安全程序编制步骤进行编制外，还应该按照软件生命周期中的一些要求，对整个程序的相关内容进行规划和设计，以此满足相关标准和评估的要求。

1. 程序的防护

首先，故障安全程序在编制过程中以及编制完成后，都应考虑安全程序自身的保护，不能随意让没有被授权的人修改或者上传/下载到 PLC 中运行。因为每个安全程序如果不完善，下载运行时有可能导致风险的发生；而一旦程序编制完成并且经过认证后，如果修改，则需要重新认证。

因此，安全程序是不能随意修改的。

为此，西门子的安全 PLC 中，提供了几种保护措施。

（1）安全程序的访问保护

安全程序的保护是为安全程序提供一个访问密码，没有被授权的人只能“读”安全程序而不能修改，从而避免了安全程序被随意修改，如图 2-171 所示。

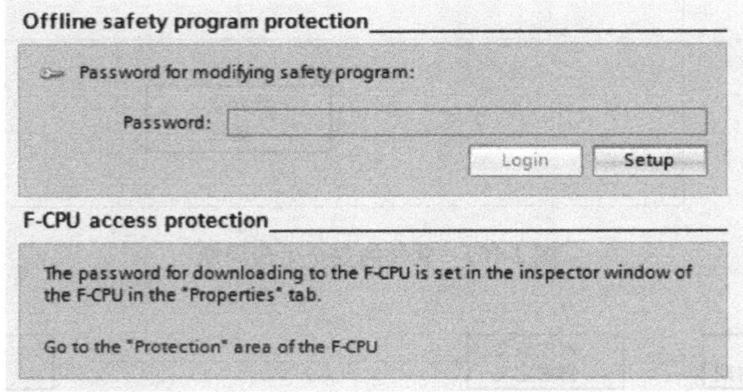

图 2-171　安全程序的访问密码保护

（2）安全 PLC 的访问保护

对于安全 PLC 来讲，一旦涉及安全程序的上传或者下载，都应考虑可能产生的风险，应对安全 PLC 的程序上传/下载进行密码保护。

在对故障安全型 CPU 保护等级设置时，一般情况下，不应设置“完全访问权限，包括故障安全（无任何保护）”选项，如图 2-172 所示。

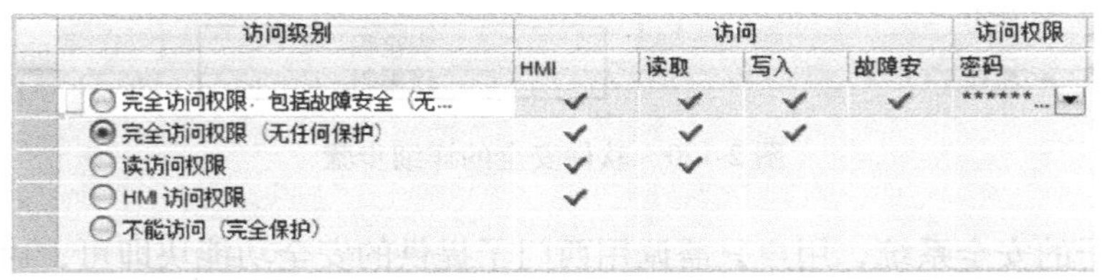

访问级别	访问				访问权限
	HMI	读取	写入	故障安	密码
完全访问权限，包括故障安全（无...	✔	✔	✔	✔	******...
完全访问权限（无任何保护）	✔	✔	✔		
读访问权限	✔	✔			
HMI 访问权限	✔				
不能访问（完全保护）					

图 2-172　安全 PLC 的访问密码保护

（3）安全程序的知识产权保护（Know-How-Protect）

对于程序块的知识产权保护，故障安全功能块同样也是支持的，如图 2-173 所示。但从安全评估的角度来说，本操作并不是强制的。

2. 安全程序的一致性上传

在安全系统的设置参数中，激活一致性上传的选项，如图 2-174 所示。

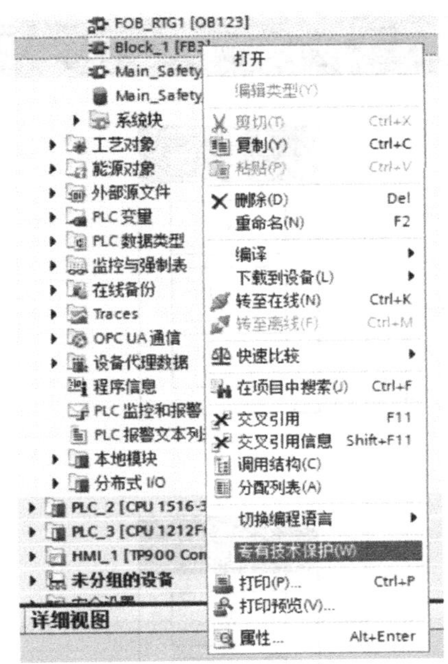

图 2-173　安全型程序块的知识产权保护操作

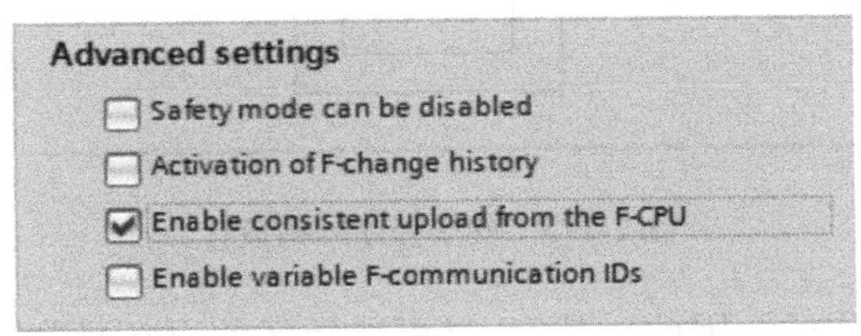

图 2-174　激活一致性上传功能

该功能可以避免未来上传的项目程序中出现的一些未知的错误，以减少程序出现故障的可能。

3. 程序结构

安全程序在编制之前，应该定义一个程序结构，有了清晰的结构，信号传递的路径也将非常明确，未来安全程序的编制、调试的复杂程度将会有所降低。

程序结构可以由用户自己来定义，例如：

- 按照子程序功能进行定义：检测、评估、执行。
- 按照工厂的不同组成部分进行定义：上料、加工、包装等。

通常情况下，按照子程序的功能进行结构的定义相对比较常用，如图 2-175 所示。

另外，在结构定义的过程中，应注意程序的嵌套深度不要超过 8 级，否则系统会报错。整个结构设计应该简单、明确，避免过于复杂的程序结构定义。

4. 程序调用顺序

程序结构定义好之后，在主程序中，应注意不同功能的程序块的调用顺序是有要求的。

由于安全系统与标准系统采用的是同一个 CPU，另外，故障安全系统也是借助于标准

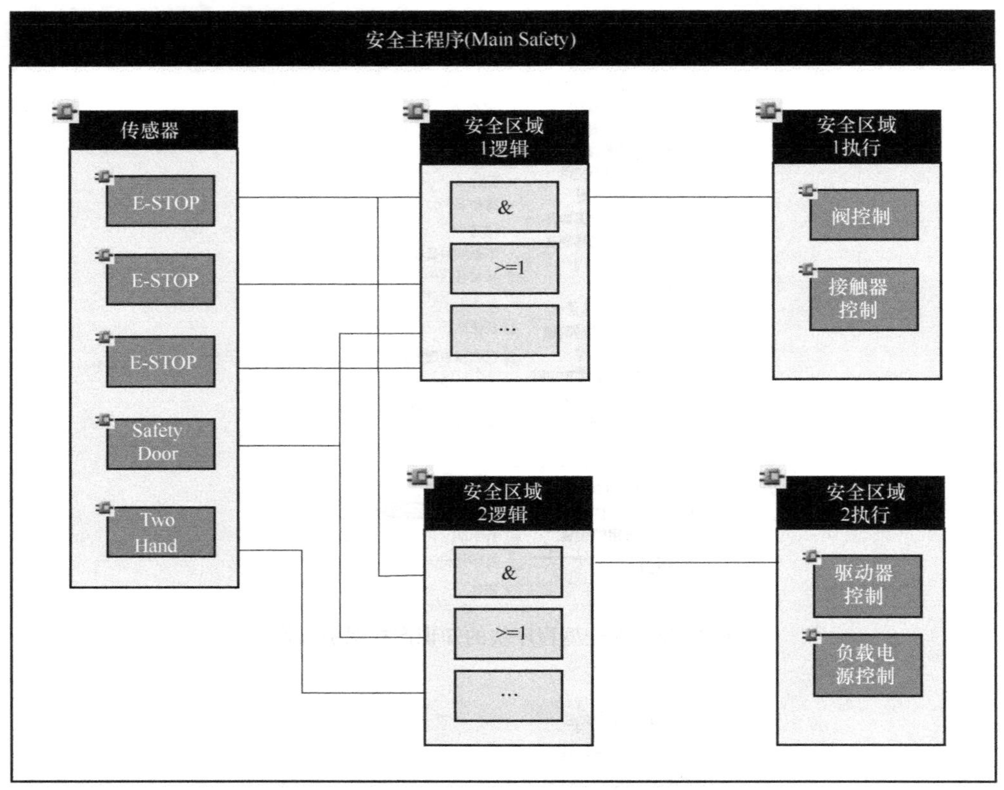

图 2-175　安全程序结构设计

的 CPU 工作环境进行工作的，因此，其 IO 过程映像区的更新是靠 F-Runtime Group 运行时才更新的。其中，在程序运行的开始，先更新安全的输入过程映像区，然后才运行安全主程序，之后再更新安全的输出过程映像区。

在调用安全主程序的过程中，应对不同程序块的调用顺序进行规划。一般来讲，安全程序的顺序为

1）通信接收程序：如果系统中存在不同 CPU 之间的安全数据交换，则应该在程序的第一条调用通信程序的接收块，保证之后再运行的程序，都是在接收到的最新数据状态下运行的。

2）全局确认程序：一般情况下，程序在运行之初，应保证系统是没有故障的。因此，应在程序的前端，将系统中存在的故障都进行确认，从而保证程序能够正常地执行下去。

3）传感器程序：传感器部分的程序，有时不仅仅只是读入传感器的输入值，也包括针对输入值进行了一定处理后的值。因此，在有些情况下，用户不仅需要将实际传感器的值读进来，还需要对传感器的状态、诊断等信息进行综合处理，这部分程序统称为传感器部分的程序。

4）模式选择程序：故障安全设备一般都会有几种工作模式可以选择，例如，手动、自动、维护模式等。

5）逻辑程序：是用户的安全功能的逻辑程序。一般情况下，这部分程序直接调用西门子提供的安全功能块即可，但有的情况下，有的用户希望将功能块提供的诊断信息、状态信息等都进行监控，就会在原来功能块的基础上，对外围的一些信息进行处理，从而形成自己的安全程序块。

6）执行机构程序：逻辑程序最终的输出，有的直接连接至执行机构，有的也需要将输出信息进行反馈，因此该部分程序是关于输出部分的处理。

7）通信发送程序：程序运行后的最终结果，将在安全程序的最后通过通信发送块发送给其他的 CPU。

该顺序如图 2-176 所示。

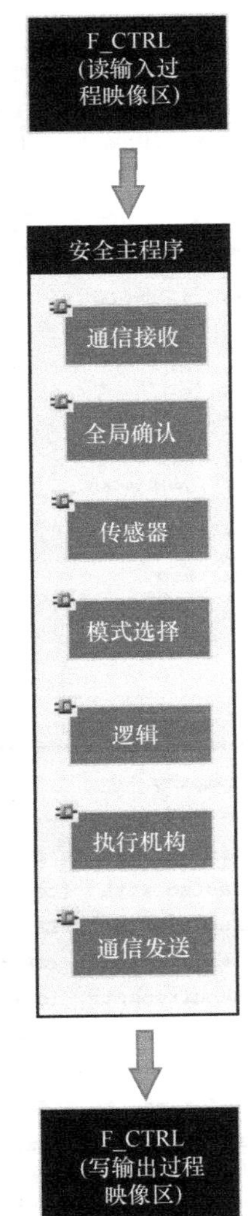

图 2-176 安全程序的调用顺序

5. 创建 F-型数据类型

对于故障安全型数据量比较大的项目，可以考虑创建相应的故障安全相关的数据类型（F-型数据类型），特别是对于标准化的项目，F 点数相对比较确定，建立一个 F-型数据类型将使得编程和数据处理更加方便。

例如，对于设备 1，我们自定义一个 F-型数据类型（设备 1_FDI），对应其 ET200SP 从站上的 F-DI 模块的 IO 点，如图 2-177 所示。这样，对于标准化的项目来讲，以后可以通过该数据类型对该模块的 IO 点进行访问和数据的采集。不仅可以很快地建立 Tag 表，同时可以尽量减少程序的修改，有利于后期程序的评估。

6. 程序的注释

对于故障安全程序来讲，程序的注释是非常重要的。对于编程者、维护者或是评估人员来讲，安全程序都必须有非常详尽的注释才能完成相应的工作，如图 2-178 所示。

对于安全程序整体的注释，应该包括项目的基本信息，例如，该安全程序适用的设备、程序的主要功能、程序的安全等级需求、程序编制的版本信息、编制的时间等。

对于单独的程序段或者功能块，也应该在每一段程序的注释栏中加注说明该段程序的主要功能。

而每个安全型的 Tag 或者变量，也都应该加上注释。

7. true&false

对于安全程序中的常数“0”和常数“1”，在目前的 TIA 博途软件中可以通过定义静态变量“true”和“false”来实现，如图 2-179 所示。

8. 将功能块进行标准化处理

安全程序中，有一些功能块是有可能重复使用的，例如，传感器、执行器、模式选择的

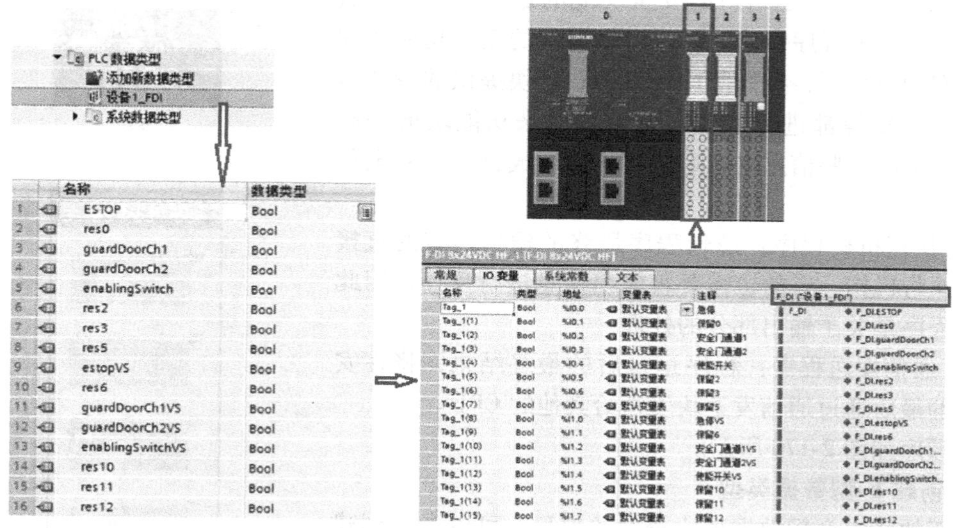

图 2-177 建立 F-型数据类型

```
//===========================================================================
// Company
//---------------------------------------------------------------------------
// Library: (that the source is dedicated to)
// Tested with: (test system with FW version)
// Engineering: TIA Portal (SW version)
// Restrictions: (OB types, etc.)
// Requirements: (hardware, technological package, memory needed, etc.)
// Functionality: (that is implemented in the block)
//---------------------------------------------------------------------------
// Reference to Safety Requirement Specification:
// Safety related information: (SIL/PL (Cat.), DC, methods against CFF for connected
subsystems)
//---------------------------------------------------------------------------
// Change log table:
// Version   Date          Signature     Expert in charge    Changes applied
// 01.00.00  (dd.mm.yyyy)  (Block CRC)   (Name of expert)    First released version
//===========================================================================
```

图 2-178 程序的注释

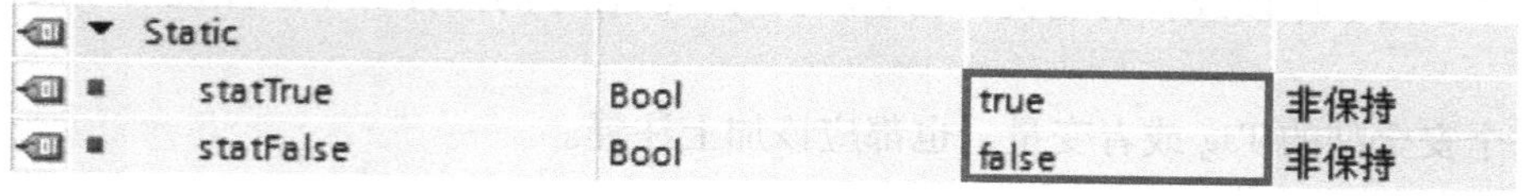

	Static			
	statTrue	Bool	true	非保持
	statFalse	Bool	false	非保持

图 2-179 定义静态变量实现“true”和“false”

功能块等，这些功能块不仅能够在同一个项目中被重复使用，甚至有可能在不同的项目中被多次使用，因此，可以考虑将类似的功能块进行标准化的处理，未来还可以生成“库”，可以被多次使用。

一般来讲，可以被标准化的功能块包括：

- 典型的故障安全的检测功能块。
- 典型的故障安全的执行功能块。
- 常用的故障安全功能块（例如，重新集成、操作模式选择等）。

这些标准化的功能块不仅可以被重复使用，还可以进行版本管理，同时降低了编程调试的难度，压缩了项目开发的总成本。

（1）典型检测功能块的标准化处理

可以为不同的传感器分别建立不同的标准化功能块，如图2-180所示，例如，急停功能块、安全门功能块、光栅光幕功能块等。可以将安全功能与传感器的评估以及辅助功能结合在一起，对于复杂传感器，还可以创建F-型数据类型。

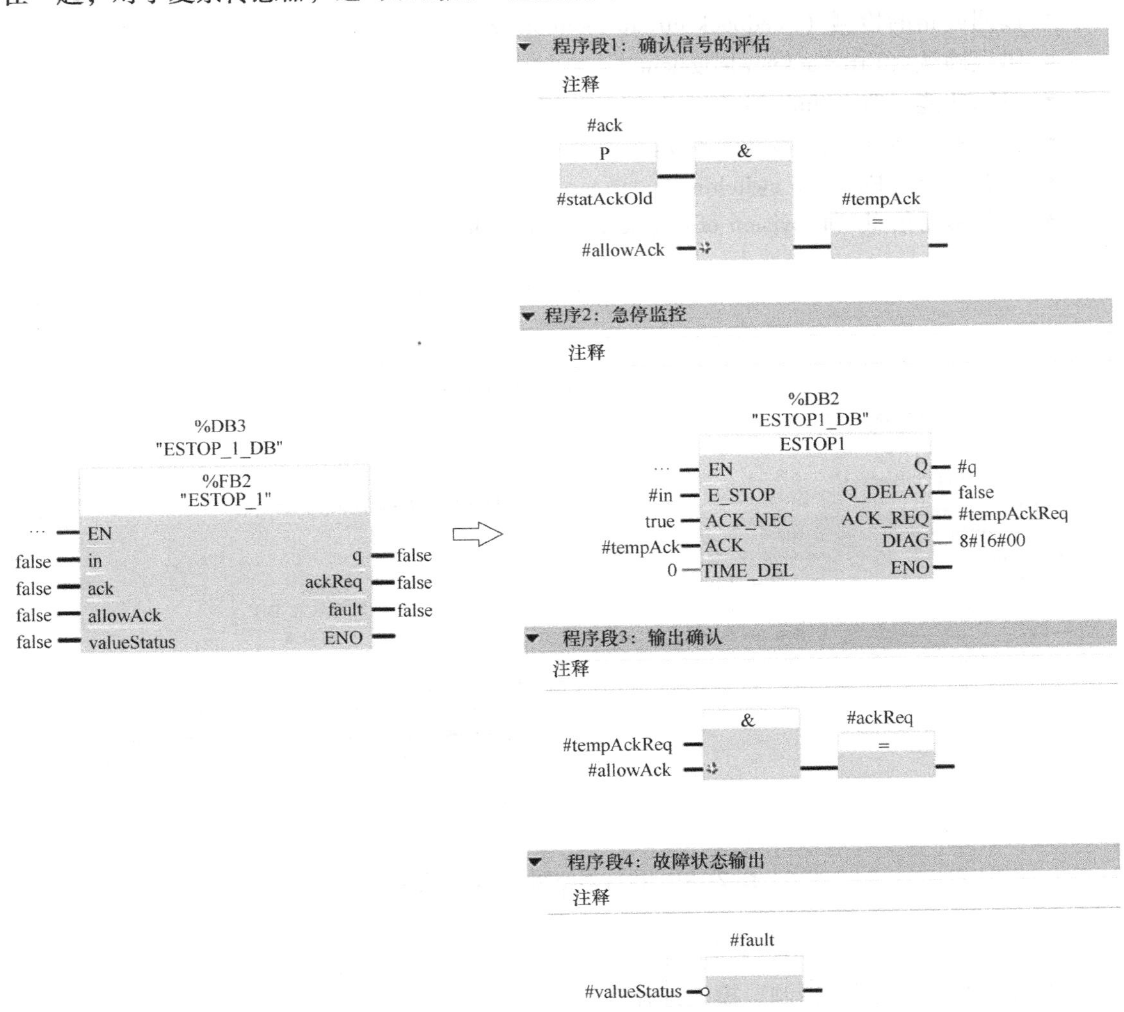

图2-180　传感器评估的标准化处理

这些辅助功能可能包括：

- 复位（Reset）。
- 复位互锁（Reset interlock）。
- 时间功能（Time function）。
- 触发沿评估（Edge evaluation）。
- 启动测试（Startup test）。
- 准备诊断信息（Provision of diagnostic information）。

（2）典型执行功能块的标准化处理

对于不同的执行器，也可以分别建立不同的标准化功能块，如图 2-181 所示。例如，执行器控制功能块、阀门控制功能块、驱动控制功能块等。可以将安全功能与传感器的评估以及辅助功能结合在一起，对于复杂传感器，还可以创建 F-型数据类型。

这些辅助功能可能包括：

- 读回回路的检测（Feedback circuit monitoring）。
- 错误确认（Error acknowledgment）。
- 时间功能（Time function）。
- 触发沿评估（Edge evaluation）。
- 功能切换（Function switching）。
- 准备诊断信息（Provision of diagnostic information）。

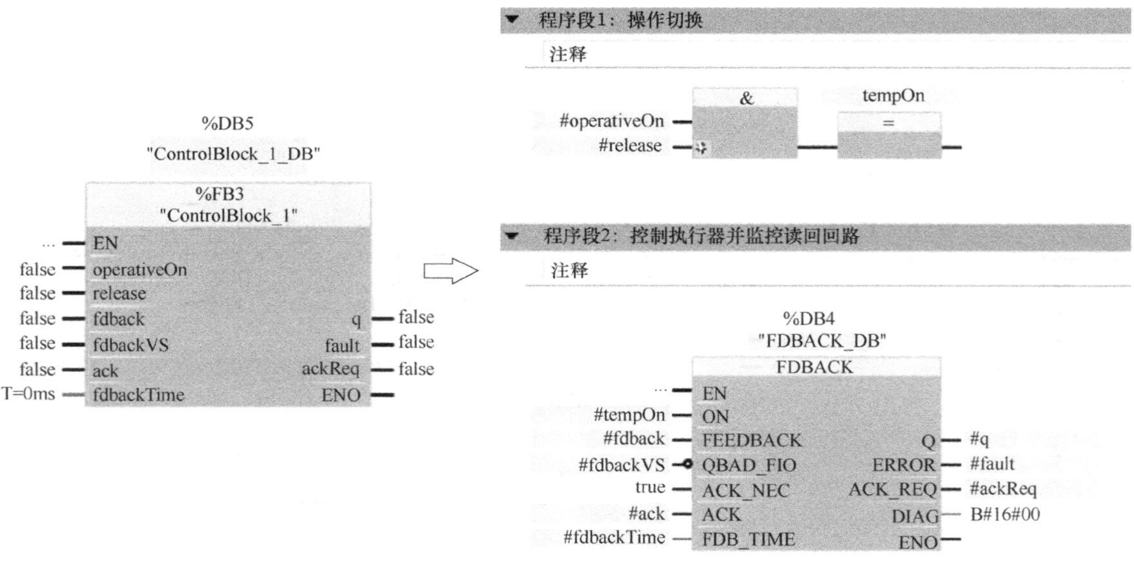

图 2-181 执行器控制的标准化处理

（3）常用的故障安全功能块的标准化处理

常用的功能块有逻辑控制、模式选择等。

对于逻辑控制功能块，主要指的是涉及执行器执行功能触发的功能块。可以将相关的触发条件进行集成控制。

对于这样的功能块，需要注意：

- 主要使用 AND 和 OR 进行逻辑组合。
- 尽量少用 SR 块。
- 避免使用跳转指令。

9. 与模式相关的安全功能的程序编制

在安全程序中，往往会有不同的模式下触发相应的安全功能的情况。此时，根据标准（见 IEC 62061），应将这部分逻辑划分为不同的层级，如图 2-182 所示。

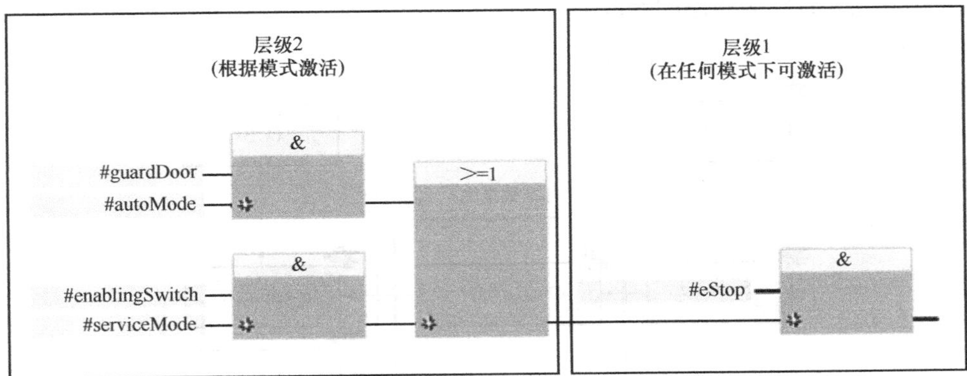

图 2-182　逻辑选择层级的划分

- 层级 1：所有的安全功能与模式及工厂状态无关
  -使用“ANDing”逻辑。
  -典型的急停装置。
- 层级 2：所有与模式有关的安全功能
  -在某些模式下才使用“ORing”逻辑。
  -例如，在自动模式下的安全门，与维护模式下的“使能”交互在一起使用时。

10. 访问全局数据

程序中涉及全局数据（输入、输出、数据块）的访问，应该在最高级的块中（Main Safety），如图 2-183 所示。

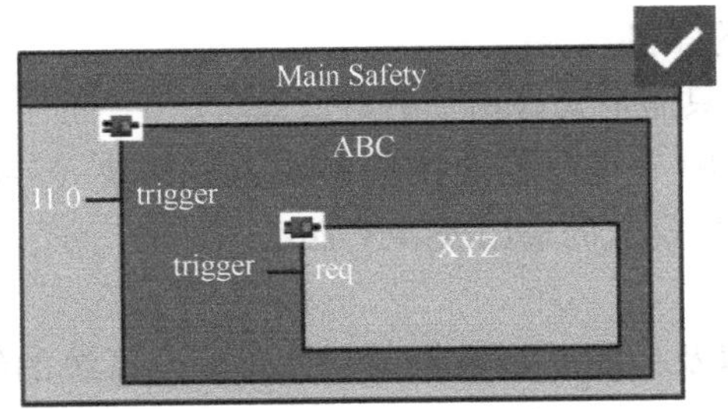

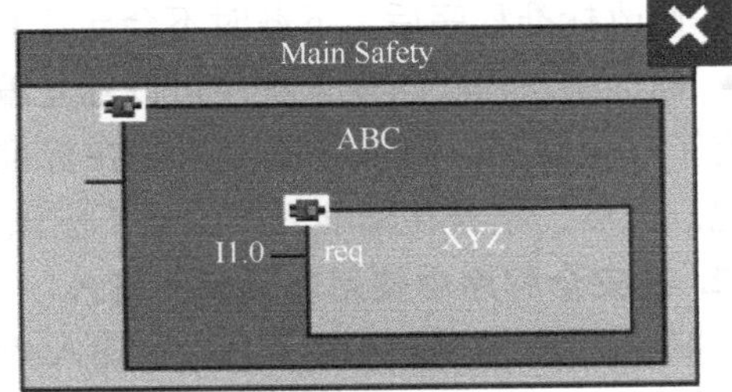

图 2-183　全局数据的连接

11. 标准程序与安全程序之间的数据交换

安全程序主要的功能是降低风险，而所有与安全功能相关的其他的操作原则上讲都应该是标准功能。但一般情况下，安全程序与标准程序之间又不可能完全分割开。例如，有些安全功能的触发其实是需要考虑标准程序中的控制逻辑的，而安全功能触发执行机构的动作也是与标准逻辑控制密不可分的。因此，对于广大工程师来讲，到底如何处理标准程序与安全程序之间的关联其实是比较困难的。

这里，按照西门子的编程原则，推荐使用下列方法来实现，如图 2-184 所示。

- 使用全局标准数据块用于标准程序与安全程序之间的数据交换。
- 创建两个数据块，分别用于标准程序与安全程序之间的双向数据交换。
- 在数据块中，不能存储更多的其他信息（例如，来自于标准程序的诊断信息），并且数据的变化不能导致安全程序的修改。

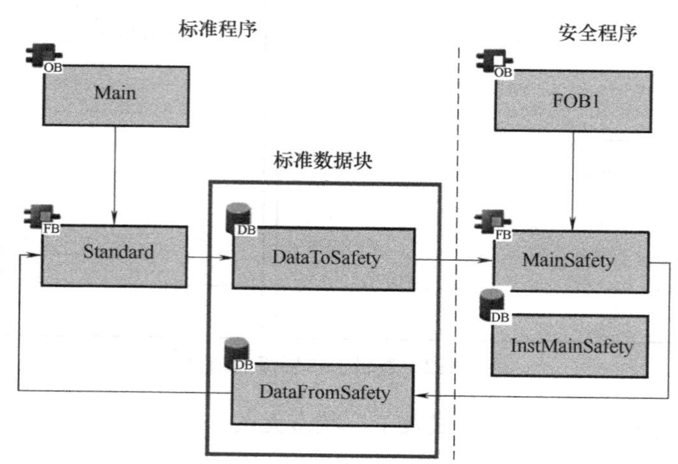

图 2-184　在安全程序与标准程序之间交换数据

这样处理的好处在于：

- 精简 F-runtime group，降低 F 程序处理的负荷。
- 更好地总览交换的数据。
- 修改标准程序时，不影响安全程序的标签。
- 最大限度地减小向安全程序中写数据导致的数据冲突而产生的宕机时间。
- 安全程序的编写更加简化。
- 修改标准程序后，下载时不会导致 CPU 的停机。
- 标准用户程序与安全程序可以独立编制，只需定义好相关的接口即可。

有了这个原则，则不应该再出现在标准程序中“写”安全的输出或者数据块（F-DB）的情况。当然，本身在标准程序中也不应该“写”安全的输出或者 F-DB。

12. 在安全程序中使用非安全的输入

一般情况下，在安全程序中的 F-输入/输出以及一些 F-型数据都是经过安全系统的编码处理验证过的，在程序编制过程中使用不会影响程序的安全等级。而非安全的输入/输出以及一些标准数据都是没有经过编码处理验证的，因此在编程过程中，在安全程序中原则上应尽量少用，但也不是完全不允许使用，因为某些情况下，非安全相关的信号也是系统集成的一部分，典型的例子是“确认/Reset”按钮或者“模式选择开关”信号，这些信号可以直接在安全程序中被读取，无需在标准程序中处理后再传递给安全程序，如图 2-185 所示。

但是，这些信号毕竟会影响安全功能的执行或集成，因此这些指令信号将影响系统评估。因而在使用这些信号时，应根据系统评估的要求来决定这些信号的处理是放在标准程序中还是放在安全程序中。

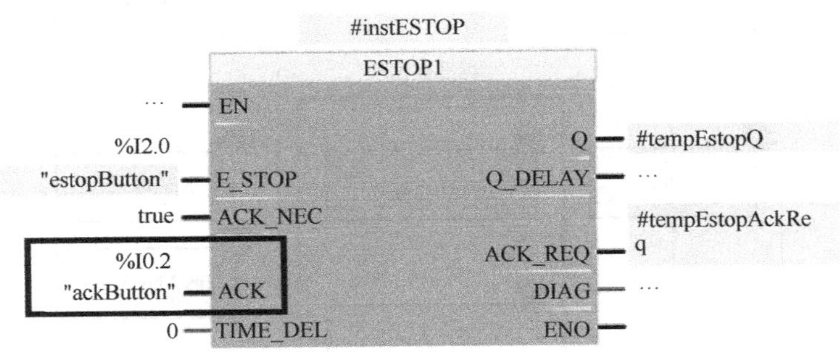

图 2-185　在安全程序中使用非安全输入

对于类似的情况，我们推荐的方式是，在标准程序中首先对相关信号进行综合处理，尽量减少安全系统的负荷，之后，将结果通过 DB 传递给安全程序，降低安全程序的风险。

13. 从 HMI 向安全程序传数据

从 HMI 向安全程序写 Tag 是有风险的，这是因为：

● 来自 HMI 屏上信号是非安全的，并没有被验证。因此一个错误将可能导致安全值的改变，这将增加系统的风险。

● HMI 与 CPU 之间的通信是非周期的。因此，来自 HMI 的写访问将可能发生在安全程序的处理过程中，原始的程序可能使用的是原始值，但编码后的程序可能使用的是新的值，这将导致安全程序中的数据校验错误，从而导致 CPU 停机。

因此，在通过 HMI 向安全系统写入数据的过程中，处理方法与标准程序的处理方法类似，可以建立一个 F-型数据类型，接收来自 HMI 的数据并传递给标准程序（见图 2-186），然后在标准程序中建立两个 DB 块，通过 DB 块来实现与安全系统的相互之间的数据交换（见图 2-187）。

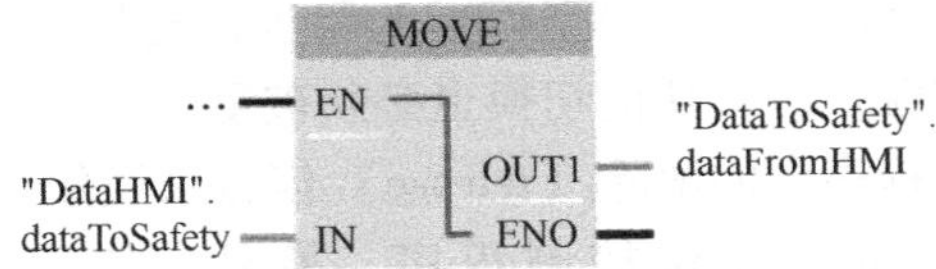

图 2-186　接收并传递 HMI 的数据至标准程序

14. 通过 HMI 复位（Reset）安全功能

如果希望通过 HMI 对安全功能以及系统错误进行确认，则应该在 TIA 博途软件中调用“ACK_OP”系统功能块来实现，如图 2-188 所示。

对于 S7-1200F/1500F 系统来讲，确认过程分为两步：

步骤 1：将“IN”修改为“6”，并保持至少一个周期。

步骤 2：在 1s 后，1min 内，将“ACK_ID”修改为“ACK_ID 设置值（默认 9）”并保持一个周期。

为什么选择设置这两个数呢？因为 6 和 9 的二进制数分别对应为“0110”和“1001”，

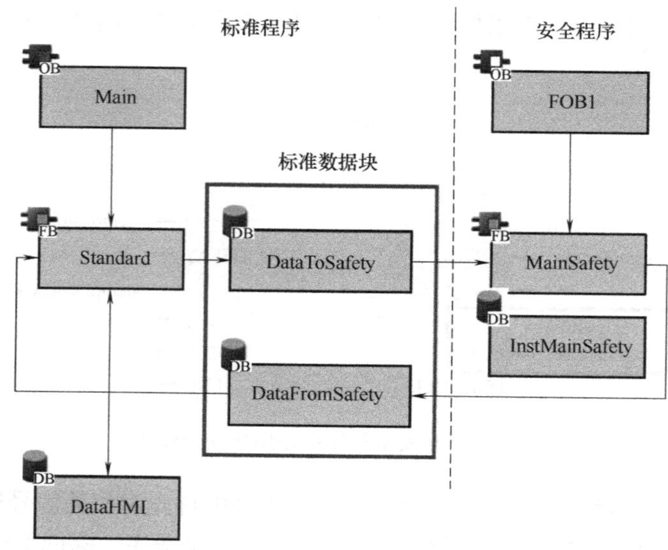

图 2-187 HMI 与安全系统之间的数据交换

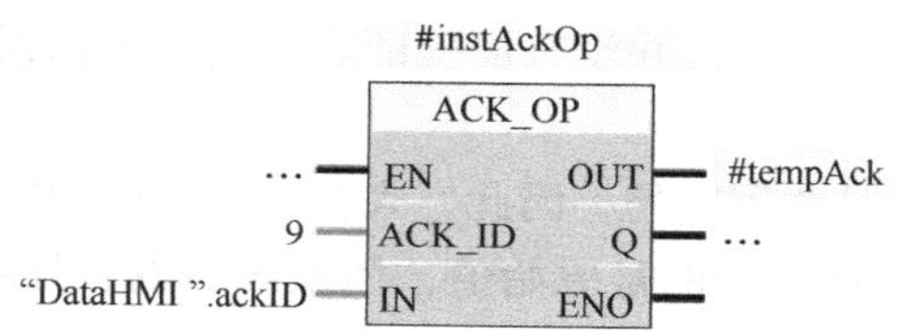

图 2-188 "ACK_OP" 系统功能块

相当于进行了取反的验算。

而为了保证该功能正常工作，应保证安全程序的优先级大于通信的优先级。

15. 切换功能的复位

安全输出也经常用于功能的切换。根据标准的要求，复位安全功能时，不能触发设备/机器重启。而当安全功能被触发时，功能切换也必须被复位，并且需要一个新的启动信号。

推荐的方法是使用安全程序中的解除（release）信号来锁住标准程序中的控制程序。同时，安全关断（shutdown）也要复位控制程序。另外，使用一个全局数据块将解除（release）信号从安全程序传递到标准程序，如图 2-189 所示。

16. 去钝化操作

安全模块一旦发现断线、短路等故障，将会进入钝化状态，此时系统不再更新过程映像区的数据，直到该模块被"去钝化"。

去钝化的操作有两种方式，一种是自动去钝化，另一种是手动去钝化。其中，自动去钝化就意味着一旦系统的外部故障消失，系统就会自动地进行去钝化的操作，这种方式无须人工参与确认，但会带来安全隐患，因此是不推荐的。

一般来讲，都建议采用手动去钝化的操作。

手动去钝化可以通过调用功能块来实现，可以单独针对某个模块去钝化（见图 2-190），也可以对所有的模块进行整体去钝化（见图 2-191）。

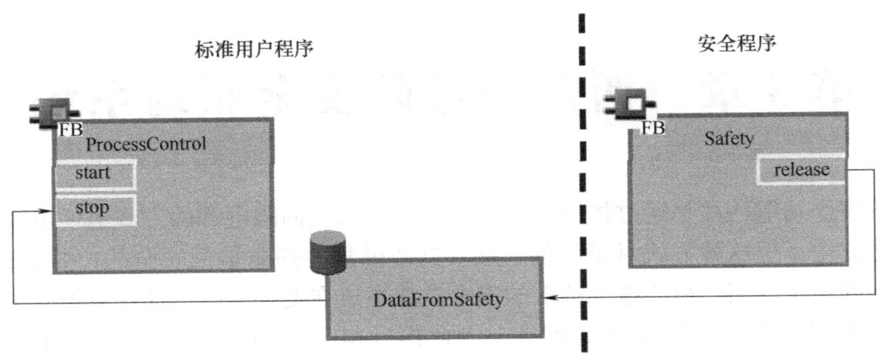

图 2-189　安全控制信号锁住标准控制程序

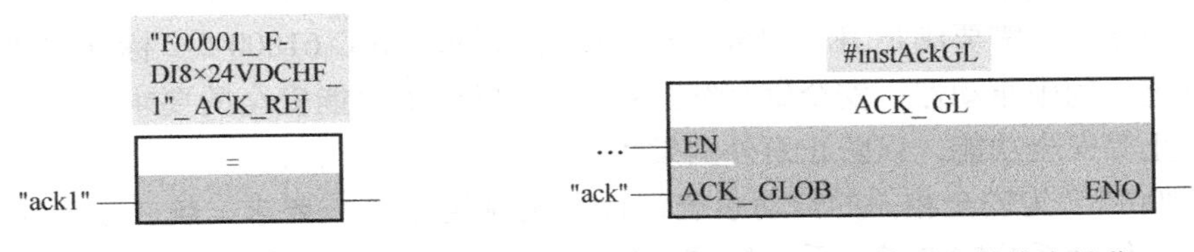

图 2-190　针对某 F 模块去钝化　　图 2-191　针对系统所有模块去钝化

以上就是针对故障安全系统在程序编制过程中应该注意的一些问题，大家应该尽可能地在编程过程中遵守，这样可以规范安全程序的编制，减少错误或者风险的发生，有助于通过软件部分的安全评估，保证整个系统达到相应的安全等级。

第 3 章　西门子故障安全驱动系统

早期的安全功能往往是通过控制接触器来切断电机主回路电源的方式迫使电机停机，从而实现设备安全。但这种方式对于设备以及人员来讲其实并非是最安全的，并且也不经济。随着变频器的广泛应用，目前越来越多的安全功能集成在变频器等传动控制设备中，靠变频器来实现这些安全功能，既安全又可控，因此国际电工委员会专门制定了 IEC 61800-5-2《调速电气传动系统 第 5-2 部分：安全要求 功能》标准。

根据欧盟新机械指令要求，对于安装在工业机器上的可调速类控制设备，如果参与安全功能的相关控制，就需要满足 IEC 61800-5-2 的标准要求。IEC 61800-5-2 标准主要针对驱动器、伺服系统、伺服驱动器、安全编/解码器等产品提出了功能安全的要求，如安全转矩关断、安全停止等安全功能，以防止意外的发生。

IEC 61800-5-2 为安全相关的传动系统设计原则制定了统一要求，统一了安全功能中使用的术语，为传动系统定义了一系列标准化安全功能，并且目前 IEC 61800-5-2 标准已经转化成为国家标准，标准号为 GB/T 12668. 502—2013。

3. 1　驱动产品的安全功能

相比于“标准”驱动功能，“安全”功能所要求的故障率极低。性能等级（PL）和安全完整性等级（SIL）是衡量故障率的重要标准。因此，安全功能适用于与安全相关的应用以及降低应用中的风险。如果对机器或设备进行风险分析时发现应用中存在极高的危险隐患，则表明该应用需要采取必要的安全措施降低风险，采用相应的安全功能是降低风险的措施之一。

IEC 61800-5-2 定义了驱动器包含的安全功能，表 3-1 列出了部分安全功能。

表 3-1　驱动系统安全功能

安全功能	简称	功能描述
安全转矩关断	STO	驱动器直接切断电机供电
安全停止 1	SS1	停止电机，并在满足一定条件后触发 STO 功能
安全停止 2	SS2	停止电机，并对停机过程进行监控
安全制动控制	SBC	通过一个安全输出信号控制外部的制动设备
安全制动测试	SBT	检测制动是否达到所需的制动转矩
安全制动斜坡监控	SBR	对电机的制动斜坡进行监控
安全极限速度	SLS	监控电机的当前速度是否超出了速度限制
安全方向	SDI	对电机的运行方向进行监控，使驱动只能在使能的安全方向上运行
安全速度监控器	SSM	输出一个安全信号指示电机速度是否低于特定限值
安全极限加速度	SLA	防止电机超出规定的加速度极限
安全操作停止	SOS	对驱动停止位置进行安全监控
安全位置	SP	驱动可通过此功能将安全参考位置值传送给上级控制器
安全限位	SLP	安全监控驱动在两个位置区域内运动

西门子的驱动产品 SINAMICS G120、SINAMICS S120、SINAMICS S210 以及 SINAMICS V90 均具有驱动集成安全功能，这表示安全功能将被集成在驱动器中，无需附加外部组件便可实现。这些驱动产品大多数都集成了 STO、SS1 等 3~4 个基本的安全功能，在此基础上又具有各自不同的扩展安全功能。

无论集成了哪些安全功能，由于西门子全集成自动化的理念以及 TIA 博途软件平台的应用，这些驱动产品的安全功能的实现方式都基本相同，本书将主要以最新的 SINAMICS V90 和 SINAMICS S210 为例介绍西门子驱动产品安全功能的实现方法，SINAMICS G120、SINAMICS S120 等驱动产品的操作方法几乎是一样的，可以完全参考。

3.1.1　驱动产品的安全功能介绍

在标准 DIN EN 60204-1：2007 中为机器的安全停止定义了三个停止类别（0、1 和 2 停止）。停止类别是在机器风险估计的基础上定义的。

- 0 类停止

通过立即关闭机器执行器的能源供应而停止。这样的停止是非受控性停止。每一个机器都配备有一个 0 类停止的停止功能。0 类停止的停止必须具有优先权。0 类停止对应驱动产品中的安全转矩关断（STO）功能。

- 1 类停止

在机器执行器的能源供应依然保持期间，受控停止激活了停止过程。当到达停止状态时，能源供应才中断。1 类停止对应驱动产品中的安全停止 1（SS1）功能。

- 2 类停止

控制的停机，这时保持给机器传动元件供电。2 类停止对应驱动产品中的安全停止 2（SS2）

本章将介绍基于 0 类和 1 类停止的两个安全停止功能 STO、SS1，以及安全极限速度功能 SLS。

1. 安全转矩关断（STO）

安全转矩关断（Safe Torque Off，STO）是最简单也是最常用的安全功能，其目的在于安全停止电机，一旦电机静止以后，STO 将使能起动闭锁以防止驱动器起动电机。直到 STO 消除之后才解锁。STO 关断功率模块的触发脉冲使电机自由停止，STO 原理如图 3-1 所示。

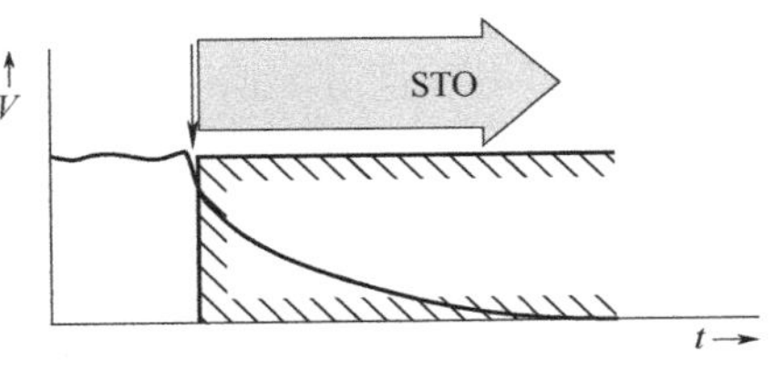

图 3-1　STO 原理

根据标准 EN 61204-1：2006 规定，急停功能必须通过 STO 实现停机，以保障设备安全可靠停机。因此驱动设备所有的安全功能中，STO 功能具有最高的优先等级。

同时标准对急停功能还有以下要求：

- 确保在使用急停功能进行停机时，设备不可在急停后自动重启。
- 安全功能关闭后，视风险分析的结果而定，必要时允许执行自动重启（例外情况：急停按钮复位时）。例如，在防护门关闭后便可自动起动。

注意：使用 STO 功能时不允许使用悬挂轴（比如起重设备），因为悬挂轴可能会掉落，导致人身伤害和设备损坏。

2. 安全停止 1（SS1）

安全停止 1（Safe Stop 1，SS1）功能生效时，驱动器会先控制电机制动，然后切断电机供电。该功能在 IEC 61800-5-2 中定义如下：

[1] 触发电机减速，并监测电机减速度是否在定义的限值范围内。当电机转速低于定义的限值后触发 STO 功能。

[2] 触发电机减速，并在一定延时（取决于具体应用）后触发 STO 功能，也称为 SS1-t。

对于西门子 SINAMICS 驱动产品，SS1 的工作原理取决于 SS1 是与基本安全功能还是与扩展安全功能组合使用：

- 扩展安全功能的驱动器功能 SS1 符合 IEC 61800-5-2 的定义 [1]。
- 基本安全功能的驱动器功能 SS1 符合 IEC 61800-5-2 的定义 [2]。

下面分别介绍这两种 SS1 的工作原理。

（1）在基本安全功能中的 SS1（SS1-t）工作原理

在基本安全功能中的 SS1（SS1-t）工作原理如图 3-2 所示。

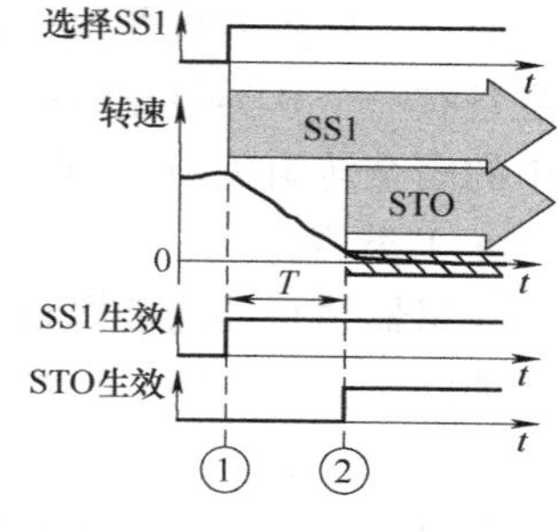

图 3-2 SS1-t 的工作原理

图 3-2 说明如下：

① 驱动器通过故障安全数字量输入或 PROFIsafe 选择 SS1。SS1 启动一个安全计时器 T，驱动器使电机在 OFF3 斜坡上减速制动。

② 计时器 T 时间到后，驱动器通过 STO 功能安全封锁电机转矩。

（2）在扩展安全功能中的 SS1 工作原理

在扩展安全功能中的 SS1 工作原理如图 3-3 所示。

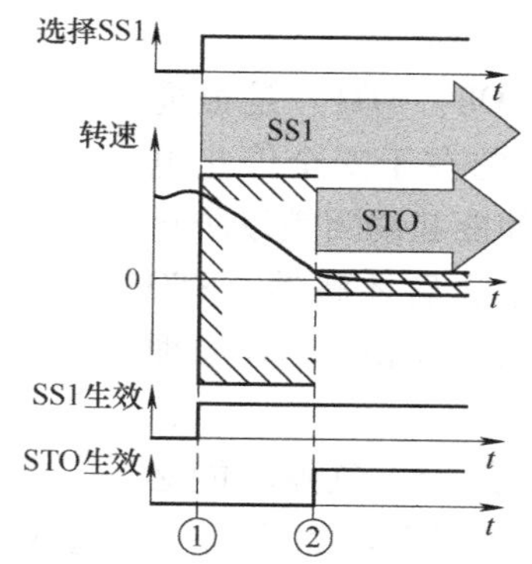

图 3-3 扩展安全功能 SS1 的工作原理

图 3-3 说明如下：

① 驱动器通过故障安全数字量输入或 PROFIsafe 选择 SS1。驱动器监控电机转速是否减小，使电机在 OFF3 斜坡上减速制动。

② 如果电机的转速足够低，驱动器 STO 生效，安全封锁电机转矩。

这里，扩展安全功能的 SS1 有两种监控模式选择：

- 具有安全制动斜坡监控（SBR）的 SS1 也称为 SS1-r。

SS1 在安全制动斜坡监控模式时，驱动器通过 SBR 功能监控电机转速是否减小了，“基准转速”和“监控时间”这两个主要参数决定了 SBR 监控斜坡的斜率，工作原理如图 3-4 所示。

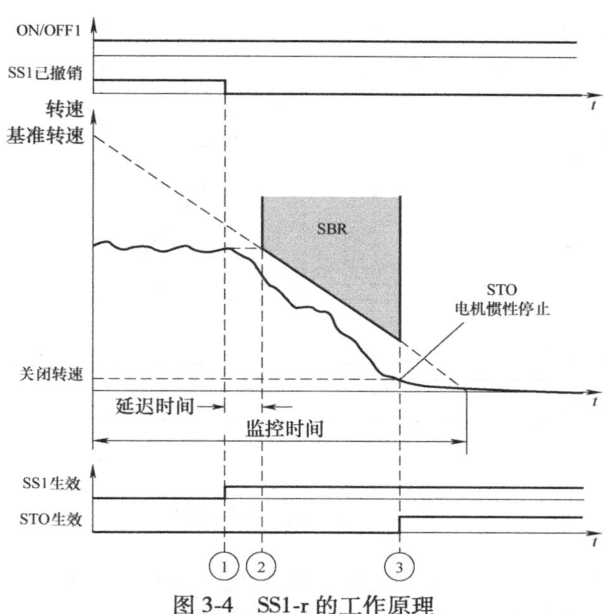

图 3-4　SS1-r 的工作原理

图 3-4 说明如下：

① 驱动器通过故障安全数字量输入或 PROFIsafe 选择 SS1。

② SS1 生效后经过设定的“延迟时间”开始执行 SBR 功能，SBR 功能从 SS1 功能生效时的转速设定值开始监控。

③ 电机转速低于静态检测转速阈值“关闭转速”后，驱动器 STO 生效，安全封锁电机转矩。

- 具有安全加速度监控（SAM）的 SS1 也称为 SS1-a。

SS1 在安全加速度监控模式下，驱动器通过 SAM 功能监控电机转速的变化，工作原理如图 3-5 所示。

图 3-5 说明如下：

① 驱动器通过故障安全数字量输入或 PROFIsafe 选择 SS1。SS1 生效后开始执行 SAM 功能，通过设定的“转速公差”监控速度的变化，监控电机减速时是否在“当前转速+转速公差”内进行变化，同时启动“延时时间”定时器。

② 电机转速到达“加速监控中的关闭转速”时结束 SAM 监控。

③ 电机转速到达“SS1 关闭转速”时或者“延时时间”到，驱动器 STO 生效，安全封锁电机转矩。

3. 安全极限速度（SLS）

安全极限速度（Safely-Limited Speed，SLS）功能在标准 IEC 61800-5-2 中的定义是，安全功能 SLS 可阻止电机超过规定的速度限值。

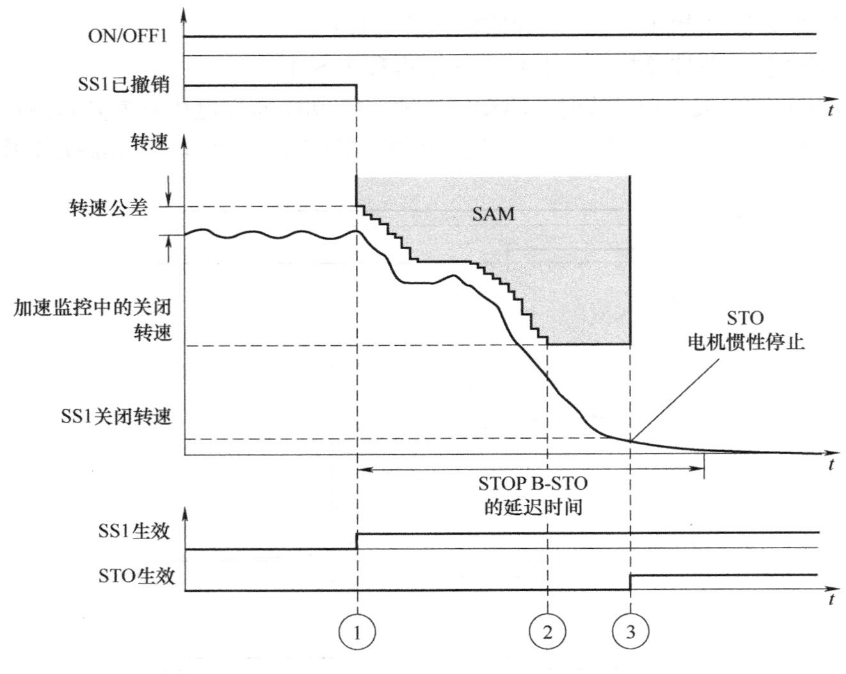

图 3-5 SS1-a 的工作原理

安全功能SLS防止转速超出参数设置的速度限值，一旦超出允许的速度，驱动器便开始执行设定的响应，使其维持在设定的速度范围内运行。SLS 的工作原理如图 3-6 所示。

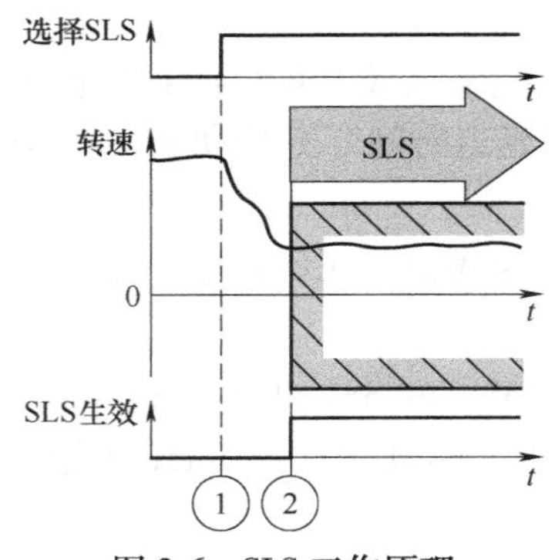

图 3-6 SLS 工作原理

图 3-6 说明如下：

① 驱动器通过故障安全数字量输入或安全通信 PROFIsafe 选择 SLS。此时若电机转速过高，SLS 可在指定时间内或在指定制动斜坡上降低转速。

② SLS 开始生效，电机将在 SLS 转速监控限值内运行。如果电机以大于 SLS 监控值的速度运转，驱动器会执行设定的响应，例如激活 STO 安全功能。

某些驱动负载的最大转速是变化的，如加工圆锯的最大转速取决于圆锯直径，切换圆锯时需要选择驱动器不同的 SLS 档位。西门子 SINAMICS 驱动器支持最多 4 个 SLS 档位设置，可以触发 4 种不同的限速。

3.1.2　西门子驱动产品的安全系统

西门子 SINAMICS 系列驱动产品包括 SINAMICS V、SINAMICS G 和 SINAMICS S 三个系列，其中 SINAMICS G 属于变频驱动产品，SINAMICS V 和 SINAMICS S 属于伺服驱动产品。

SINAMICS V90 集成了基于端子作为安全输入信号的 STO 安全功能，SINAMICS G 和 SINAMICS S集成了基于端子和基于 PROFIsafe 的安全功能，并且将集成的安全功能划分为基本安全功能和扩展安全功能。定义见表 3-2。

表 3-2　基本安全功能和扩展安全功能

项目	基本安全功能	扩展安全功能
定义	通过以下其中一种或多种方法确保设备安全运行： • 安全关断电机 • 安全抱闸	包含一些基本安全功能及其他一些更为复杂的安全功能
安全功能	STO、SBC、SS1	包括基本安全功能 STO 和 SBC； 带转速监控的 SS1、SLS、SDI、SSM 等

本书主要以 SINAMICS V90 和 SINAMICS S210 为例介绍西门子驱动产品的安全功能。

1. 系统硬件介绍

(1) SINAMICS V90 的安全系统硬件

西门子的 SINAMICS V90 伺服驱动根据不同的应用分为两个版本：

- PTI 脉冲序列版本（集成了脉冲、模拟量、USS/Modbus）。
- PROFINET 通信版本。

SINAMICS V90 脉冲版本可以实现内部定位块功能，同时具有脉冲位置控制、速度控制、转矩控制模式，控制结构如图 3-7 所示。

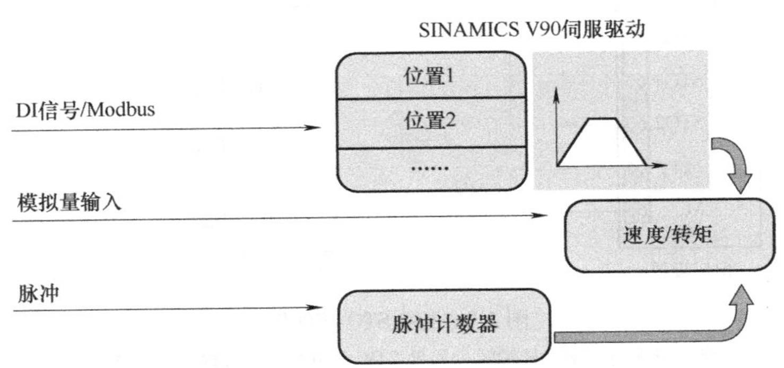

图 3-7　SINAMICS V90 脉冲版本控制结构图

SINAMICS V90 PN 版本集成了 PROFINET 接口，可以通过 PROFIdrive 协议与控制器（如 S7-1200）进行通信，控制结构如图 3-8 所示。

SINAMICS V90 的这两种产品都具有集成的安全转矩关断（STO）功能，防止电机意外转动。在高要求的运行状态下，STO 功能符合安全等级 SIL2/Cat. 3/PLd 的要求。该安全功能无须使用附加元件，通过 SINAMICS V90 端子激活，不支持 PROFINET/PROFIsafe。

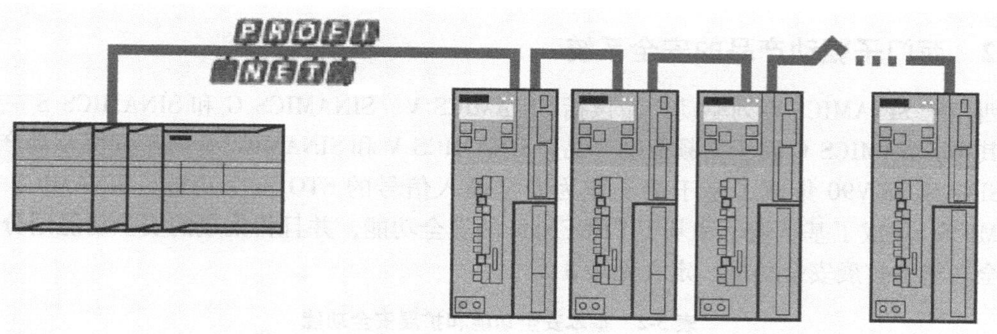

图 3-8 SINAMICS V90 PN 版本控制结构图

1）SINAMICS V90 PN 的 STO 安全功能数据。SINAMICS V90 PN 的 STO（以下简称 V90 STO）安全功能数据，见表 3-3。

表 3-3 SINAMICS V90 STO 安全功能数据表

应用标准	IEC 61508、IEC 62061、ISO 13849-1
类型	A
安全集成等级（SIL）	2
硬件故障裕度（HFT）	1
失效率（PFH）	5×10^{-8}/h

2）STO 功能选择。V90 STO 的接线图如图 3-9 所示。端子 STO1、STO+ 和 STO2 在出厂时是默认短接的。当需要使用 STO 功能时，连接 STO 接口前必须拔下接口上的短接片。若无须再使用该功能，必须重新插入短接片，否则电机一直处于 STO 生效状态无法运行。

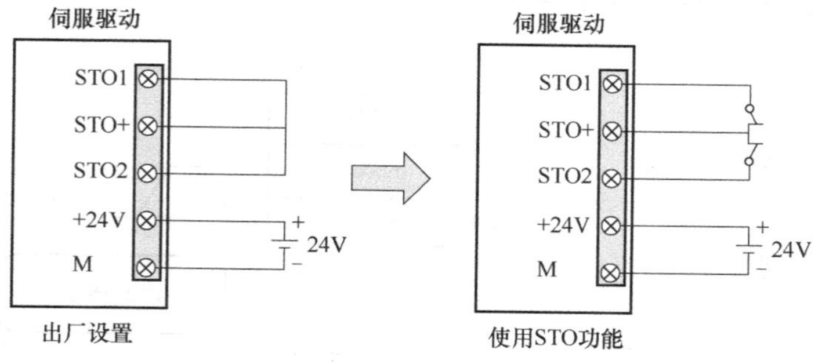

图 3-9 V90 STO 接线图

注：当伺服系统用于悬挂轴时，如果 24V 电源的正负极接反，轴将会掉落。这可能会导致人身伤害和设备损坏，因此须确保 24V 电源正确连接。

V90 的安全功能不需要设置任何参数，当 STO1 和 STO2 输入信号为低电平（常闭触点断开）时，V90 的 STO 功能激活，驱动器的转矩输出被封锁，伺服驱动器无输出。需要重新起动电机时，必须使 STO1 和 STO2 端子输入高电平（常闭触点闭合）。

如果激活 STO 时电机处于静止状态，可防止静止的电机意外起动。如果激活 STO 时电机正在旋转，电机会依靠惯性继续旋转直到静止。

3）STO功能特性。V90的STO功能特点如下：

- 选择STO功能后，驱动器便处于“安全状态”。“接通禁止”功能将驱动器锁住，阻止其重新起动。
- V90没有用于抱闸的安全功能，因此配置的抱闸是不安全的。

V90 STO信号功能特点见表3-4。

表3-4　V90 STO信号功能特点

端子		状态	动作
STO1	STO2		
高电平	高电平	安全	伺服驱动上电后伺服电动机可正常运行
低电平	低电平	安全	伺服驱动可以正常起动，但STO生效，伺服电动机不能正常运行
高电平	低电平	不安全	报警F1611，伺服电动机非安全自由停止（OFF2）
低电平	高电平	不安全	报警F1611，伺服电动机非安全自由停止（OFF2）

当STO1、STO2这两个安全信号不一致（如发生断线或短路）时，驱动器视为故障，安全功能失效，此时驱动器需要重新上电才能复位此故障。

SINAMICS V90判断安全信号STO1和STO2是否一致取决于两个信号的差异时间（见图3-10）：

- 当差异时间t_1，t_2<2s时，驱动器视为安全信号同步关断，驱动器激活STO。
- 当差异时间t_1，$t_2 \geqslant 2s$时，驱动器视为安全信号不同步关断，驱动器报F1611，同时OFF2停止。

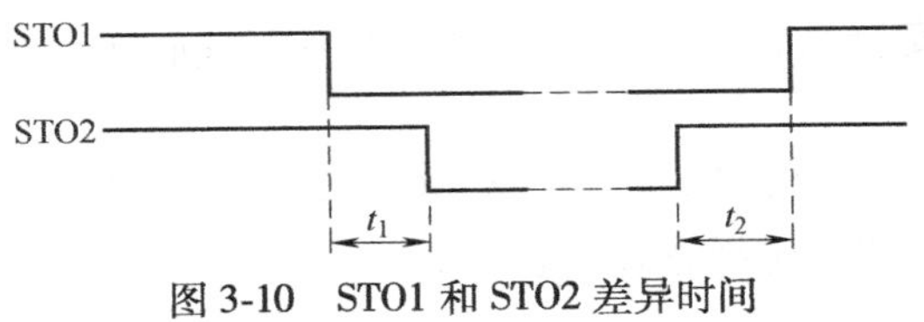

图3-10　STO1和STO2差异时间

注意：SINAMICS V90的安全监测通道STO1和STO2没有输入滤波功能，当具有诊断脉冲输出的安全F-DQ连接到STO1和STO2时，将导致电机不正常停机。

4）STO的响应时间。对于200V系列伺服驱动，其STO功能的最长响应时间为15ms；对于400V系列伺服驱动，其STO功能的最长响应时间为5ms。

5）强制潜在故障检查（test stop）。为满足标准ISO 13849-1中关于及时发现故障的要求，每隔一段时间就要检查两条关断路径能否正常工作。为此，必须通过手动或自动地触发强制检查。

V90通过内置强制检查定时器实现强制检查功能，可在设备运行8760h后驱动器将输出报警，提示进行关断检查。每当激活STO后强制检查定时器将被重置。

（2）SINAMICS S210的安全系统硬件

SINAMICS S210伺服驱动器是一款单轴AC/AC驱动器，是具有高品质、连线牢固和性能先进的运动控制应用产品。其具有以下特点：

• 为高动态运动应用控制而设计，例如，物流行业中的包装应用等。

• 由 SINAMICS S210 伺服驱动器和 1FK2 电机组成了新的伺服系统。伺服电动机是高动态型或紧凑型的，并且只用一根电缆来连接驱动器和电机，即所谓的“One-Cable-Connection”接线。

SINAMICS S210 支持的基本安全功能包括 STO、SBC 和 SS1-t，包含在驱动器的标准配置中。扩展安全功能包括 SS1-a、SOS、SS2、SLS、SSM、SDI、SLA 和 SBT，不包含在驱动器的标准配置中，使用扩展安全功能需要获得许可证，获得许可证后便可使用驱动器的所有扩展安全功能，每台驱动器需要一个许可证。

1）SINAMICS S210 安全功能数据。SINAMICS S210 的安全功能数据，见表 3-5。

表 3-5 SINAMICS S210 安全功能数据

应用标准	IEC 61508、IEC 62061、ISO 13849-1
安全集成等级（SIL）	2
性能等级（PL）	d
失效率（PFH）	5×10^{-8}/h

2）PROFIsafe 安全报文。F-PLC 可以通过驱动的 PROFIsafe 安全报文实现驱动的安全功能控制。SINAMICS S210 的安全集成功能可使用的安全报文有 PROFIsafe 报文 30 和 PROFIsafe 报文 901。如果要使能 Safety Integrated Extended Functions SS2E（p9501. 18 = 1）或“通过 PROFIsafe 传输 SLS 限值”（p9501. 24 = 1），务必要使用 PROFIsafe 报文 901。在西门子网站上提供了 TIA 博途用于此功能的故障安全库 LDrvSafe，此库可用于 SINAMICS G 和 SINAMICS S 系列产品的安全功能。下载链接为 https://support. industry. siemens. com/cs/cn/zh/view/109485794/en。

3）SINAMICS S210 安全功能选择。SINAMICS S210 可以通过 PROFIsafe 和/或故障安全输入（F-DI）选择安全功能，选择方式见表 3-6。

表 3-6 SINAMICS S210 安全功能选择

	F-DI	PROFIsafe
SS1	√	√
STO	√	√
SS2	×	√
SOS	×	√
SLS	×	√
SDI	×	√
SLA	×	√

注：√表示支持，×表示不支持。

从表3-6可以看出，只有基本安全功能可以通过F-DI进行选择。此外，无法将SBC作为独立的功能选择，在选择STO的同时将激活SBC（若已使能）。为了使SBC生效，必须在调试中使能该功能。

4）SINAMICS S210安全功能特性。

- STO

选择STO功能后，驱动器便处于“安全状态”。“接通禁止”功能将驱动器锁住，阻止其重新起动。

- SS1

SINAMICS S210还支持一种基本安全功能中的SS1E-t，是带外部停止的SS1，与SS1-t的区别是，选择SS1后驱动器不会沿着OFF3斜坡制动，是通过上位控制系统的用户程序使驱动停止，在延迟时间到后自动触发STO。

SS1E-t安全功能可用于多个驱动器有机械连接的驱动组，在这种情况下，OFF3斜坡上的驱动自控制动可能对设备有害。

- SLS

SINAMICS S210的SLS安全功能有4个限值级可供使用，在运行中可在这些限值级之间切换。此外，可以在运行期间通过PROFIsafe设定可变的限值。

5）强制潜在故障检查（test stop）。可通过参数p9659设置两次验收测试（强制潜在故障检查）最长间隔，其被预设为8760h（即1年）。为了满足标准ISO 13849-1和IEC 61508中关于及时检测故障的要求，驱动必须定期检查安全功能回路能否正常工作，至少一年一次。每当激活STO后，强制检查定时器将被重置。

6）安全功能的验收测试（acceptance test）。ISO 13849-8和IEC 62061中提到通过几个方面来验证安全系统的可靠性。验证的目的是证实所实施的安全功能是否能够达到降低风险的要求，从而保障机器长期是安全的。

验证包括对正确实现要求的核查、应用软件的功能测试以及实现功能可靠性的核实。进行功能测试以及选择模拟故障（故障测试）可以证明所实施的安全功能是否为正确的，测试结果记录在安全功能验收测试报告中。

通过Startdrive Advanced可实现对SINAMICS S210的安全功能的验收测试。执行安全功能的验收测试时要注意以下事项：

- 必须为使用的每个功能和配置的每项控制单独执行验收测试。
- 对安全功能进行验收测试时，要尽量使用设备允许的最大速度和最大加速度进行测试，这样可以确定设备需要的最长制动距离和制动时间。
- 设备上同时有基本安全功能和扩展安全功能时，要为这两种安全功能单独执行验收测试。
- 完成集成安全功能的调试后必须进行验收测试（该验收测试报告不是系统安全等级评估的报告）。

2. 软件介绍

当SINAMICS驱动产品通过与安全PLC（如S7-1500F）的PROFIsafe安全通信实现安全功能时，需要安装以下软件：

- STEP 7 Professional V15.1。

- STEP 7 Safety Advanced V15.1。
- SINAMICS Startdrive V15.1。

SINAMICS Startdrive 不仅可以设置驱动的相关安全参数，也可用于调试、诊断和控制驱动设备。SINAMICS Startdrive V15.1 包含 SINAMICS Startdrive Basic V15.1 和 SINAMICS Startdrive Advanced V15.1 两个版本，它们是同一个软件包，区别是 SINAMICS Startdrive Advanced 除了具有 SINAMICS Startdrive Basic 的功能外增加了一些附加功能，如安全功能的验收测试，当需要使用 SINAMICS Startdrive Advanced 的这些附加功能时需要它的许可证。

3.2 SINAMICS V90 的安全功能实现方法

本节将通过示例介绍 V90 STO 安全功能的实现方法。示例项目中软硬件清单见表 3-7。

表 3-7 V90 STO 安全功能示例项目软硬件清单

设备类型	设备型号	订货号
F-PLC	CPU 1215FC DC/DC/DC	6ES7215-1AF40-0XB0
F-DI	SM1226，F-DI 16×24VDC	6ES7226-6BA32-0XB0
F-DQ	SM1226，F-DQ 2×Relay	6ES7226-6RA32-0XB0
驱动器	SINAMICS V90 PN	6SL3210-5FB10-1UF0
伺服电动机	SERVOMOTOR 1FL6	1FL6022-2AF21-1AG1
TIA 博途软件	STEP 7 Professional V15.1	6ES7823-1AA05-0YA5
安全包	STEP 7 Safety Advanced V15.1	6ES7833-1FA15-0YA5

功能说明如下：

- S7-1200F 通过 PROFINET 控制 V90 起动/停止，以及故障复位，这部分控制程序属于 SINAMICS V90 的标准功能，本书不做介绍，读者参考相关资料即可。
- 急停按钮作为安全功能输入信号，通过 S7-1200F 安全程序控制 F-DQ 输出触发 V90 STO 功能，实现安全停止。
- 安全系统的安全完整性等级按照 V90 STO 安全功能所能达到的 SIL2 进行设计。

选型说明如下：

S7-1200 有两个型号的 F-DQ 模块，F-DQ 4×24VDC 是晶体管输出，F-DQ 2×Relay 是继电器输出，因为晶体管输出的模块是 PM 类型输出，不能用于有公共端的负载，而 SINAMICS V90 的两个 F-DI 输入端子 STO1 和 STO2 是通过公共端 M 作为信号的输入，如图 3-9 所示，因此不能使用。而两通道的 F-DQ 2×Relay 是干接点输出，可以直接用于 V90 STO 安全功能的控制。系统结构如图 3-11 所示。

3.2.1 硬件组态

在 TIA 博途软件安装时没有集成 SINAMICS V90 PN，在 TIA 博途软件中有两种方式添加

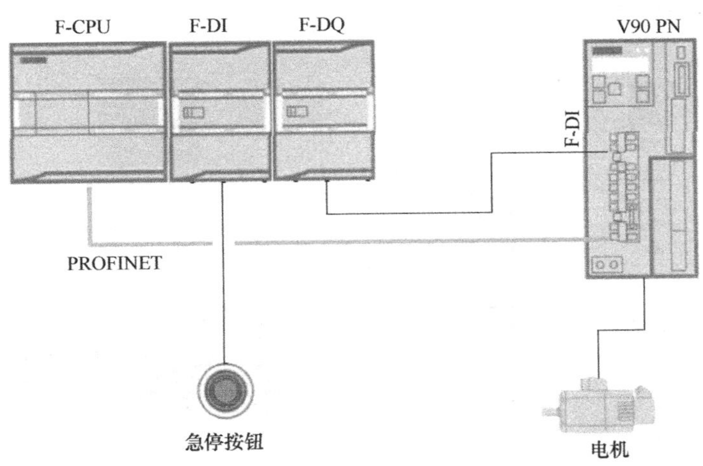

图 3-11　SINAMICS V90 安全功能控制系统结构图

SINAMICS V90 PN 实现对 SINAMICS V90 的组态。

- 通过安装硬件支持包（HSP），可以与支持等时同步的 PLC（如 S7-1500）实现 PROFINET IRT 通信。
- 安装 SINAMICS V90 PN 的 GSD 文件，可以与 PLC 实现 PROFINET RT 通信。

因为 S7-1200 不支持 PROFINET IRT，所以只能通过第二种方式实现与 SINAMICS V90 PN 的 PROFINET 通信组态。

下面介绍具体组态步骤。

1. 组态 S7-1200F

创建新项目，本示例项目名称为 V90 STO。

在项目视图的项目树中，双击“添加新设备”，如图 3-12 所示，随即打开“添加新设备”对话框，对话框操作如图 3-13 所示。

① 设置设备名称：PLC_1。

② 选择“CPU 1215FC DC/DC/DC→6ES7 215-1AF40-0XB0”。

③ 选择 PLC 版本：所选择的版本要与使用的 PLC 实际版本一致。

④ 单击“确定”按钮执行添加。

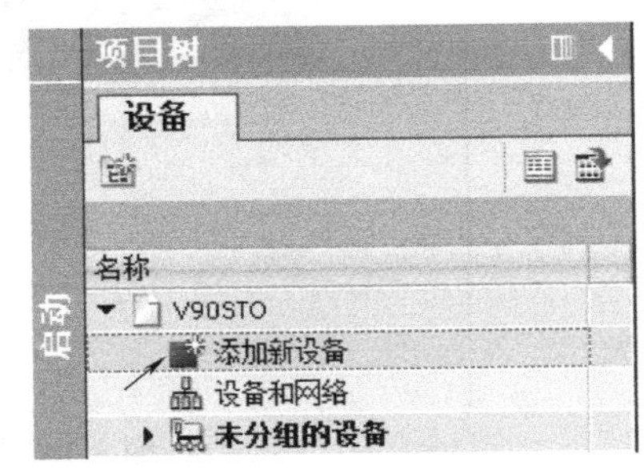

图 3-12　选择“添加新设备”

设置 CPU 1215FC 的 IP 地址及 Safety Administration 参数设置请参考第 2 章，本示例中设置 CPU 1215FC 的 IP 地址为 192. 168. 0. 122。

配置完 CPU，在 S7-1200 站点的设备视图中添加 F-DI 模块和 F-DQ Relay 模块，如图 3-14 所示。

① 添加 F-DI 8/16×24VDC 到 2 号槽。

② 添加 F-DQ 2×Relay 到 3 号槽。

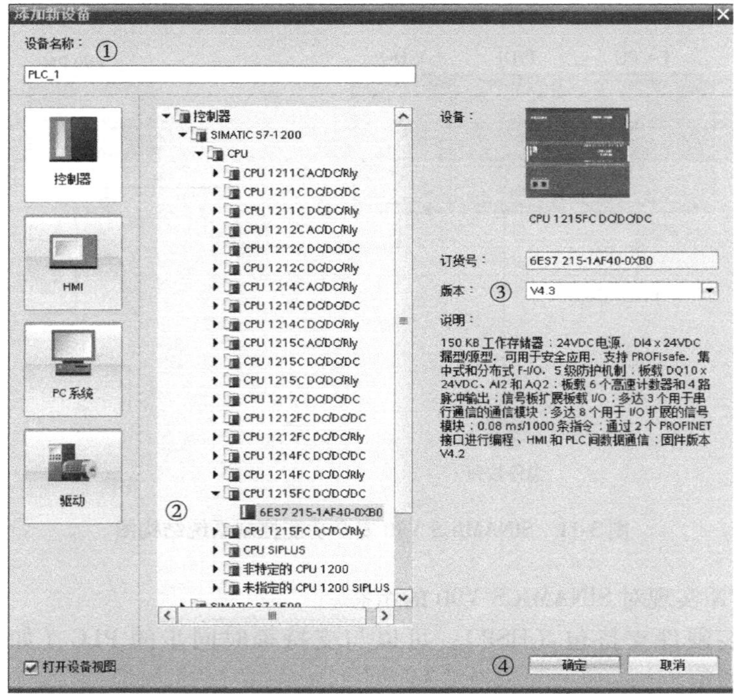

图 3-13　“添加新设备”对话框

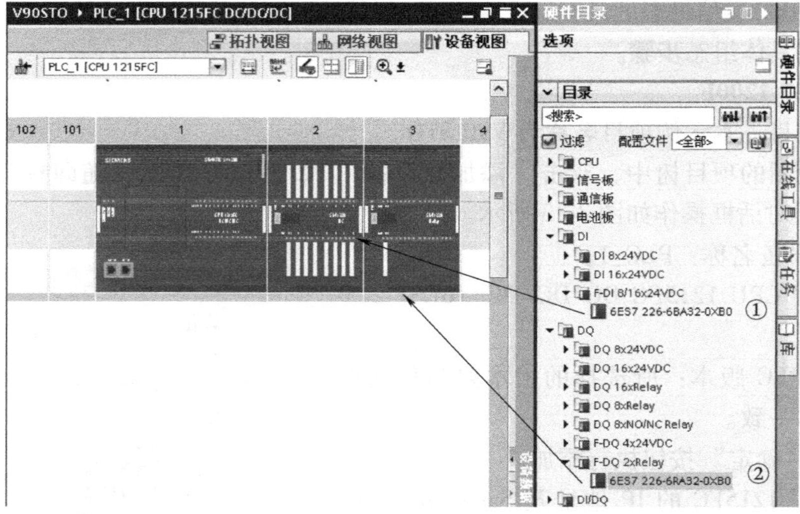

图 3-14　添加 F-DI 和 F-DQ Relay 模块

2. F-DI 8/16×24VDC 接线及组态

（1）硬件接线

F-DI 与急停按钮接线如图 3-15 所示。急停按钮具有两个常闭触点（2×NC），按照 1oo2 传感器评估方式接入到 F-DI 模块的通道 0 和通道 8，通道供电采用外部供电方式，可达到安全完整性等级 SIL2。

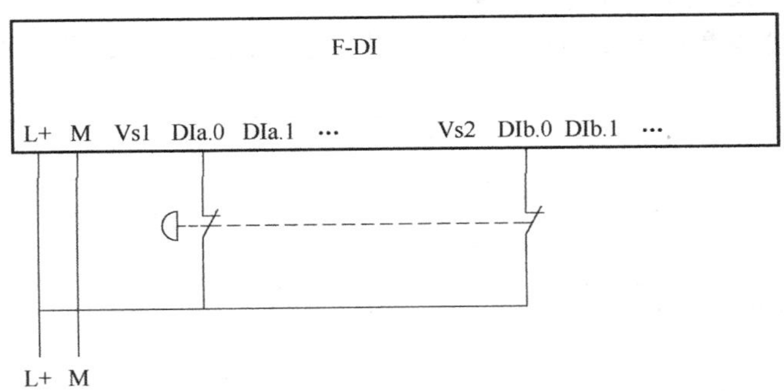

图 3-15　F-DI 与急停按钮接线示意图

（2）硬件组态

模块安全参数设置如图 3-16 所示。

F-parameters

☐ Manual assignment of F-monitoring time	
F-monitoring time:	150 ms
F-source address:	1
F-destination address:	65534
F-parameter signature (with addresses):	9409
F-parameter signature (without addresses):	7705
Behavior after channel fault:	Passivate channel ①
Reintegration after channel fault:	Adjustable ②
RIOforFA safety:	Yes
PROFIsafe mode:	V2 mode
PROFIsafe protocol version:	Expanded protocol (XP)
☐ F-I/O DB manual number assignment	
F-I/O DB-number:	30002
F-I/O DB-name:	F00008_F-DI8/16x24VDC_1

图 3-16　S7-1200 F-DI 模块安全参数设置

① Behavior after channel fault：S7-1200 的 F-DI 模块通道故障后行为支持“钝化故障通道”，所以此参数不可设。

② Reintegration after channel fault：模块的去钝化方式，有以下 3 项可选择：

- “Adjustable”：可在通道中单独设置；
- “All channels automatically”：所有通道为自动去钝化；
- “All channels manually”：所有通道为手动去钝化。

本示例中选择“Adjustable”。

模块其他安全相关参数设置请参考第 2 章。

F-DI 通道的安全参数设置要与接线设计一致，通道的安全参数设置如图 3-17 所示。

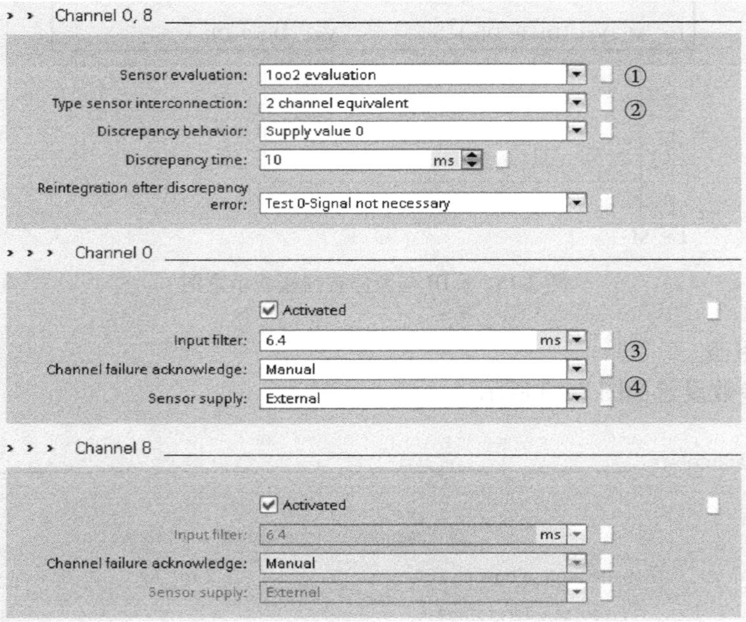

图 3-17　F-DI 通道的安全参数设置

① Sensor evaluation：1oo2 evaluation，选择双通道评估。

② Type sensor interconnection：2 channel equivalent，选择双通道对等（2×NC）连接方式。

③ Channel failure acknowledge：Manual，选择去钝化模式为手动去钝化，当通道因故障（如差异错误）钝化后，需要通过去钝化程序触发去钝化。

④ Sensor supply：External，选择供电方式为外部供电，则通道无短路检测。

其他参数可设为默认设置，或根据需要做适当调整，详细说明可参考第 2 章。

3. F-DQ 2×Relay 接线及组态

（1）硬件接线

将 F-DQ Relay 的通道 0 的两个干接点 A、B 分别与 SINAMICS V90 的 STO2、STO1 连接，两个干接点的公共端 1L、2L 与 SINAMICS V90 的 STO 输入的供电端子 STO+相连，如图 3-18 所示。

（2）硬件组态

F-DQ Relay 继电器输出模块因为是干接点输出，没有故障检测功能，所以在模块安全参数中没有通道故障钝化行为设置和去钝化方式设置。通道的安全参数设置如图 3-19 所示。

① Relay continuous on time limit：继电器连续接通的时间限制，可设范围为 1～366 天。当继电器输出时开始计时，连续接通时间超出设置限值时，输出将自动断开。在安全完整性等级 SIL3 的安全系统中可设置高达 30 天，SIL2 的安全系统中可设置到 366 天。本示例中安全系统的安全完整性等级为 SIL2，设为 365 天。

② 激活使用的通道 0。

示例中数字量输入和数字量输出通道的地址及变量名定义参考表 3-8。

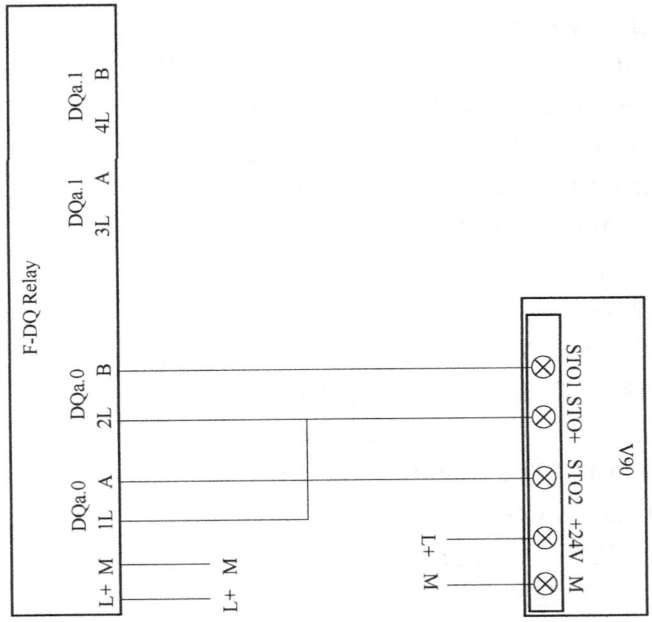

图 3-18　F-DQ Relay 与 V90 STO 接线示意图

DQ parameters
Relay continuous on time limit: 365 days ①
Channel 0
Activated ②
Channel failure acknowledge: Manual
Channel 1
Activated
Channel failure acknowledge: Manual

图 3-19　F-DQ Relay 通道安全参数设置

表 3-8　IO 地址分配及变量定义

变量名称	IO 地址	说明
ESTOP_1	I8.0	急停按钮
ESTOP_1vs	I10.0	I8.0 通道的值状态诊断
Motor_1	Q17.0	V90 STO 控制输出
Motor_1vs	I17.0	Q17.0 通道的值状态诊断
ACK	I0.0	去钝化按钮
WriteLamp	Q0.1	去钝化请求指示灯
RedLamp	Q0.0	安全通道故障指示灯

4. 组态 SINAMICS V90 PN

（1） 添加 SINAMICS V90 PN

安装了 SINAMICS V90 PN 的 GSD 文件后，可在 TIA 博途软件的网络视图中硬件目录通过路径“其他现场设备→PROFINET IO→Drives→SIEMENS AG→SINAMICS”找到 SINAMICS V90 PN，如图 3-20 中箭头所示，选中后拖拽到网络视图中。

（2） 选择 IO 控制器

添加了 SINAMICS V90 PN 后在网络视图中为 SINAMICS V90 PN 选择 IO 控制器。鼠标左键单击 SINAMICS V90 PN 中蓝色字体“未分配”，在弹出黄色窗口中，用鼠标左键单击“PLC_1. PROFINET 接口_1”，将选择 PLC_1 作为 SINAMICS V90 PN 的 IO 控制器，如图 3-21 所示，选择 IO 控制器之后，PLC 与 SINAMICS V90 PN 之间将建立起 PROFINET 连接，如图 3-22 所示。

（3） 设置 SINAMICS V90 PN 的 IP 地址和设备名称

在 SINAMICS V90 PN 设备的以太网接口的属性窗口中选中“以太网地址”，可在右侧参数窗口中设置 SINAMICS V90 PN 的 IP 地址、设备名称以及设备编号，如图 3-23 所示。

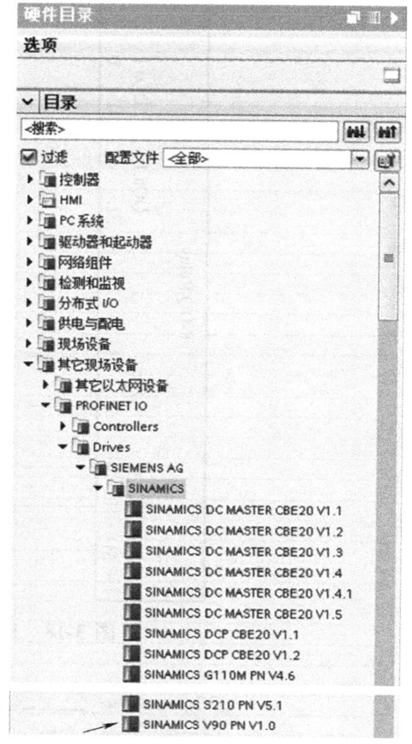

图 3-20　SINAMICS V90 PN 在网络视图中的硬件目录所在路径

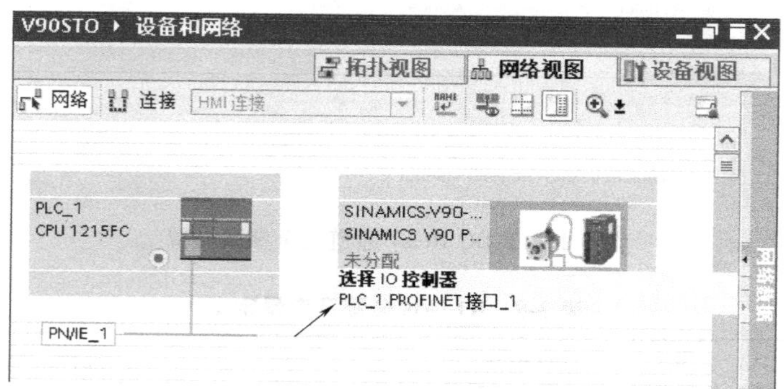

图 3-21　为 SINAMICS V90 PN 选择 IO 控制器

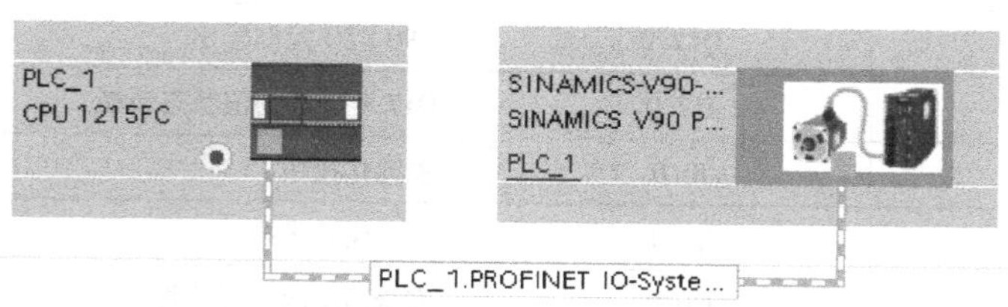

图 3-22　SINAMICS V90 PN 已选择 IO 控制器

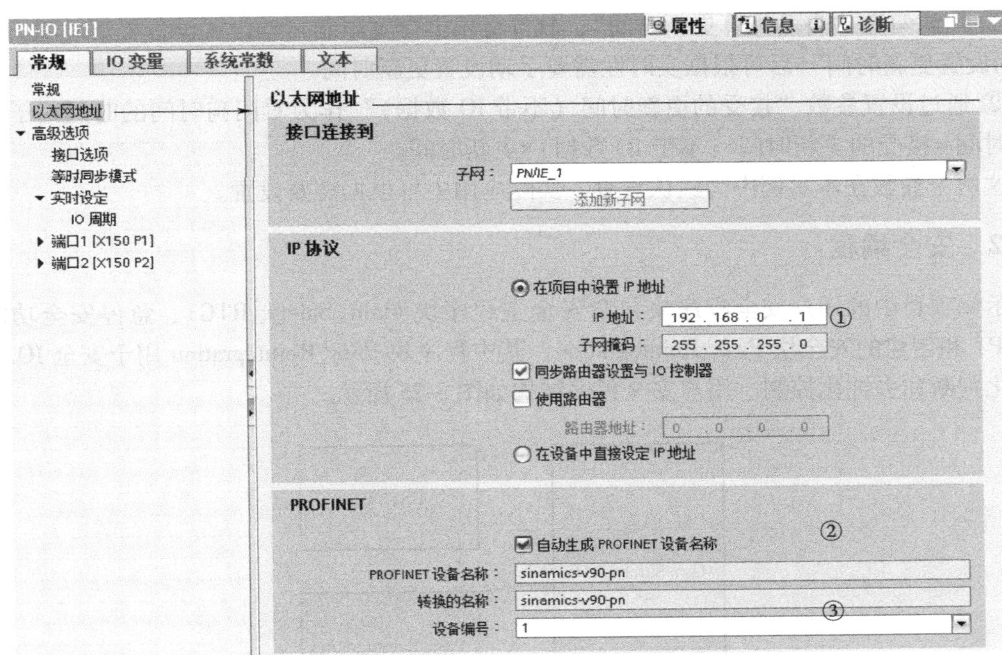

图 3-23　设置 SINAMICS V90 PN 的以太网地址

① 为 SINAMICS V90 PN 选择了 IO 控制器之后将自动分配一个与作为 IO 控制器的 PLC 相同网段的 IP 地址，也可手动修改，本示例采用自动分配的 IP 地址 192. 168. 0. 1。

② 默认勾选“自动生成 PROFINET 设备名称”，软件会根据设备类型名称自动为 SINAMICS V90 PN 设置一个设备名称：SINAMICS-V90-PN，也可取消勾选进行手动设置，本示例采用自动设置的设备名称。

③ 设备编号范围为 1~255，可手动设置，本示例设置为 1。

(4) 设置 SINAMICS V90 PN 的 PROFINET 更新时间

同样，在 SINAMICS V90 PN 设备的以太网接口的属性窗口中选中“高级选项→实时设定→IO 周期”，在右侧的参数窗口中设置 SINAMICS V90 PN 的更新时间、看门狗时间，如图 3-24 所示。

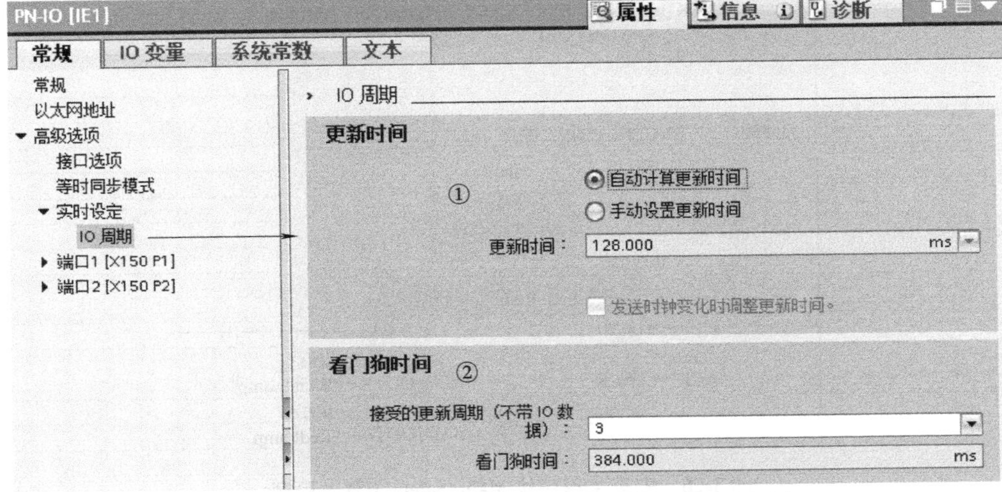

图 3-24　SINAMICS V90 PN 的 PROFINET 更新时间设置

① 默认勾选“自动计算更新时间”，软件将根据带宽限制自动设置设备更新时间，选择“手动设置更新时间”后可根据实时性需要手动设置更新时间。

② 通过设置参数“接受的更新时间（不带 IO 数据）”作为看门狗时间的时间因子：看门狗时间=接受的更新时间（不带 IO 数据）×更新时间。

这两个参数在本示例中为默认设置，实际应用中可根据需要设置。

3.2.2 安全编程

示例项目中的用户安全程序块包含安全主程序块 Main_Safety_RTG1、急停安全功能块 ESTOP1 和创建的安全块 Pass_Reintegration，其中程序块 Pass_Reintegration 用于安全 IO 模块的钝化判断和去钝化控制。用户安全程序结构如图 3-25 所示。

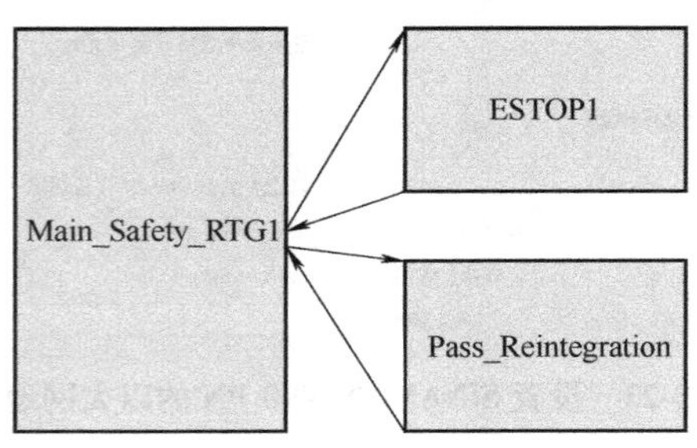

图 3-25 用户安全程序结构图

安全主程序块 Main_Safety_RTG1 的程序如图 3-26 所示。

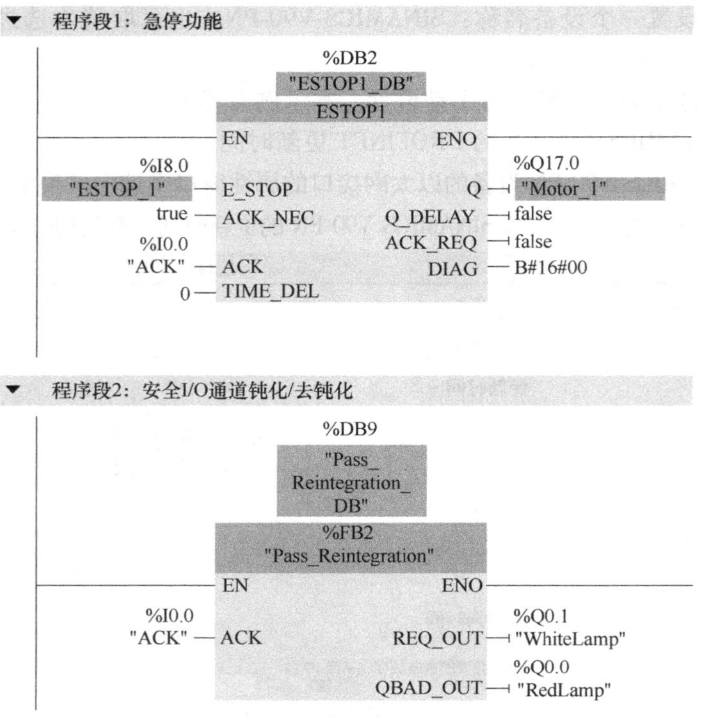

图 3-26 安全主程序块 Main_Safety_RTG1 程序

其中安全程序块 Pass_Reintegration 的程序如图 3-27 所示。

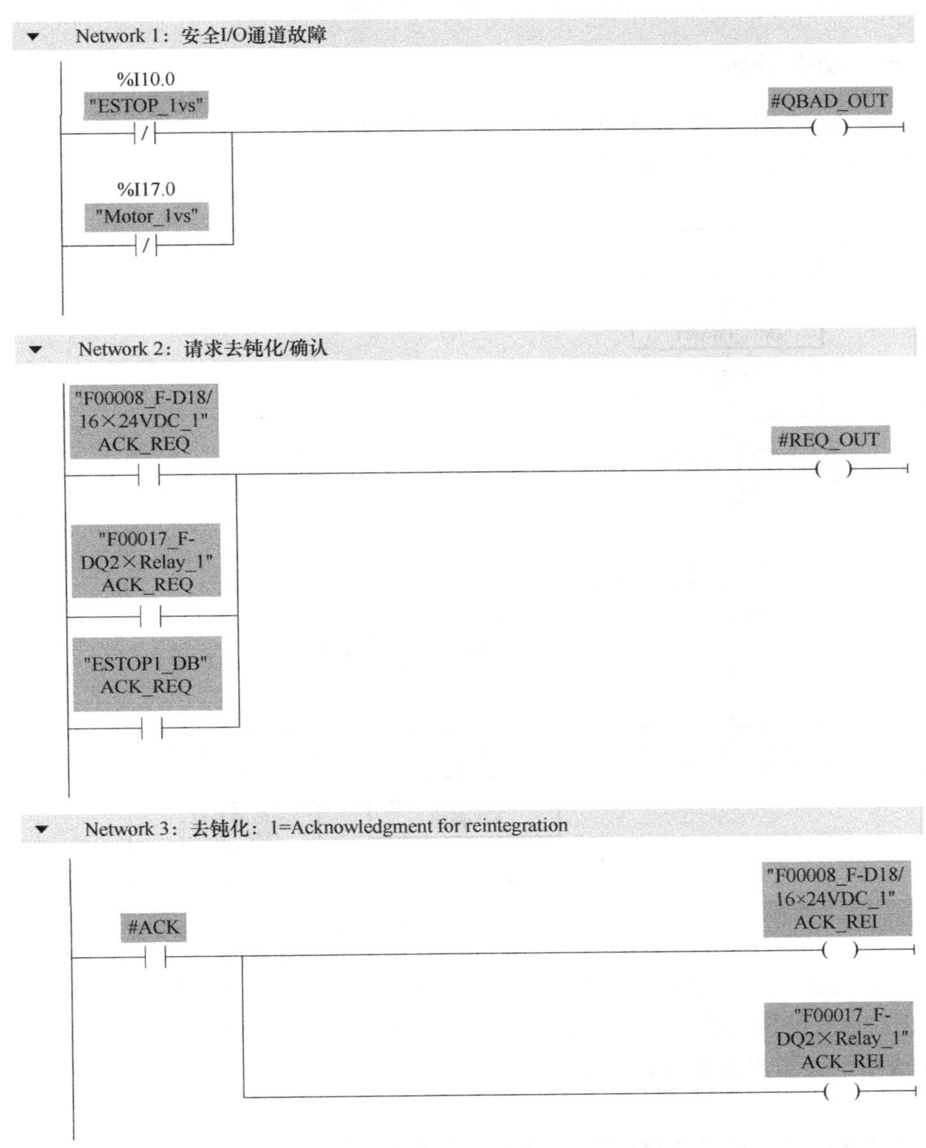

图 3-27　安全程序块 Pass_Reintegration 程序

下面是 Pass_Reintegration 程序说明。

程序段 1：通过安全 I/O 通道的值状态地址诊断安全通道的状态，值状态为 0 是表示通道故障。

程序段 2：F-DI 模块和 F-DQ 模块的 F-I/O DB 中的变量 ACK_REQ 为 1 时表示通道故障恢复，请求去钝化；急停安全程序块 ESTOP1 的输出 ACK_REQ 为 1 时表示急停按钮已复位，请求确认。这些 ACK_REQ 只要有一个为 1 时通过指示灯提示现场操作人员可通过 ACK 按钮去钝化/确认。

程序段 3：当安全 I/O 模块的故障恢复后 ACK_REQ 为 1 时，按下 ACK 按钮可去钝化安全模块。

程序编写完成后，将 PLC 的硬件和软件编译后下载。

3.2.3 安全功能调试

通过按下急停按钮可触发 SINAMICS V90 的 STO 功能。

其 STO 功能的触发及恢复可参考图 3-28。

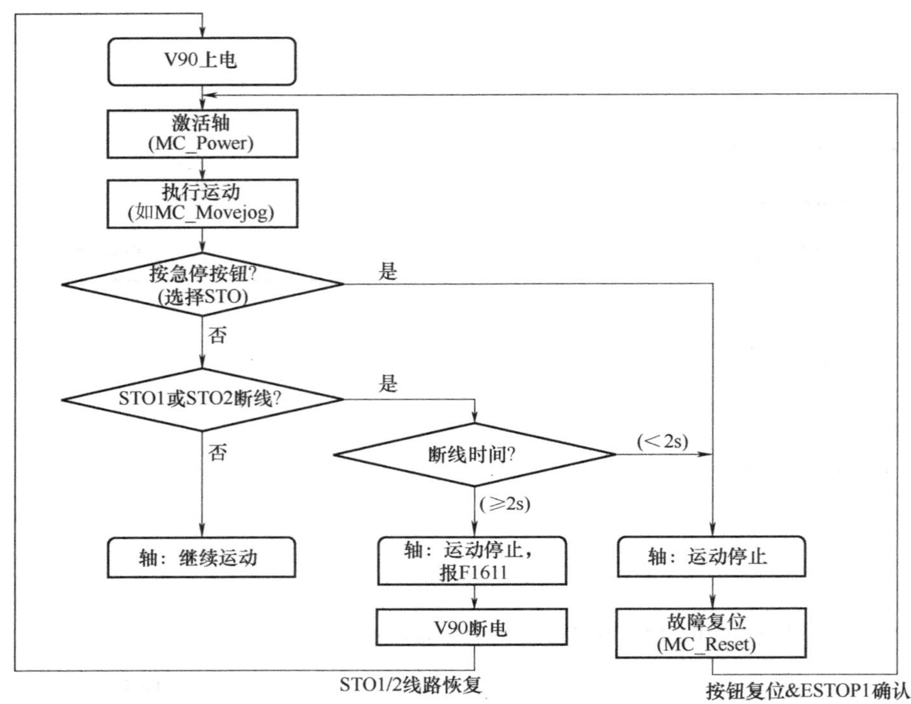

图 3-28 V90 STO 功能顺序图

从图 3-28 可以看出，无论是急停按钮，还是 SINAMICS V90 的 STO 断线故障造成的电机运动停止，在急停按钮或 V90 STO 信号恢复后都不会造成电机直接重新起动，需要执行 MC_Reset 或断电操作才能重新起动电机。

3.3 SINAMICS S210 的安全功能实现方法

因为 SINAMICS S210 的安全功能均可由安全程序触发，本节将依然以 STO 安全功能为例介绍 SINAMICS S210 安全功能的实现方法。示例项目中软硬件清单参考表 3-9。

表 3-9 SINAMICS S210 安全功能示例项目软硬件清单

设备类型	设备型号	订货号
F-PLC	CPU 1518F-4PN/DP	6ES7518-4FP00-0AB0
IM	IM155-6 PN HF	6ES7155-6AU00-0CN0
F-DI	F-DI 8×24VDC HF	6ES7136-6BA00-0CA0

（续）

设备类型	设备型号	订货号
DI	DI 8×24VDC HF	6ES7131-6BF00-0CA0
DQ	DQ 8×24VDC/0.5A HF	6ES7132-6BF00-0CA0
驱动器	SINAMICS S210 PN	6SL3210-5HB10-1UF0
同步电机	SIMOTICS S-1FK2	1FK2102-1AG01-0CA0
TIA 博途软件	STEP 7 Professional V15.1	6ES7823-1AA05-0YA5
安全包	STEP 7 Safety Advanced V15.1	6ES7833-1FA15-0YA5
驱动包	Startdrive Advanced V15.1	6SL3072-4FA02-0XA5

功能说明如下：

- CPU 1518F 通过 PROFINET IRT 通信控制 S210。
- 通过标准报文 105 实现对 SINAMICS S210 的运动控制，控制 SINAMICS S210 起动/停止，以及故障复位，这部分控制程序属于 SINAMICS S210 的标准功能，这里不再详细介绍，读者可参考相关资料。
- 通过 PROFIsafe 安全报文 30 实现 SINAMICS S210 的安全功能。
- 急停按钮连接 ET200SP F-DI 作为安全功能 SS1 的输入信号。
- 安全系统是按照 SINAMICS S210 的安全功能所达到的 SIL2 进行设计的。

3.3.1　硬件组态

在 TIA 博途软件安装时没有集成 SINAMICS S210 PN，在 TIA 博途软件中有两种方式添加 SINAMICS S210 PN。一种是通过安装 Startdrive 软件包，另外一种是安装 SINAMICS S210 PN 的 GSD 文件，本示例通过安装 Startdrive 组态 SINAMICS S210，可以实现驱动器的在线调试、参数设置及验收测试。系统结构如图 3-29 所示。

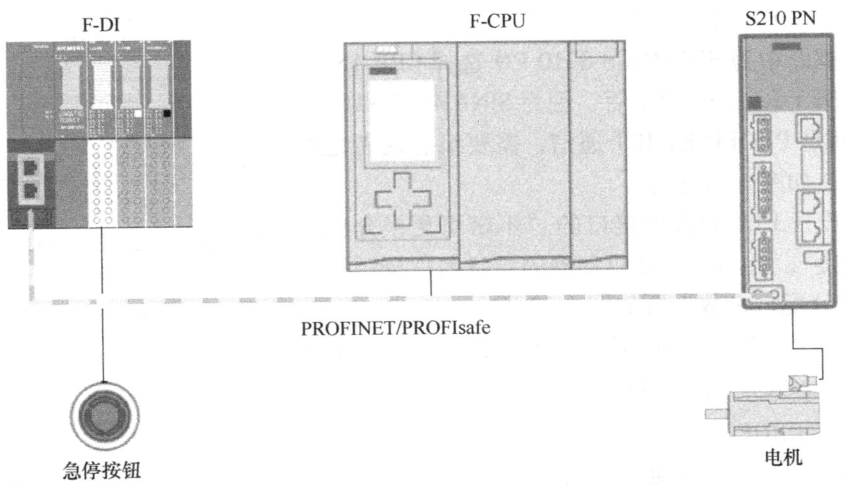

图 3-29　SINAMICS S210 安全功能控制系统结构图

下面介绍具体组态步骤。

1. 组态 S7-1500F

创建新项目，本示例项目名称为 SINAMICS S210safety。组态 S7-1500 PLC 的步骤请参考第 2 章。

2. 组态 ET200SP

组态 ET200SP 的步骤请参考第 2 章。

示例中数字量输入和数字量输出通道的地址及变量名定义见表 3-10。

表 3-10 IO 地址分配及变量定义

变量名称	IO 地址	说明
ESTOP_1	I0.0	F-DI 模块输入点，急停按钮，S210 的 STO 选择
ESTOP_1vs	I1.0	F-DI 模块 I0.0 通道的值状态
ACK	I6.0	DI 模块输入点，去钝化按钮
WhiteLamp	Q4.0	DQ 模块输出点，去钝化请求指示灯
RedLamp	Q4.1	DQ 模块输出点，安全通道故障指示灯

3. 组态 SINAMICS S210 PN

（1）添加 SINAMICS S210 PN

在 TIA 博途软件中安装了 Startdrive 后，可在 TIA 博途软件的网络视图中硬件目录通过路径“驱动器和起动器→SINAMICS 驱动→SINAMICS S210”找到 SINAMICS S210 PN，可根据实际的驱动器型号选择相应的 SINAMICS S210，再通过拖拽进行添加，如图 3-30 中箭头所示。

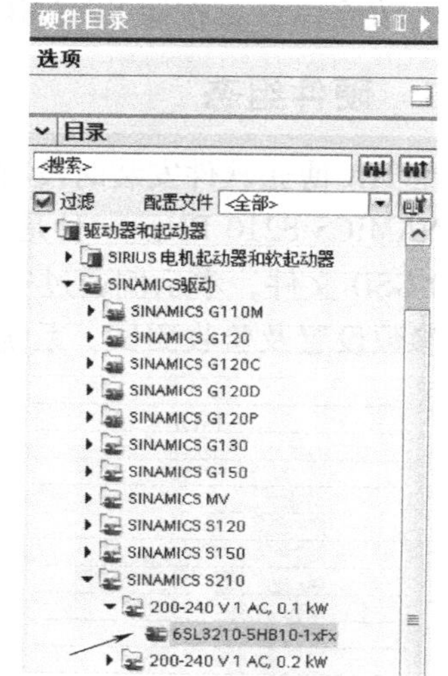

图 3-30 SINAMICS S210 PN 在网络视图中的硬件目录所在路径

（2）选择 IO 控制器

在网络视图中为 SINAMICS S210 PN 选择 CPU 1518F 作为 PROFINET IO Controller 后，因为 SINAMICS S210 与 S7-1500 之间是 PROFINET IRT 通信，需要组态两者之间的拓扑连接，如图 3-31 所示。

同时可设置 PLC 以太网接口的“不带可更换介质时支持设备更换”，此功能可使驱动器的设备名称按照拓扑组态由 PLC 分配，参数设置如图 3-32 所示。

SINAMICS S210 的 PROFINET 通信参数设置及轴工艺对象的组态在本示例中不做具体介绍，读者可参考相关资料。

（3）组态 PROFIsafe 安全报文

在 SINAMICS S210 的属性窗口中，选择“PROFINET 接口［X150］→报文配置”，在“报文配置”窗口中单击“添加报文”，选择“添加 Safety Integrated 报文”，添加“PROFIsafe 标准报文 30”，如图 3-33 所示。

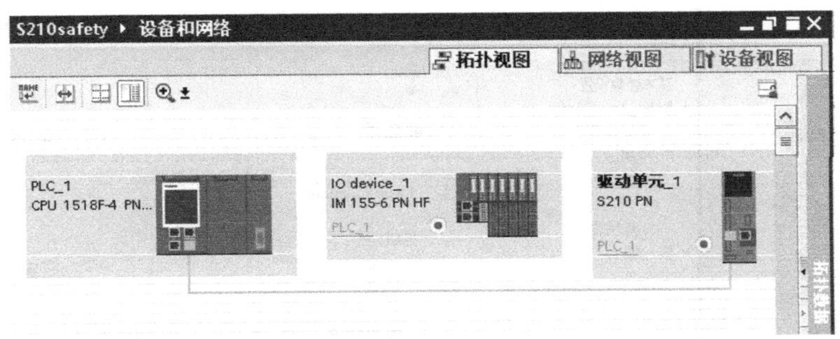

图 3-31　S7-1500 和 SINAMICS S210 之间的拓扑组态

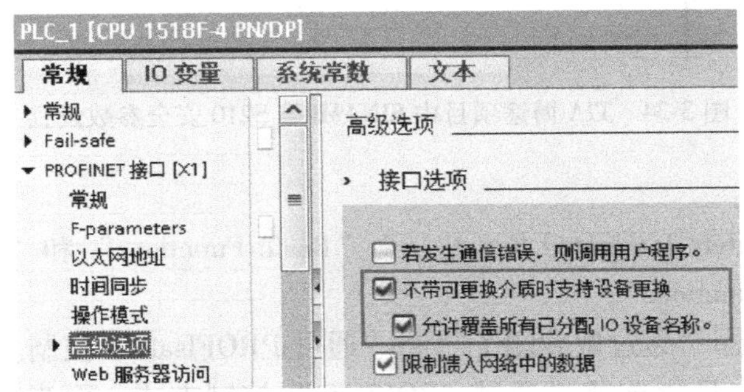

图 3-32　设置“不带可更换介质时支持设备更换”

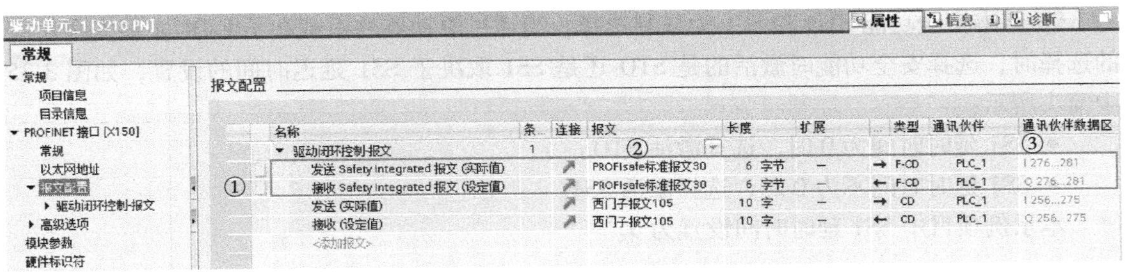

图 3-33　组态 PROFIsafe 安全报文

图 3-33 说明如下：

① 在此添加 PROFIsafe 安全报文。

② PROFIsafe 安全报文选择，可选择安全报文 30 或选择安全报文 901，本示例选择安全报文 30。

③ 安全报文输入/输出地址，输入地址为驱动器的安全报文的状态字，输出地址为驱动器的安全报文的控制字，用于驱动故障安全库 LDrvSafe 的控制和状态访问。

(4) SINAMICS S210 故障安全参数设置

打开 SINAMICS S210 “参数” 设置界面，选择 “Safety Integrated→功能选择”，参数设置如图 3-34 所示。

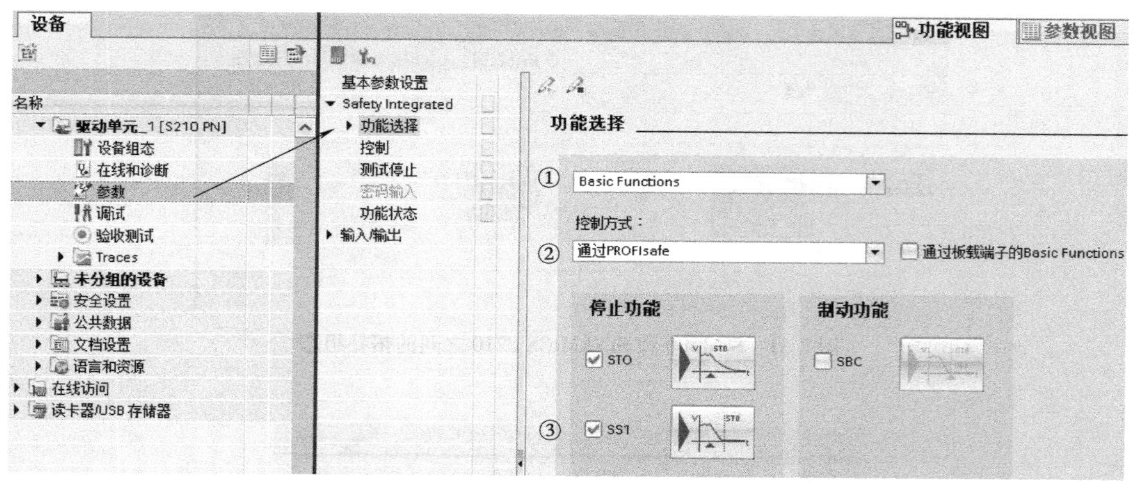

图 3-34　TIA 博途项目中 SINAMICS S210 安全参数设置

图 3-34 说明如下：

① 可选择“无 Safety Integrated Functions”“Basic Functions”和“Extended Functions”，本示例选择“Basic Functions”。

② 控制方式可选择“通过板载端子”和“通过 PROFIsafe”控制。当功能选择为“Extended Functions”时，只能选择“通过 PROFIsafe”控制方式；而当控制方式选择“通过 PROFIsafe”时，同时还可以勾选“通过板载端子的 Basic Functions”实现基本安全功能既可由 PROFIsafe 控制，也可由板载端子 F-DI 控制。默认该选项为未勾选。

③ 基本安全功能 STO 和 SS1 为强制选择，当通过驱动器的板载端子 F-DI 实现安全功能的选择时，选择安全功能时激活的是 STO 还是 SS1 取决于 SS1 延迟时间的设置，如图 3-35 中箭头所示：

- SS1 延时时间为 0 时，选择激活 STO。
- SS1 延时时间不为 0 时，选择激活 SS1。

本示例项目中 SS1 延时时间设置为 0。

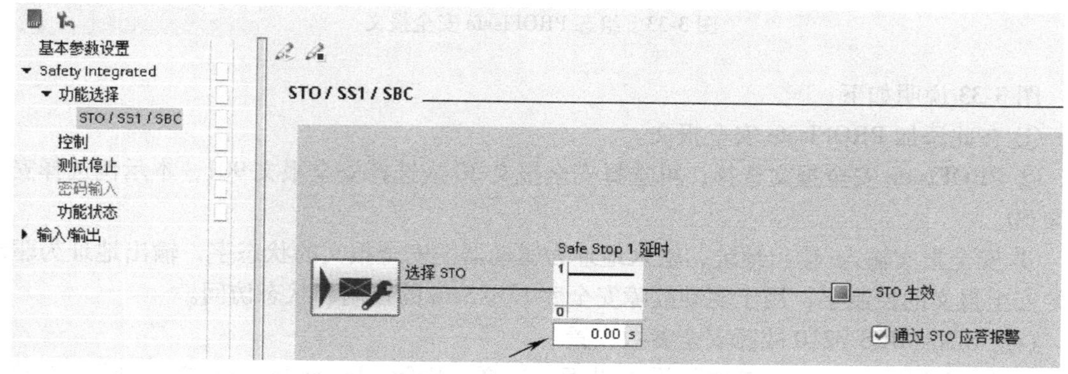

图 3-35　SS1 延时时间设置

3.3.2　安全编程

1. 添加 LDrvSafe 库

在全局库中打开下载的故障安全库 LDrvSafe，将要使用的安全程序块和安全数据类型拖拽到项目中，如图 3-36 所示。

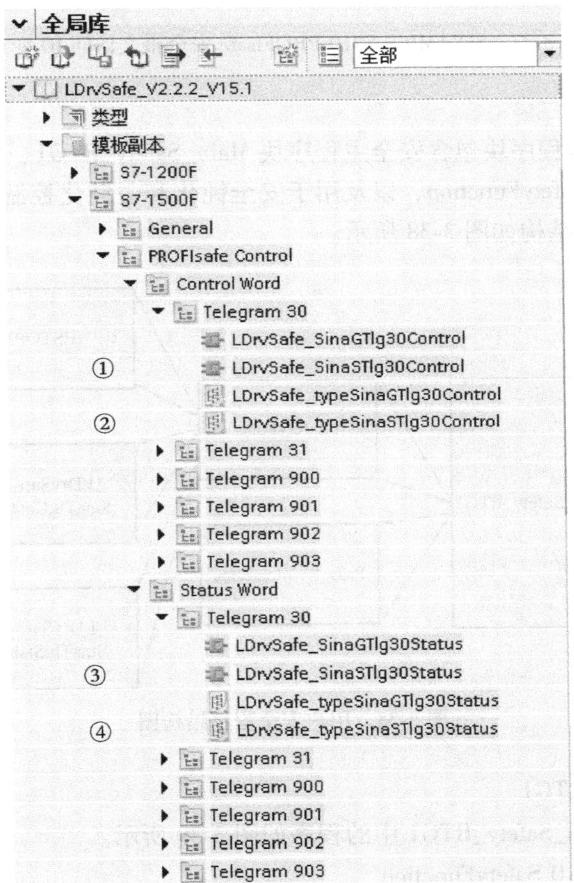

图 3-36　故障安全库 LDrvSafe

图 3-36 说明如下：

① 本项目中使用的用于 SINAMICS S 的 PROFIsafe 安全报文 30 安全控制程序块 LDrvSafe_SinaSTlg 30 Control。

② 本项目中使用的用于 SINAMICS S 的 PROFIsafe 安全报文 30 控制所对应的安全数据类型 LDrvSafe_typeSinaSTlg 30 Control。

③ 本项目中使用的用于 SINAMICS S 的 PROFIsafe 安全报文 30 安全状态程序块 LDrvSafe_SinaSTlg 30 Status。

④ 本项目中使用的用于 SINAMICS S 的 PROFIsafe 安全报文 30 状态所对应的安全数据类型 LDrvSafe_typeSinaSTlg 30 Status。

在 PLC 变量表中添加两个变量，数据类型分别为 LDrvSafe_typeSinaSTlg 30 Control 和 LDrvSafe_typeSinaSTlg 30 Status，地址为 SINAMICS S210 安全报文组态中分配的输入/输出地址（参考图 3-33），如图 3-37 所示。

名称	变量表	数据类型	地址
ctrlSafetyS210	Default tag table	"LDrvSafe_typeSinaSTlg30Control"	%Q276.0
statusSafetyS210	Default tag table	"LDrvSafe_typeSinaSTlg30Status"	%I276.0

图 3-37　SINAMICS S210 PROFIsafe 安全报文访问 IO 变量

2. 编写安全程序

示例项目中的安全程序块包含安全主程序块 Main_Safety_RTG1、SINAMICS S210 安全功能块 SINAMICS S210 SafetyFunction，以及用于安全钝化和去钝化控制的安全块 Pass_Reintegration。用户安全程序结构如图 3-38 所示。

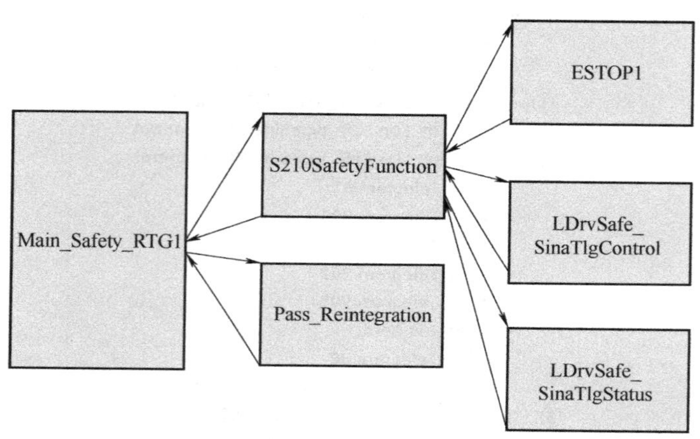

图 3-38　用户安全程序结构图

（1）Main_Safety_RTG1

安全主程序块 Main_Safety_RTG1 中的程序如图 3-39 所示。

（2）SINAMICS S210 SafetyFunction

SINAMICS S210 SafetyFunction 安全程序块实现 SINAMICS S210 的 STO 安全功能以及安全功能状态的读取。下面是具体程序介绍。

- 程序段 1：通过 ESTOP1 安全块实现对急停按钮的评估，当急停按钮恢复时需要通过 ACK 信号确认，如图 3-40 所示。
- 程序段 2：SINAMICS S210 的安全功能控制程序块 LDrvSafe_SinaSTlg30Control 的安全功能控制输入为 1 时，此安全功能失效，为 0 时，此安全功能生效。本示例中不使用的安全功能控制输入设置为“True”，STO 的控制输入设置为程序段 1 中 ESTOP1 的输出；“ackSafetyFaults”引脚用于确认 SINAMICS S210 的板载端子 F-DI 通道不一致等故障；SinaSTlg30Control 对应的输出用于触发 STO 功能，程序如图 3-41 所示。
- 程序段 3：SINAMICS S210 的安全功能状态程序块 LDrvSafe_SinaSTlg30Status 可读取板载端子 F-DI 通道的故障状态以及哪些安全功能被激活的状态，程序如图 3-42 所示。

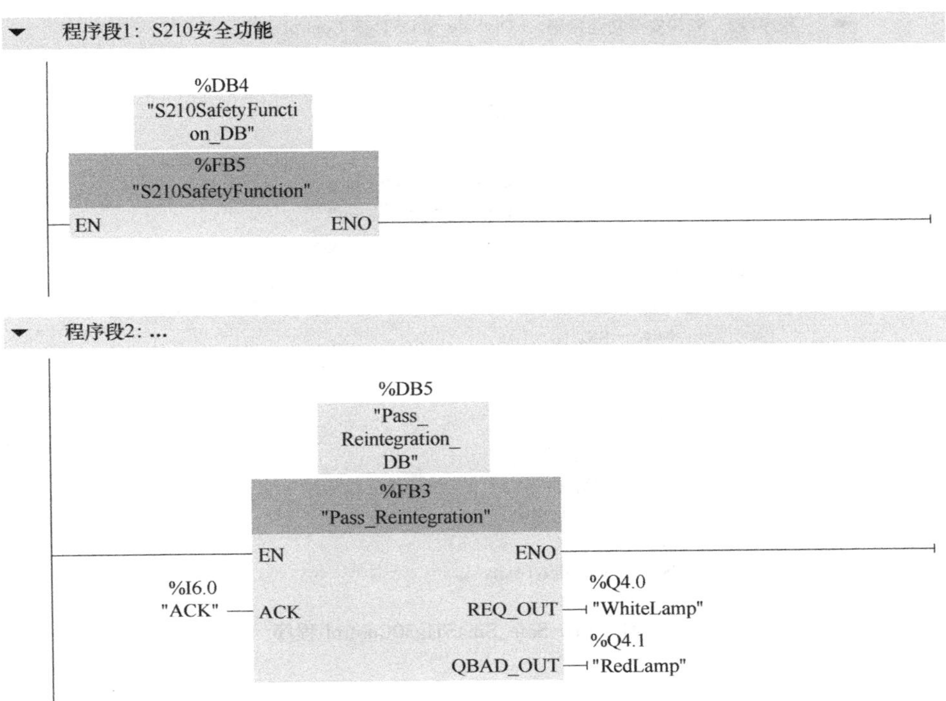

图 3-39　安全主程序块 Main_Safety_RTG1 的程序

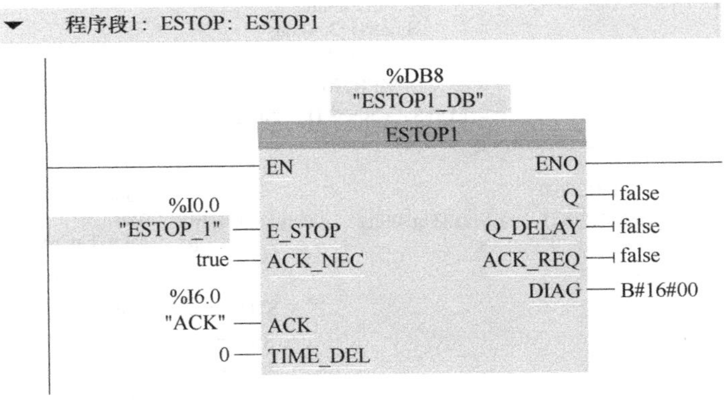

图 3-40　ESTOP1 程序

（3）Pass_Reintegration

安全程序块 Pass_Reintegration 中的程序主要用于系统去钝化，如图 3-43 所示。

关于本段程序，说明如下：

- 程序段 1：通过安全 I/O 通道的值状态诊断安全通道的状态，值状态为 0 是表示通道故障；通过驱动器的 F-I/O DB 的 QBAD 诊断驱动的安全状态；通过 LDrvSafe_SinaSTlg30Status 的 STOactive 评估驱动的安全功能是否是生效的状态；通过 LDrvSafe_SinaSTlg30Status 的 safetyFaultActive 评估 S210 的板载端子 F-DI 是否故障。

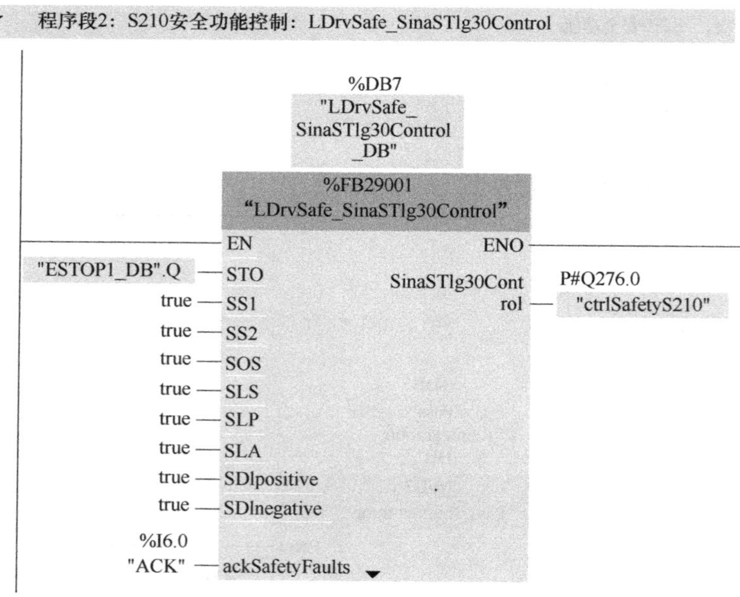

图 3-41 LDrvSafe_SinaSTlg30Control 程序

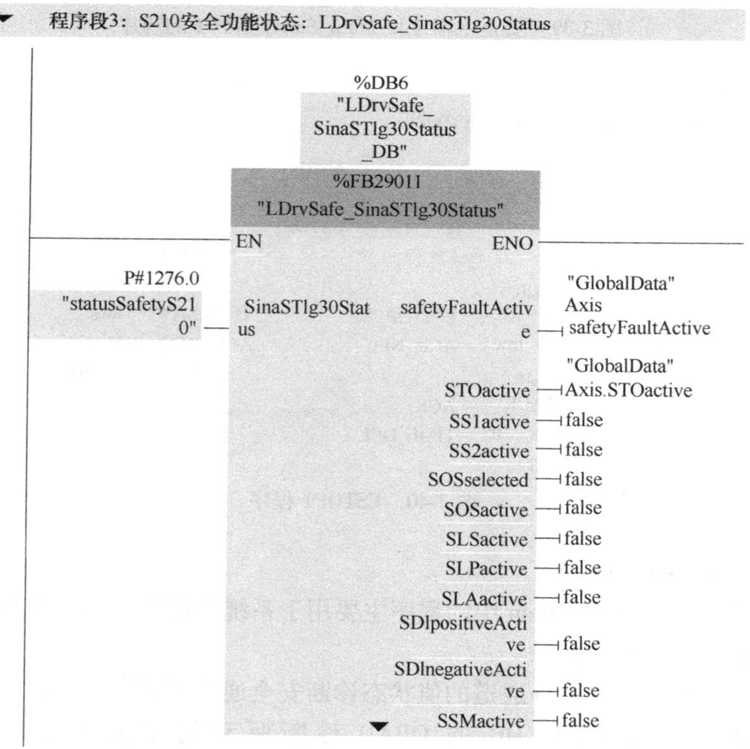

图 3-42 LDrvSafe_SinaSTlg30Status 程序

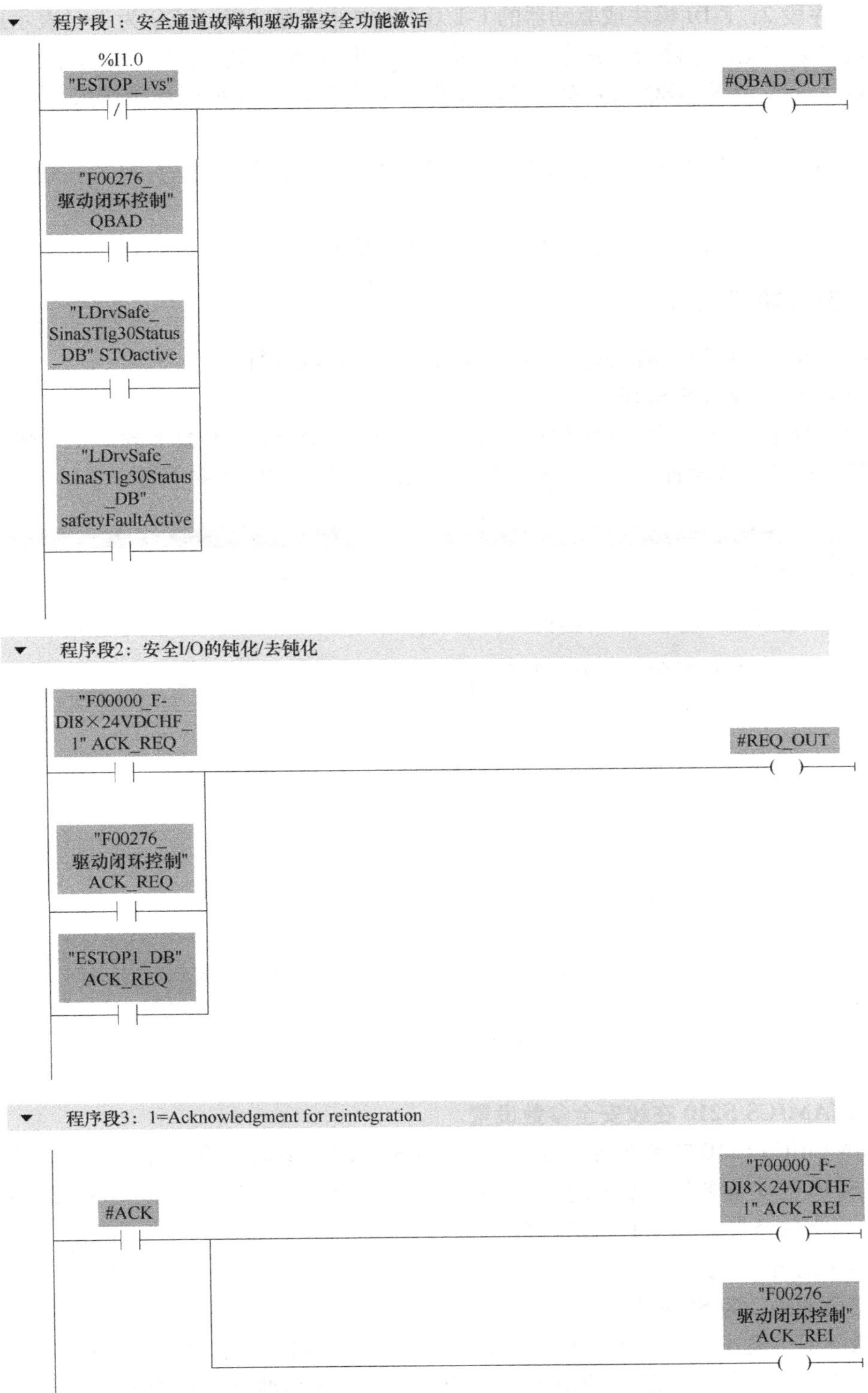

图 3-43　安全程序块 Pass_Reintegration 中程序

- 程序段 2：F-DI 模块或驱动器的 F-I/O DB 中的变量 ACK_REQ 为 1 时表示通道故障恢复，请求去钝化；急停安全程序块 ESTOP1 的输出 ACK_REQ 为 1 表示急停按钮已复位，请求确认。这些 ACK_REQ 只要有一个为 1 时，通过指示灯提示现场操作人员可通过 ACK 按钮去钝化/确认。
- 程序段 3：当安全 I/O 模块的故障恢复后 ACK_REQ 为 1，按下 ACK 按钮可去钝化安全模块。

程序编写完成后，将 PLC 的硬件和软件保存/编译后下载。

3.3.3 安全功能调试

应用本示例项目初次调试安全程序时可按照以下步骤进行。

1. 下载 SINAMICS S210

在 TIA 博途软件中可将离线项目中设置的 SINAMICS S210 参数下载，在下载窗口中勾选“保持性存储参数设置”可将下载参数永久保存，设置如图 3-44 所示。

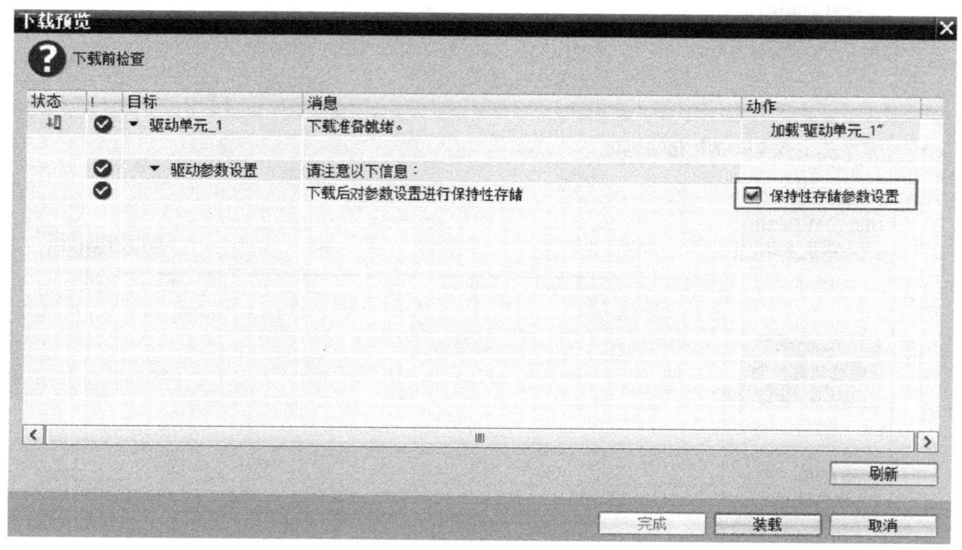

图 3-44 下载 S210

2. SINAMICS S210 在线安全参数设置

将 SINAMICS S210 转到在线，打开 SINAMICS S210 “参数” 设置界面，可在线设置 SINAMICS S210 的安全参数。本示例项目中需要在线设置的参数有：SINAMICS S210 的安全密码和安全报文选择参数 p9611，设置窗口如图 3-45 所示。

图 3-45 说明如下：

① 安全密码：为 SINAMICS S210 设置安全密码可防止未授权用户修改安全参数。

② 激活编辑模式：在线修改驱动参数时，需要激活编辑模式，此时轴不能运动；相反，当轴处于使能状态时，不能激活编辑模式。设置安全密码后激活编辑模式时需要输入密码。本示例中 p9611 参数根据驱动器安全报文的组态设置为 PROFIsafe 标准报文 30，设置参考图 3-46。

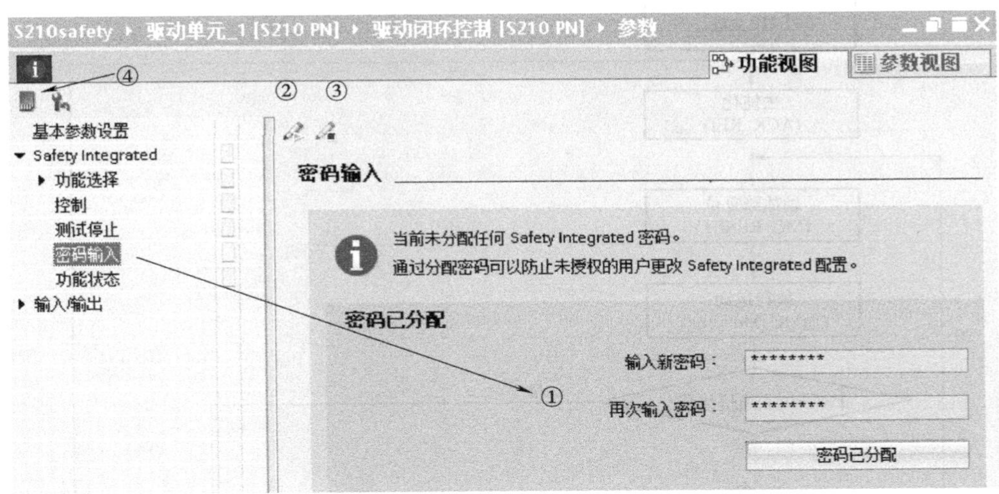

图 3-45　S210 在线参数设置

功能视图　参数视图

全部参数
联锁参数
▸ 调试
保存&复位
系统检测
通用设置
输入/输出端
▸ 通讯
功率单元
▸ 电机
▸ 驱动控制
▸ 驱动功能
▸ 安全集成
▸ 诊断

编号	参数文本	值
p9576	SI 运动 SLA 滤波时间	0.00
p9578	SI Motion SLA 加速度限值	1.00
p9579	SI 运动 SLA 停止响应	[1] SS1
p9581	SI Motion 制动斜坡基准值	1,500.0000
p9582	SI Motion 制动斜坡延时	250.00
p9583	SI Motion 制动斜坡监控时间	10.00
▸ r9590[0]	SI Motion 安全运动监控版…	5
▸ p9601	SI 驱动集成功能使能	9H
p9602	SI Safe Brake Control 使能	[0] 禁止 SBC
p9610	SI PROFIsafe 地址	1
p9611	SI PROFIsafe 报文选择	[30] PROFIsafe 标准报文 30, PZD-1/1
p9612	SI PROFIsafe 故障响应	[0] STO
p9650	SI F-DI 差异时间	500.00

图 3-46　p9611 参数设置

③ 停止编辑模式。

④ 永久性保存所有设备数据：可确保驱动断电后所设参数不丢失。

说明：安全参数设置完并永久保存后驱动器需要重启或上电。

3. 安全功能的激活/恢复顺序

根据本示例项目的安全功能，按照图 3-47 所示的执行顺序，前提条件是 PLC 已运行，可测试 SINAMICS S210 的 STO 安全功能，以及驱动器 PROFIsafe 通信故障时的处理。

说明：驱动器的 PROFIsafe 通信故障后再恢复时必须经过去钝化。

3.3.4　验收测试

下面是 SINAMICS S210 验收测试的步骤。

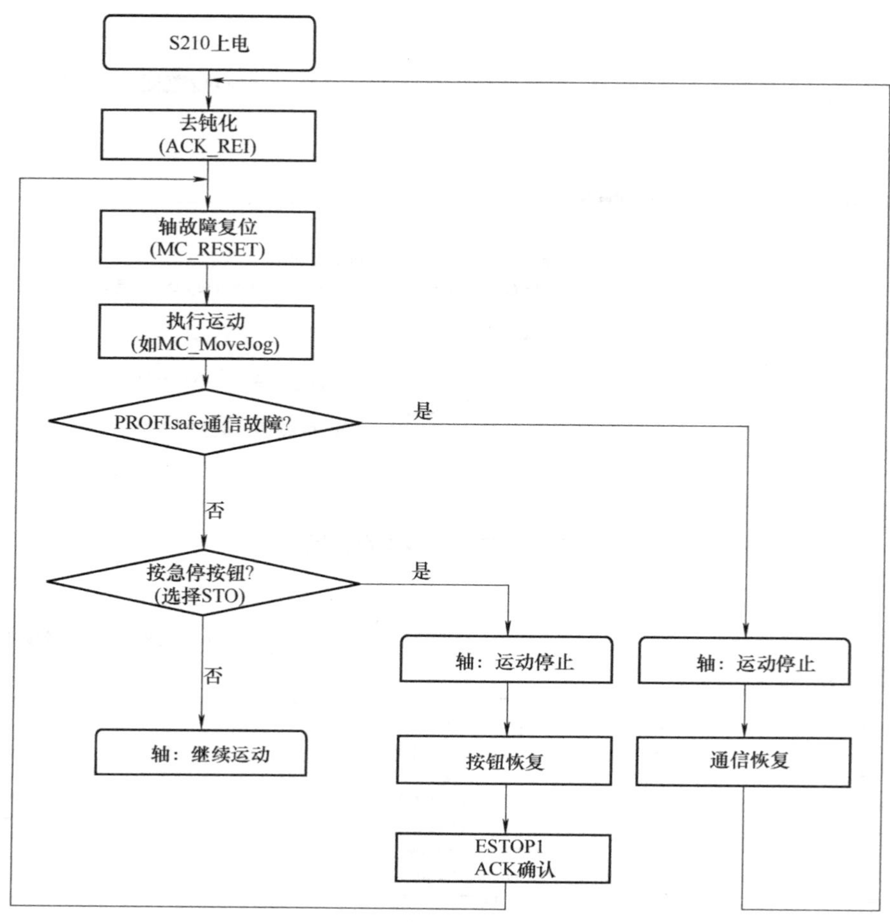

图 3-47　SINAMICS S210 安全功能测试顺序图

1. 刷新验收测试的驱动

在 TIA 博途软件项目目录树中选择“SINAMICS S210”下的“验收测试”选项，再单击“一览”中的“刷新”按钮，将显示项目中所有驱动及驱动的测试状态，如图 3-48 所示。

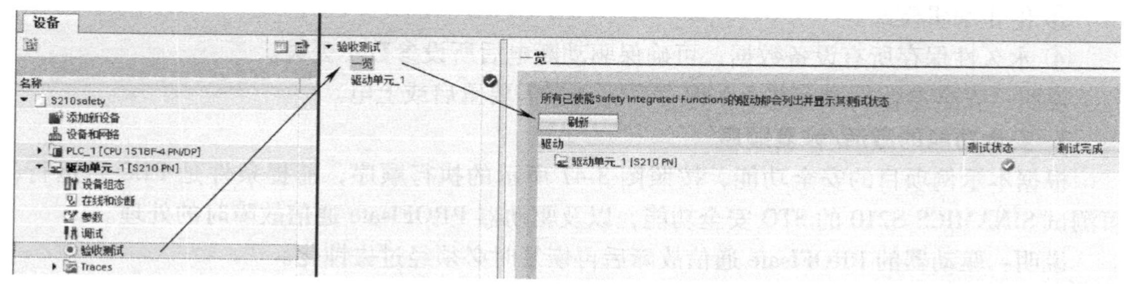

图 3-48　刷新驱动列表

2. 选择执行验收测试的安全功能

在验收测试的目录中选择驱动单元，在功能选择窗口中选择本示例项目要执行验收测试的 STO 安全功能，如图 3-49 所示。

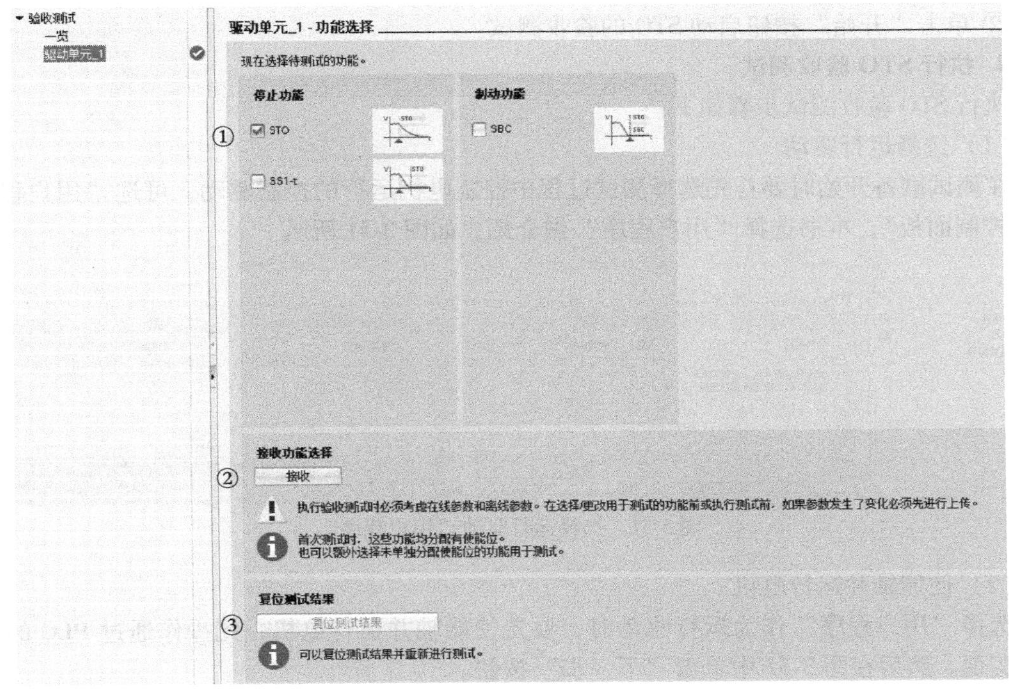

图 3-49　选择执行验收测试的安全功能

图 3-49 说明如下：

① 选择安全功能。

② 接收功能选择。

③ 复位测试结果：如果已执行过验收测试，需要重新测试时可进行复位。

3. 测试准备

测试前要先将 SINAMICS S210 转到在线，再选择准备进行验收测试的 STO，操作如图 3-50 所示。

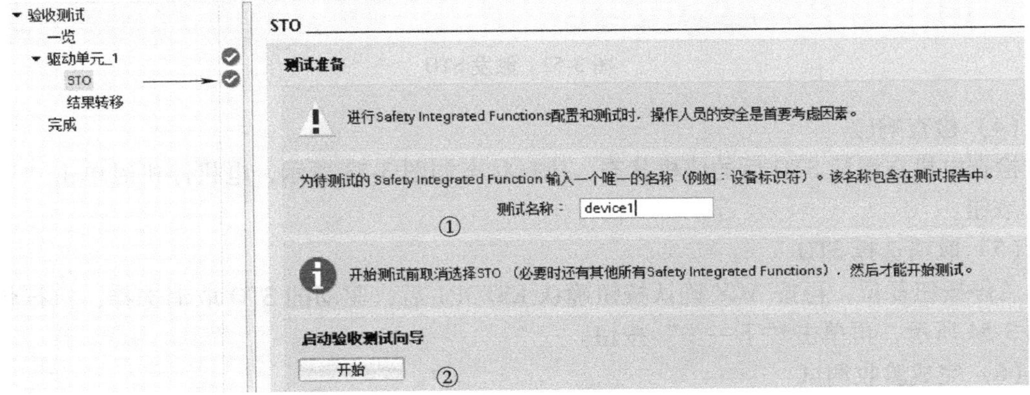

图 3-50　测试准备

图 3-50 说明如下：

① 设置测试名称，确保测试名称是唯一的，将包含在测试报告中。

② 单击“开始”按钮启动 STO 的验收测试。

4. 执行 STO 验收测试

执行 STO 验收测试步骤如下：

（1）选择运行驱动

在测试准备开始时要首先选择测试过程中控制电机运行的控制驱动，可选“用户程序”和“控制面板”，本书选择“用户程序”做介绍，如图 3-51 所示。

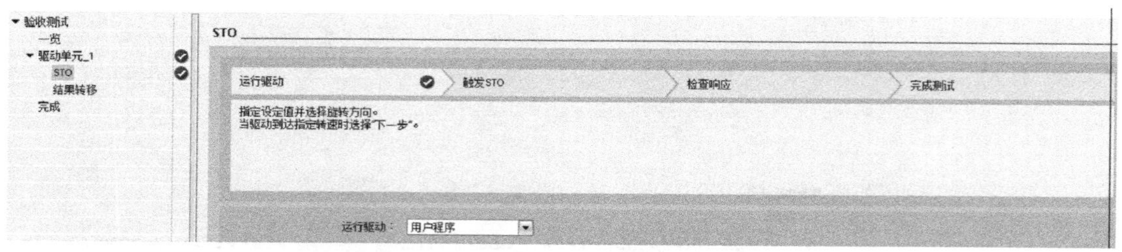

图 3-51 选择运行驱动“用户程序”

（2）使能轴并运行电机

选择“用户程序”作为运行驱动时，要先使能轴并运行电机，此操作通过 PLC 的 MC 指令实现。然后在图 3-51 中单击“下一步”按钮。

（3）激活 STO

先检查是否是正确的驱动在运行。如果运行的驱动是正确的，按急停按钮激活 STO，状态如图 3-52 所示，电机开始停机，然后单击“下一步”按钮。

图 3-52 触发 STO

（4）检查响应

检查电机在激活 STO 后的停机状态，执行状态如图 3-53 所示，电机停机时单击“下一步”按钮。

（5）取消选择 STO

急停按钮复位，再按 ACK 确认按钮确认 ESTOP1 后，驱动的 STO 取消选择，执行状态如图 3-54 所示，再单击“下一步”按钮。

（6）完成验收测试

单击“完成”按钮结束验收测试，执行状态如图 3-55 所示。

图 3-53 检查响应

图 3-54 取消选择 STO

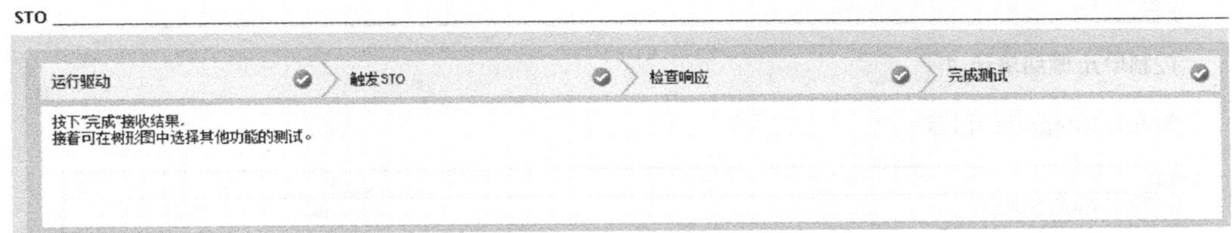

图 3-55 完成测试

（7）创建报告

验收测试完成后单击验收测试目录中的“完成”，执行状态如图 3-56 所示。

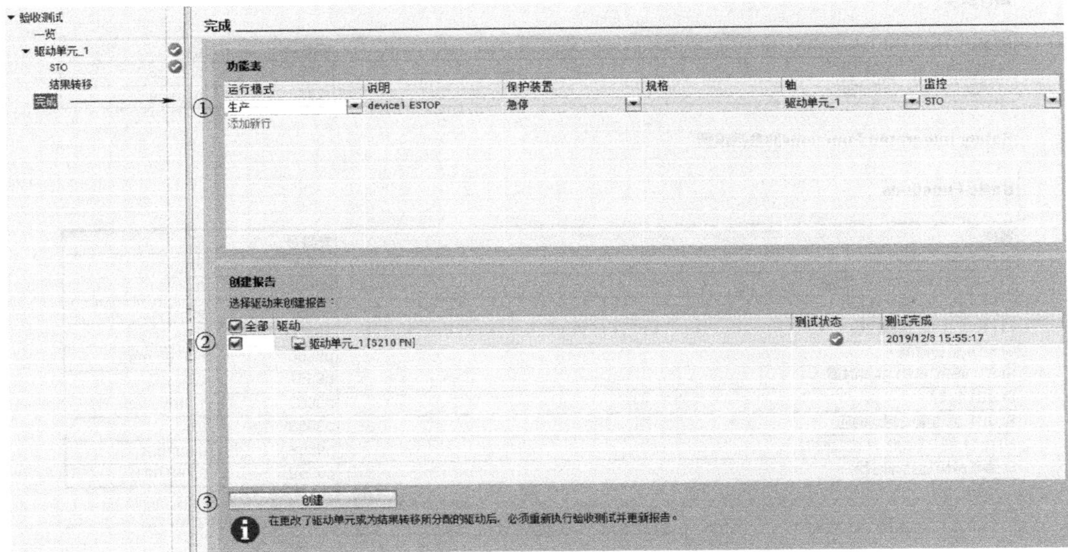

图 3-56 创建报告

图 3-56 说明如下：

① 功能表：为测试报告添加功能表，其中选择项“保护装置”可选急停、保护门、激光扫描仪等，根据实际装置类型选择，本示例选择“急停”；选择项“轴”即是项目中的驱动单元；选择项“监控”选择驱动验收测试的安全功能，本示例选择“STO”；其他项可根据生产信息进行设置。

② 选择项目中要创建报告的驱动器。

③ 单击“创建”按钮，会生成一个 Excel 格式的报告文件，文件中包含了项目中的驱动信息、驱动中安全相关参数设置（见图 3-57），以及验收测试的结果（见图 3-58）。

设备专用数据

设备名称	驱动单元_1
驱动	S210 PN

功能表

运行模式	生产
说明	device1 ESTOP
保护装置	急停
规格	
轴	驱动单元_1
监控	STO

控制单元 驱动单元_1

Safety Integrated日志

名称	参数号	值
SI 修改检查功能性校验和	r9781[0]	8FB0E8DBH
SI 修改检查校验和，硬件相关	r9781[1]	FCFD6AC7H
SI 修改检查校验和时间戳，功能性	r9782[0]	270.2683 h
SI 修改检查校验和时间戳，硬件相关	r9782[1]	270.2683 h

驱动 驱动单元_1

固件版本

名称	参数号	值
SI Motion 安全运动监控版本	r9590	5.20.29.7
SI 驱动集成的安全功能版本	r9770	5.20.29.7

Safety Integrated Functions的参数设置

Basic Functions

名称	参数号	值
SI 驱动集成功能使能	p9601	9H
SI Safe Brake Control 使能	p9602	0
SI PROFIsafe 报文选择	p9611	30
SI PROFIsafe 故障响应	p9612	0
SI F-DI 差异时间	p9650	500.00 ms
SI STO/SBC/SS1 去抖时间	p9651	0.00 ms
SI SS1 延时	p9652	1.00 s
SI SS1 驱动集成制动响应	p9653	0
F01611 到 STO 的 SI 过渡时间	p9658	0.00 ms
SI 强制故障检查计时器	p9659	8,760.00 h

盖板 | 驱动单元_1 - 一览 | 驱动单元_1 - 功能测试 | 完成

图 3-57 测试报告中的驱动信息

Safety Integrated Functions测试

在验收测试期间已经检查了正确的参数设置。检查布线是否正确不属于该验收测试的范畴。

驱动 驱动单元_1

测试一览

已测试的功能	测试状态
Safe Torque Off	正常

测试完成	2019/12/3 15:55:17

详细测试

Safe Torque Off (device1)

步骤	测试说明	状态
1	运行驱动	
	脉冲使能且正确的驱动运行.	正常
2	触发STO	
	STO 已激活	正常
3	取消选择STO	
	驱动滑行停机。如果存在机械抱闸，则抱闸关闭。	正常
4	完成测试	
	STO 已取消激活。	正常
	不存在Safety Integrated故障和报警。	正常

盖板 | 驱动单元_1 - 一览 | 驱动单元_1 - 功能测试 | 完成

图 3-58　测试报告中的测试说明

说明：若更换了驱动中的设备，则必须对驱动进行重新验收测试。另外，该测试并非安全等级测试，仅仅是安全功能自身的测试。

通过对上述 SINAMICS V90 以及 SINAMICS S210 驱动系统安全功能的实现方法的介绍，大家可以了解到，将安全功能集成到驱动系统中后，可以方便地通过 PLC 程序库以及 PROFIsafe 协议来触发驱动系统的安全功能，使得在 PLC 系统中来控制驱动系统的安全功能更加灵活。

第 4 章　西门子故障安全 HMI 系统

4.1　安全面板介绍

在自动化产品中，面板（Panel）是方便操作人员使用的一类人机交换的产品，便于操作人员在设备现场进行使用，而其中的移动面板（SIMATIC Mobile Panel）不同于普通固定安装的操作员面板，可以通过移动方式在机器或设备的任意位置使用，可以让用户更有效地使用基于文本或图形的项目对机器和设备执行控制及监视任务。

考虑到用户使用的方便，特别是考虑到移动面板用户的应用场景，西门子专门在移动面板上增加了安全功能，使得机器操作员或调试工程师能够以最佳的工位或过程视角展开工作的同时，进一步提高现场控制和机器设备监控的安全性。

该面板产品的特点是在普通移动面板的基础上，集成了急停按钮和启用按钮，从而实现在移动中随时可触发急停功能，保障设备和人员的安全。

在最早的产品设计中，该移动面板是基于无线的。但考虑到系统的可靠性，第二代移动面板除了设备更加小巧、外壳更加坚固防摔以外，同时将带灯急停按钮方式集成到故障安全系统中，也将无线的方式改为有线的方式，增加了接线盒，使得整个系统工作更加安全可靠，如图 4-1 所示。同时，通过直接硬接线方式或将面板集成到 PROFIsafe 故障安全系统中，故障安全移动面板可以满足安全完整性等级 3（SIL3）或 PLe 的要求，实现设备在安全模式下运行。

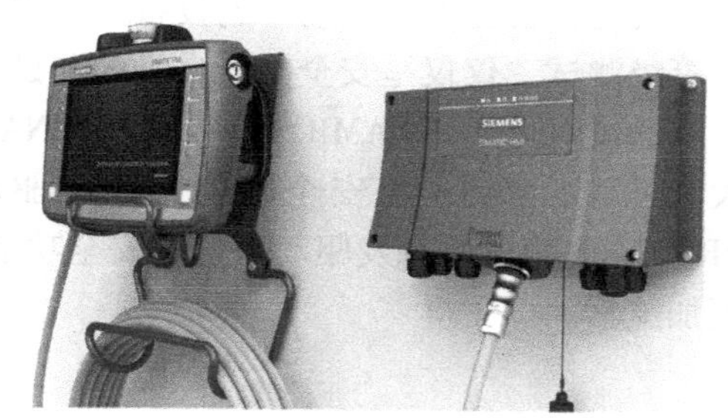

图 4-1　故障安全移动面板与连接盒

4.1.1　安全面板型号

第二代移动面板系统由移动面板、连接盒和连接电缆组成。支持故障安全功能的移动面板型号有 4"、7" 和 9" 宽屏的 KTP400F、KTP700F、KTP900F 可供选择。

故障安全移动面板设计有三种连接盒可以使用。紧凑型连接盒用于在控制柜上开孔的安装方式，标准连接盒和高级连接盒可以直接安装在生产机器的外部。连接盒有识别连接点的功能，通过连接盒 ID 确定当前接入连接盒所在的设备区域以及连接盒是否连接了移动面板。紧凑型连接盒的以太网连接方式为 1 个标准的 PROFINET 接口，标准和高级连接盒的以太网连接方式是 2 个 PROFINET 快速连接器，如图 4-2 所示。以下为不同版本连接盒的订货号：

- 紧凑型连接盒：6AV2125-2AE03-0AX0。
- 标准连接盒：6AV2125-2AE13-0AX0。
- 高级连接盒：6AV2125-2AE23-0AX0。

连接电缆用于将移动面板接到连接盒，长度从 2m 到 25m 有多种型号。交货时移动面板

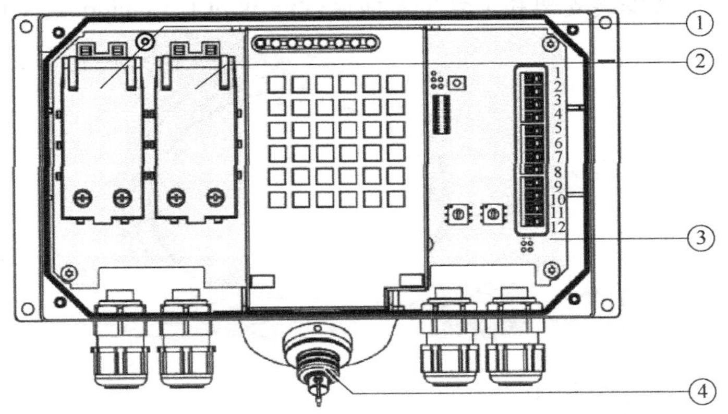

① 快速连接器×1

② 快速连接器×2

③ 接口×10

④ 连接插口(×300)

图4-2　PROFINET快速连接器

的背部接口没有后盖板（见图4-3），由于背部的密封盖板固定在连接电缆上，后盖板与连接电缆一起交货，使用时将盖板侧的电缆与面板相连，通过电缆另一端的金属连接器与连接盒相连，并可在不同的连接盒之间切换。连接电缆如图4-4所示。

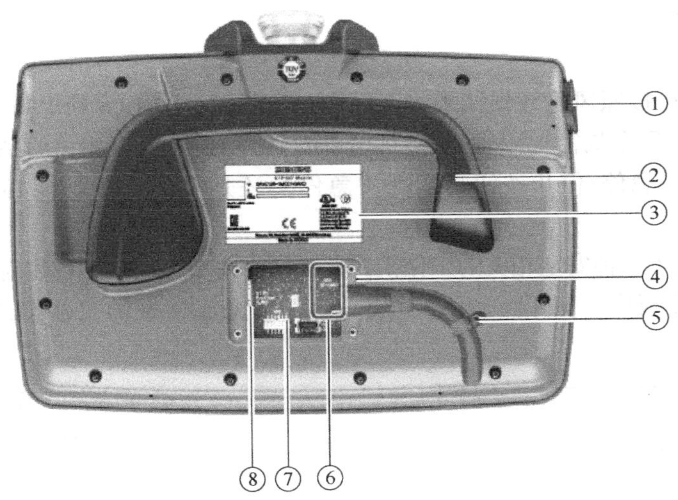

① 插有罩盖的USB端口

② 手柄

③ 铭牌

④ 接线盒

⑤ 用于安装电缆压线片的螺纹筒，不适用于KTP400F Mobile

⑥ SD存储卡插槽，不适用于KTP400F Mobile

⑦ 连接电缆用的12针连接器

⑧ RJ45插口PROFINET(LAN)

图4-3　KTP700F后视图

移动面板、连接盒和连接电缆之间可以自由组合，使用故障安全移动面板需要分别对这三部分订货，也可以直接购买KTP700F套件（包含1个KTP700F，1个标准连接盒，1根

2m 连接电缆，1 个墙式安装支架和 1 套 TIA 博途软件 WinCC Comfort 软件）。

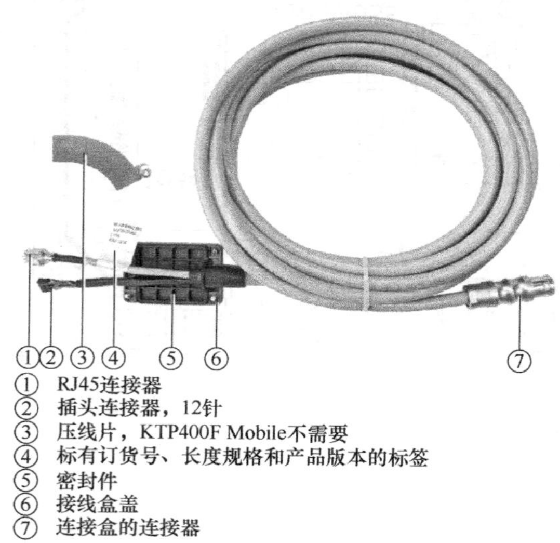

图 4-4　连接电缆

4.1.2　安全面板的功能

第二代故障安全移动面板集成有急停/停止按钮和启用按钮。根据应用需要，也可以启用或不启用故障安全功能。

1. 急停/停止按钮

根据 ISO 13849-1，可按照风险评估结果将工厂安全等级划分为 PLa 到 PLe，由此可知，在工厂部分区域或整个工厂全局需要停止或急停功能时，必须设计安全相关的系统组件，以及 HMI 设备的操作模式。急停/停止按钮是实现“急停”还是“停止”功能必须根据风险评估的结果来确定和组态。

第二代移动面板提供了三种安全相关的工作模式，必须为每一个连接盒设置对应的工作模式。在移动面板的控制面板中，使用“Safety Operation”设置连接盒的工作模式，如图 4-5 所示。

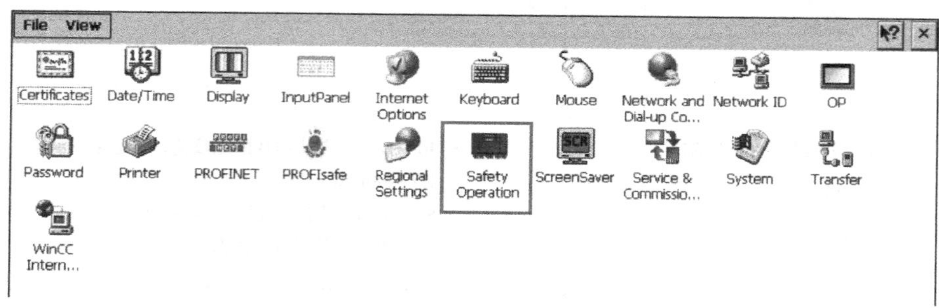

图 4-5　设置控制面板

（1）停止按钮通过安全继电器评估模式（Stop button evaluated by safety relay）

急停/停止按钮在此工作模式下通过硬接线连接到安全继电器，若按下急停/停止按钮，设备停机。

急停/停止按钮灯不会亮起。

在此工作模式下，急停/停止按钮被称作停止按钮。

（2）急停按钮通过安全继电器评估模式（E-stop button evaluated by safety relay）

急停/停止按钮在此工作模式下通过硬接线连接到安全继电器评估，最高满足 SIL3/PLe 安全等级。若按下急停/停止按钮，设备将紧急停止。

急停/停止按钮灯亮起。

在此工作模式下，急停/停止按钮被称作急停按钮。

（3）急停按钮通过 PROFIsafe 系统评估模式（E-stop button evaluated by PROFIsafe）

此工作模式下急停/停止按钮的信号通过 PROFIsafe 通信传输给 F-CPU 进行故障安全评估，最高满足 SIL3/PLe 安全等级。若按下急停/停止按钮，在设备中触发急停动作。

急停/停止按钮灯亮起，即移动面板与 F-CPU 建立了故障安全通信。

在此工作模式下，急停/停止按钮被称作急停按钮。

其中，安全等级取决于检验间隔：

- SIL2/PLd：功能测试，每年 1 次。
- SIL3/PLe：功能测试，每月 1 次。

在连接盒中有两个旋转编码开关用于设置连接盒的 Box ID，两个旋转编码开关分别为编码高位和编码低位。使用旋转编码开关可设置的值范围为 00～FF（十进制的 0～255）。如旋转编码开关 Box ID 设置为十六进制值 27H，其十进制值为 39。

当移动面板第一次连接未指定工作模式的连接盒时，将显示“Safety operation”对话框。在 Operation Mode 的下拉列表中设置安全操作模式：

- 第一种 Stop button evaluated by safety relay 仅是普通停止模式，不需要设置 Box ID。
- 第二种 E-stop button evaluated by safety relay 是故障安全急停模式，必须设置 Box ID。
- 第三种 E-stop button evaluated by PROFIsafe 是故障安全急停模式，必须设置 Box ID。

在设置安全操作模式时，在“Verify Box ID”文本框内输入十进制形式的 Box ID，允许值的范围为 1～254。其对应的十六进制值自动显示在“Hex”前面，该值必须对应于连接盒的旋转编码开关设置。

单击“Save”按钮保存所做设置时，会提示输入控制面板的密码。只有正确输入密码，从桌面单击“Settings”按钮才能进入控制面板修改参数。如果没有为控制面板设置密码，系统会提示需要设置密码。

在“Safety operation”窗口中设置完成后，显示“Operation mode parameters successfully stored in Connection Box”对话框提示工作模式设置完毕。如果设置为第一种停止模式，则下拉菜单后面的图标为灰色且停止按钮不会点亮；如果设置为第二/三种急停模式，则下拉菜单后面的图标为红色且急停按钮点亮，如图 4-6 所示。

2. 启用按钮

使用移动面板的启用按钮可以激活启用机制用于实现设备的特定安全功能，例如，激活数控设备的安全防护功能。人员若要进入工厂的危险区域，则该区域内的运动必须可控制，以更低的速度运行。使用启用按钮通过双手操作来点动控制设备的运动，一旦释放启用按钮，设备将立即停止运动。启用按钮的工作模式无需单独设置，与上述急停/停止按钮的工作模式设置保持一致。

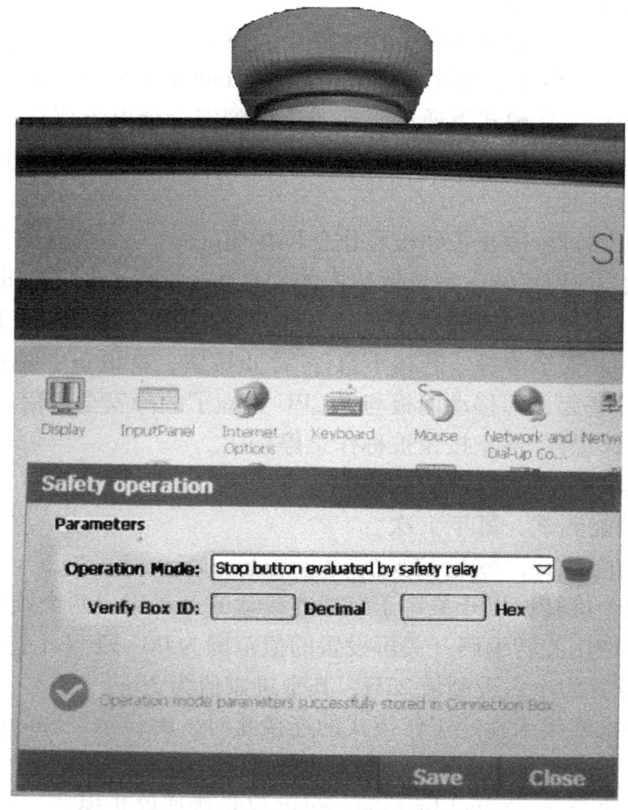

图 4-6　硬接线 F 系统急停模式

4.1.3　安全面板的评估方式

针对第二代移动面板所提供的不同安全操作模式，在故障安全系统中使用第二代移动面板主要分为使用连接盒硬接线和通过 PROFIsafe 通信两种方案将急停和启用按钮信号传送到故障安全控制器评估。两种方案的主要区别在于硬接线 F 系统需要单独为急停和启用按钮信号接线，而在 PROFIsafe 系统中不需要为急停和启用按钮信号单独接线，在与 F-CPU 的故障安全通信中完成安全信号的传递与评估。

1. 硬接线 F 系统

硬接线 F 系统中急停和启用按钮信号通过硬接线的方式连接到安全继电器实现安全功能。使用 SIRIUS 安全继电器时，达到 ISO 13849-1 Cat. 3 的安全要求。

硬接线 F 系统还可以通过 F-DI 模块评估急停和启用按钮。可使用 F-DI 模块代替 SIRIUS 安全继电器进行评估。使用的 F-DI 模块必须满足安全完整性等级 SIL/性能等级和类别的要求。举例来说，将以下功能用于 F-DI 模块：

- 短路和交叉电路监视。
- 偏差监视。
- 短路检测。

- 交叉电路检测。

连接盒与评估单元之间允许的数据电缆和信号电缆长度保持为小于或等于30m，否则可能会发生故障。

硬接线F系统的优势在于安全信号的传递与移动面板和CPU的PN通信无关，不会因为通信中断而进入钝化状态。这一点特别重要，因为有些场合下，通信故障会导致系统进入钝化状态，但此时画面运行都是正常的，但系统无法正常启动，其原因就是通信出现过闪断，但马上就恢复了，因此用户看不出来，但安全系统会因为通信中断而进入钝化状态，导致系统不能正常启动。

2. PROFIsafe型F系统

在PROFIsafe型F系统中使用故障安全移动面板，安全相关的急停按钮和启用按钮的信号通过PROFIsafe通信传输到F系统，由F-CPU完成评估。相对于硬接线F系统，在PROFIsafe型F系统中无须通过连接盒X10端子为“急停/停止按钮”和“启用按钮”这两个安全信号接线，但通过PROFIsafe与F系统通信需要附加F编程。

另外，由于急停信号通过PROFIsafe通信传输，一旦发生通信故障就会影响到急停信号的传输甚至触发系统急停。因此无论使用哪种连接盒，从连接盒拔出连接电缆插头前，必须在安全程序中注销故障安全移动面板或关闭当前项目，并在对话框中确定注销动作。否则，意外的通信故障会触发设备急停并导致设备进入安全状态。

4.2　启用按钮的功能

安全移动面板的启用按钮最典型的应用是“双手操作”模式，例如在数控设备中，“双手操作”只有先按下启用按钮并保持住，同时按下面板上的“启动”功能键，数控设备才开始运行，释放“启动”功能键时停止设备。如果松开启用按钮，则“启动”功能键失效，设备停止。

启用按钮设计的开关位置有三档，实现空档、启用和应急功能，具体功能见表4-1。操作启用按钮有浅按下和深按下两种状态，分别对应表中的开关位置2和开关位置3。

表4-1　启用按钮开关的状态

开关位置	功能	启用按钮开关状态
1	空档	断开
2	启用	闭合
3	应急	断开

正常情况下浅按启用按钮后开关闭合，输出启用信号；松开启用按钮后开关断开，不输出启用信号，如图4-7所示。

在深按启用按钮的应急操作时，开关信号也会断开。从深按启用按钮直接松开，开关始终保持断开状态。但无论浅按或深按操作，都必须使启用按钮中部受力，不能偏上或偏下，否则启用按钮开关不会输出任何信号，如图4-8所示。

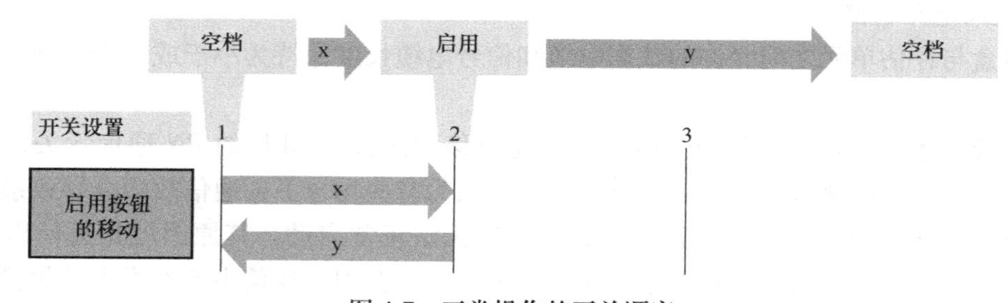

图 4-7 正常操作的开关顺序

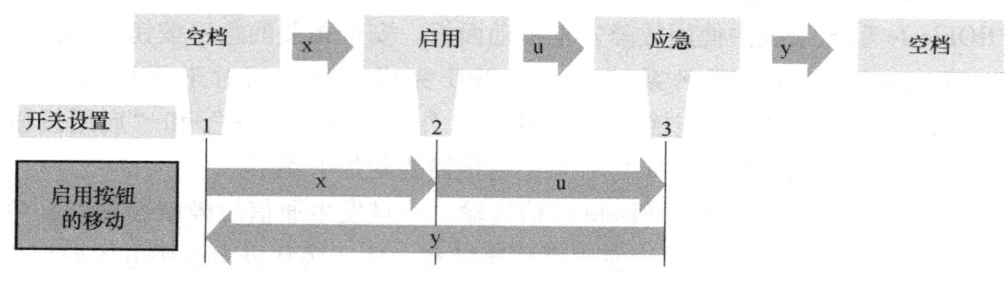

图 4-8 应急操作的开关顺序

4.3 硬接线 F 系统的应用

在硬接线 F 系统中使用故障安全移动面板，急停/停止按钮和启用按钮都通过连接盒内部端子接线连接到外部的评估单元（安全继电器或安全 PLC）。

但是，紧凑型连接盒/标准连接盒与高级连接盒在内部回路设计上有所不同，导致移动面板与连接盒断开连接时系统响应不同。

1. 紧凑型连接盒和标准连接盒

移动面板双通道的急停/停止按钮（STOP1/2）为两路常闭触点，对应连接盒内部端子为图 4-9 中 STOP13/14（STOP23/24），通过 X10 端子排的 5/6（7/8）端子连接至外部评估单元（安全继电器或安全 PLC）。

当移动面板连接至连接盒时，安全评估单元检测到急停按钮的常闭触点处于正常状态。当面板的连接电缆被拔出时，急停按钮与安全评估单元的连接中断，导致系统进入故障状态。

2. 高级连接盒

移动面板的双通道急停/停止按钮（STOP1/2）为两路常闭触点，对应连接盒内部端子为 STOP13/14（STOP23/24），对应通过 X10 端子排的 5/6（7/8）端子连接至外部评估单元（安全继电器或安全 PLC）。高级连接盒内部设计增加了特殊的回路保持功能——停止超控，如图 4-10 所示。

当移动面板连接至连接盒时，安全评估单元检测到急停按钮的常闭触点处于正常状态。当面板的连接电缆被拔出时，由于回路中增加了停止超控功能，此时系统依然保持回路闭合状态，因此当急停按钮与安全评估单元的连接中断时，系统不会进入故障状态，从而实现移动面板在高级连接盒之间相互切换。

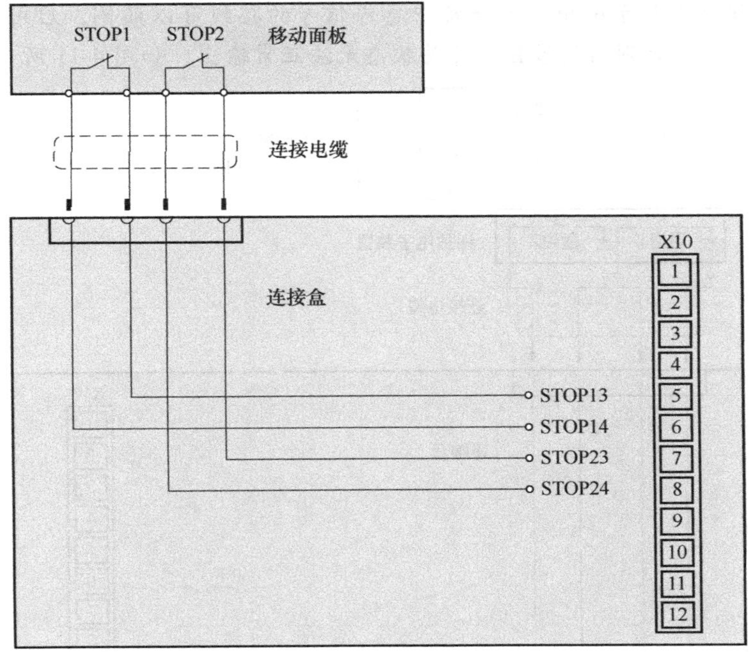

图 4-9　标准连接盒

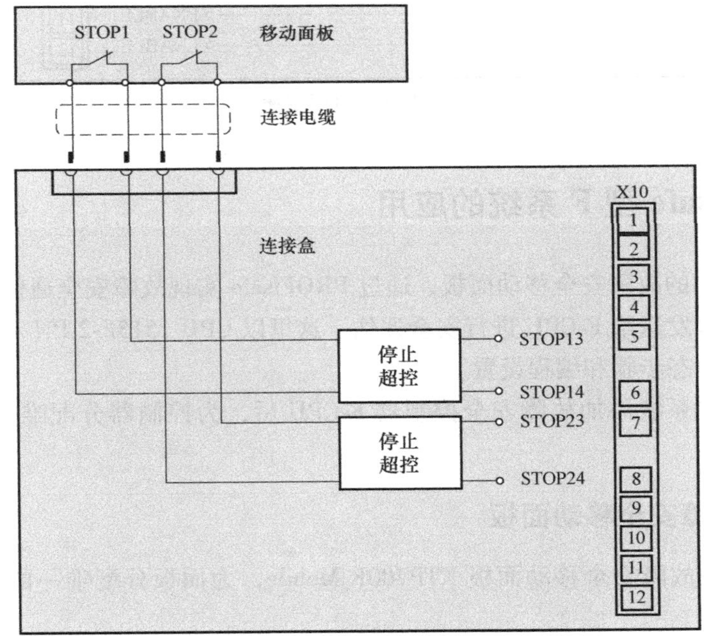

图 4-10　高级连接盒

虽然急停信号为常闭点，但连接盒内部不能使用万用表电阻档直接测量急停信号的状态。移动面板接入连接盒后，只有当 STOP13 接外部 IO 的+24V DC 时，未按下急停按钮时由于急停信号常闭点处于闭合状态，因此 STOP14 可测量到+24V DC 电压；如果按下急停按钮则信号断开，STOP14 电压为 0V DC，通过这种方法可以判断连接盒硬接线的状态。

注意：在硬接线 F 系统中，连接盒中急停信号的接线可以颠倒，启用按钮的接线端子的正负不能颠倒，否则启用按钮的开关状态无法正常输出，如图 4-11 所示。

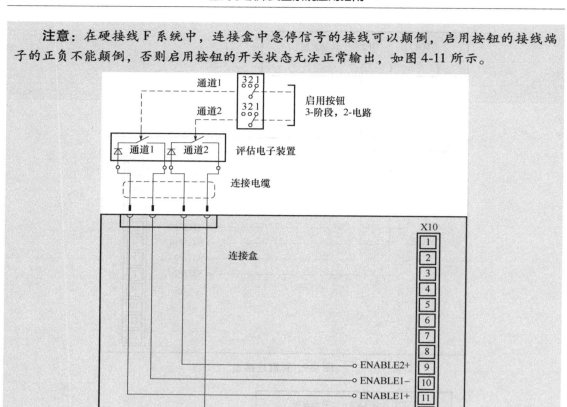

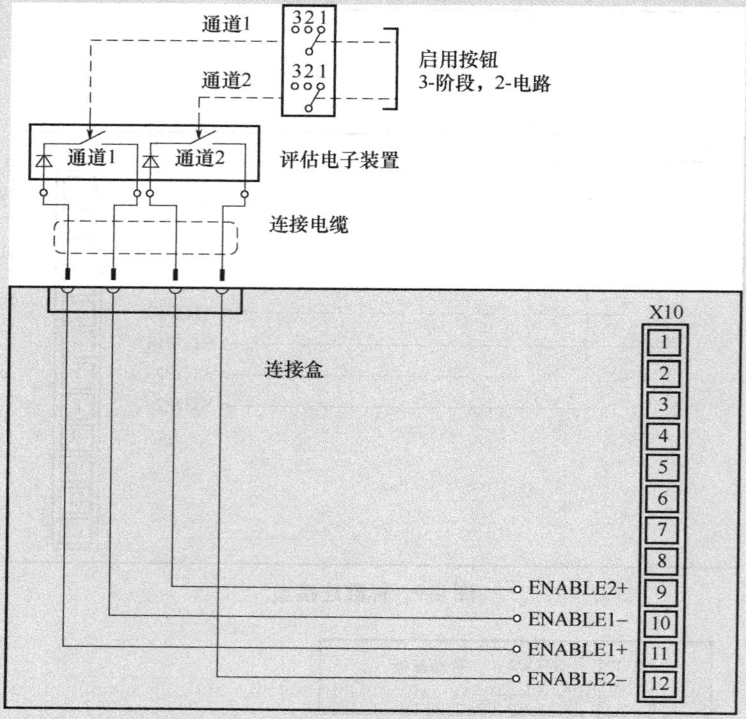

图 4-11　启用按钮

4.4　PROFIsafe 型 F 系统的应用

对于 F 系统中的故障安全移动面板，通过 PROFIsafe 实现故障安全通信将操作急停按钮和启用按钮的信号发送给 F-CPU 进行安全评估。这里以 CPU 1515F-2 PN 和 KTP700F Mobile 为例，介绍相关组态步骤和编程设置。

在项目中为 F 系统添加故障安全控制器 F-CPU 后，为控制器分配唯一的以太网地址，如图 4-12 所示。

4.4.1　组态故障安全移动面板

在项目中添加故障安全移动面板 KTP700F Mobile，为面板分配唯一的以太网地址，如图 4-13 所示。

- 在“以太网地址”中，为“子网”选择“PN/IE_1”。
- 在“IP 协议”中，为 HMI 设备指定子网中唯一的地址：192. 168. 0. 2。
- 默认 PROFINET 设备名称：hmi_1。

在 KTP700F Mobile 的控制面板中，双击“PROFINET”图标，如图 4-14 所示。

在打开的对话框中勾选“PROFINET IO enabled”，并在“Device name”中输入 PROFI-

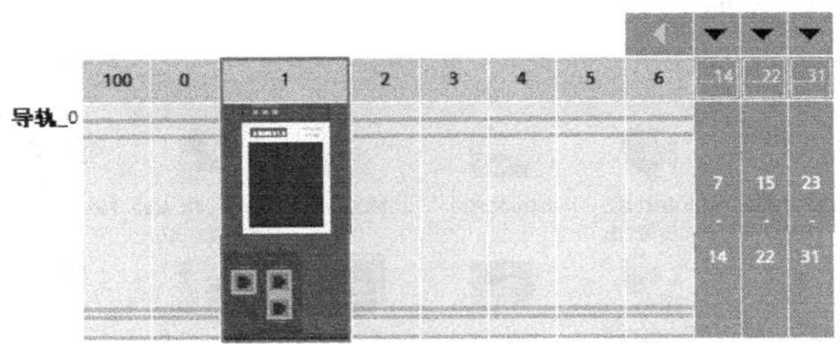

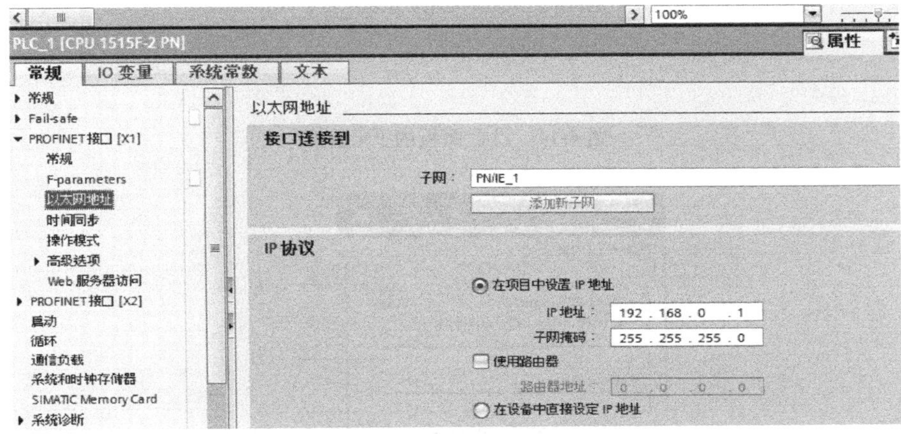

图 4-12 分配 IP 地址

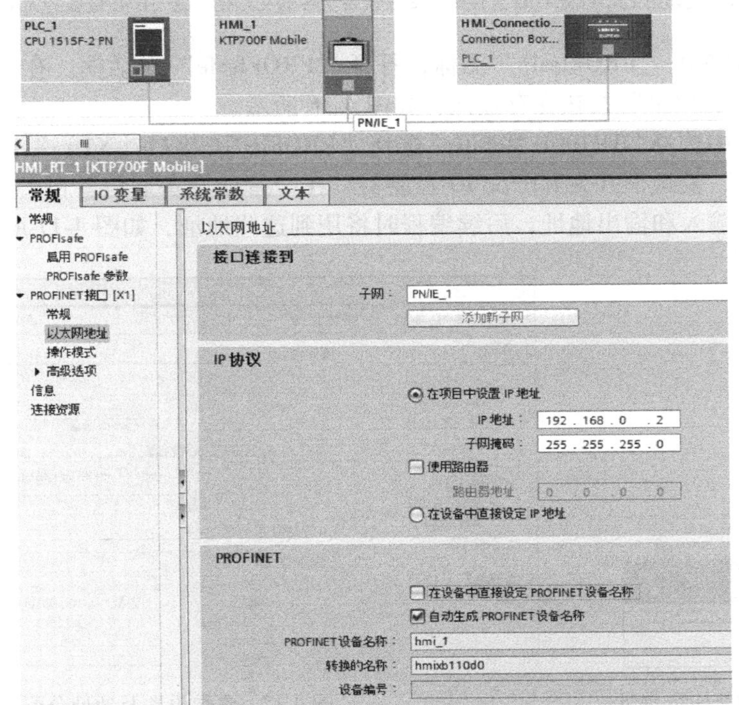

图 4-13 为面板分配 IP 地址

NET 设备名称：hmi_1，如图 4-15 所示。

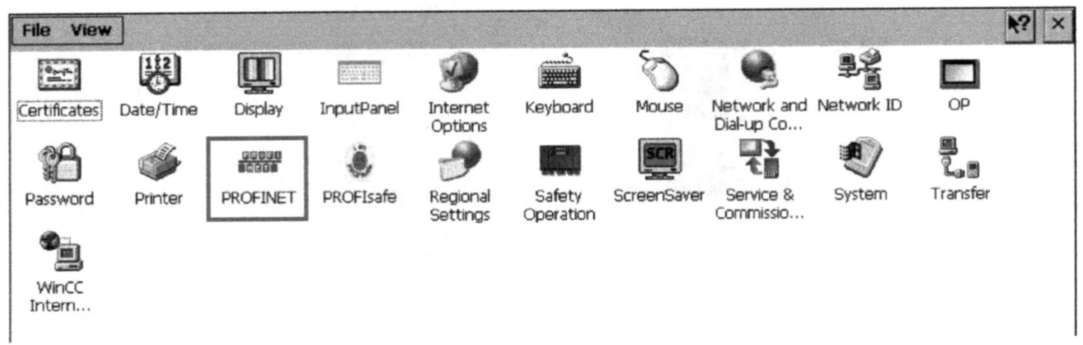

图 4-14 设置面板的 PN 通信

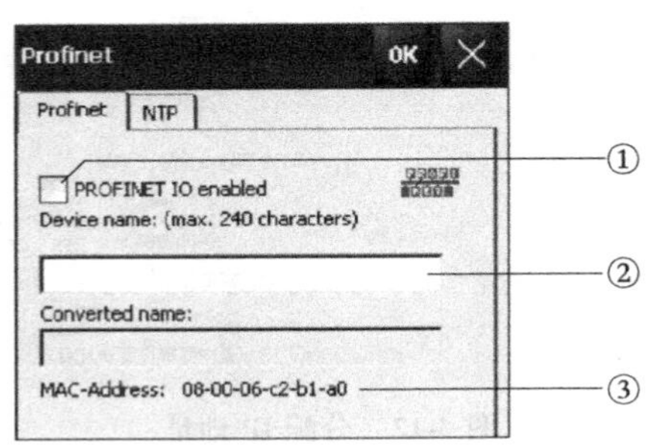

图 4-15 设置 PROFINET 设备名

①—启用或禁用 PROFINET IO 直接键 ②—设备名称的文本框 ③—HMI 设备的 MAC 地址

在图 4-14 中双击“PROFIsafe”图标，打开“PROFIsafe”对话框。在“Address”文本框中输入 1，单击“OK”按钮保存输入，如图 4-16 所示。

在网络视图中选择 KTP700F Mobile，选择“PROFINET 接口［X1］”的“操作模式”，勾选“I/O 设备”复选框并为其分配 IO 控制器。在“智能设备通信”的传输区域随即显示系统自动分配的输入和输出地址，后续编程时将用到这些地址，如图 4-17 所示。

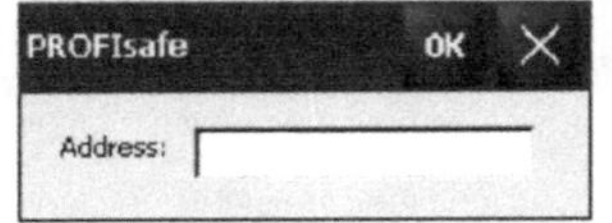

图 4-16 设置 PROFIsafe 地址

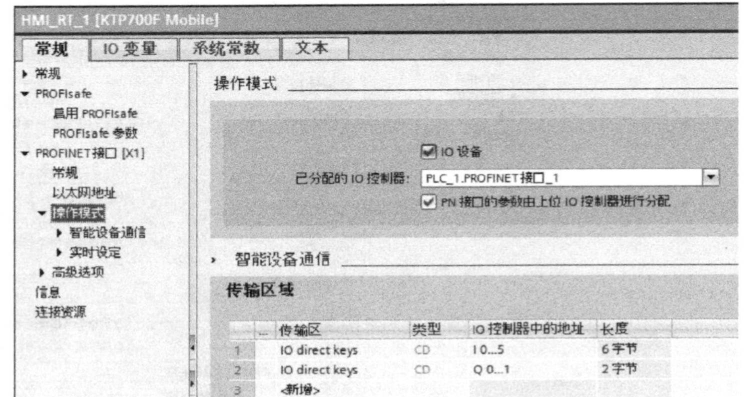

图 4-17 参数设置及地址分配

通过勾选“I/O 设备”复选框即可激活移动面板 KTP700F 的 PROFINET IO 直接键功能，

面板上的 F 功能键、开关钥匙和发光按钮就可以直接作为 F-CPU 的输入点在程序中调用。

直接键与 IO 地址存在对应关系，例如在本例中，系统为移动面板 KTP700F 自动分配的输入区地址是 IB0~IB5，因此功能键 F8 对应的地址就是 I0.7。F 功能键和发光按钮的 LED 灯的输出地址是 QB0、QB1。具体地址对应关系如图 4-18 所示。

- F：功能键位。
- S：开关钥匙位。
- K1：左发光按钮位。
- K2：右发光按钮位。

直接键位								
7	6	5	4	3	2	1	0	字节
F8	F7	F6	F5	F4	F3	F2	F1	n
K2	K1	S1	S0					n+1
7	6	5	4	3	2	1	0	n+2
15	14	13	12	11	10	9	8	n+3
23	22	21	20	19	18	17	16	n+4
31	30	29	28	27	26	25	24	n+5

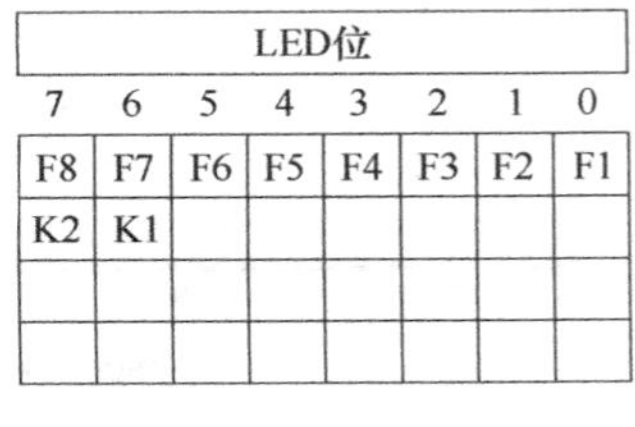

图 4-18　开关钥匙位 S1

根据图 4-18 的对应关系，S1/S0 分别对应的地址就是 I1.5/I1.4。移动面板 KTP700F 上的开关钥匙分别有左、中、右 3 档位置，表 4-2 为开关钥匙在不同位置所对应 S1/S0 的（I1.5/I1.4）状态。

表 4-2　开关钥匙位置的状态

状态	S1	S0	钥匙位置
位置 0	0	0	中间位置
位置 Ⅰ	0	1	向右旋转到停止位
位置 Ⅱ	1	0	向左旋转到停止位

可以通过开关钥匙设置设备的操作模式，例如，在本例中定义开关钥匙旋转到位置Ⅱ时为“维护模式”，用于实现双手操作。此时，对应 S1（即 I1.5）信号为 1，S0（即 I1.4）信号为 0。

在网络视图中单击设备 KTP700F Mobile 的“常规”选项卡，选择“PROFIsafe”，通过单击“启用 PROFIsafe”激活 KTP700F 的 F 功能，如图 4-19 所示。

选择“PROFIsafe”下的“F-parameters”，设置 PROFIsafe 地址等参数。其中 F-destination address 设置为“1”，该值必须与 HMI 设备的 PROFIsafe 地址相同，如图 4-20 所示。

注意：对 PROFIsafe 通信中的每个站点都需要分配一个唯一的 PROFIsafe 地址。项目启动时，KTP700F 设备将自动登录到安全程序。为了确保建立 PROFIsafe 通信，设备 KTP700F 在图 4-16 中的 PROFIsafe 地址必须与 STEP 7 程序中的 F-destination address 地址相同。

在网络视图中鼠标右键单击设备 KTP700F Mobile，通过“编译”中的“软件（全部重建）”对设备进行编译。

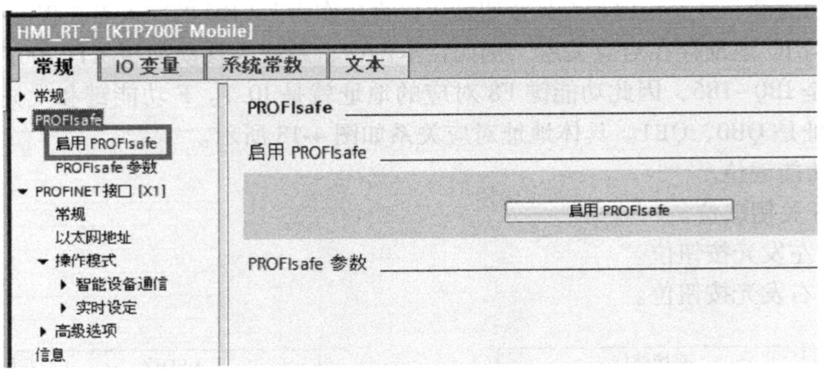

图 4-19　启用 PROFIsafe

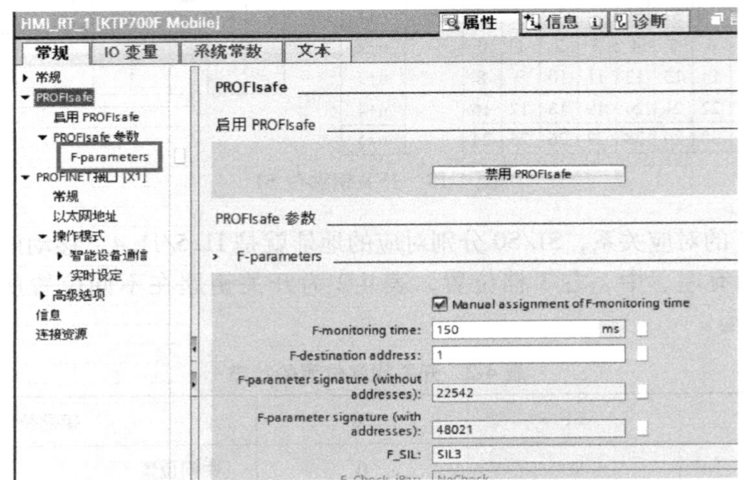

图 4-20　设置面板的 F 地址

4.4.2　组态故障安全功能块

在安全 PLC 中，系统提供了 F_FB_KTP_Mobile 和 F_FB_KTP_RNG 功能块分别用于关联移动面板和连接盒。

（1）将移动面板与功能块 F_FB_KTP_Mobile 进行关联

在故障安全控制器下，选择“程序块”中的“Main_Safety_RTG1［FB1］”。在右侧指令窗口中选择“通信”下的“Failsafe HMI Mobile Panels”中的“KTP_Mobile”，将功能块 F_FB_KTP_Mobile拖入到程序段 1，如图 4-21 所示。每个故障安全移动面板都需要调用一次 F_FB_KTP_Mobile 功能块。

将 KTP700F 与功能块进行关联后才能实现相关的安全功能。单击输入引脚 QBAD，选择设备 KTP700F 对应背景数据块的“F00006_IOfailsafe. QBAD”信号，并以同样的方式将输入引脚 ACK_REQ 和输出引脚 ACK_REI 关联到设备 KTP700F 上，如图 4-22 所示。

在 KTP700F 的设备组态中的“PROFINET 接口［X1］”下的“操作模式”中单击“智能设备通信”，找到对应的 F-IO 地址，如图 4-23 所示。

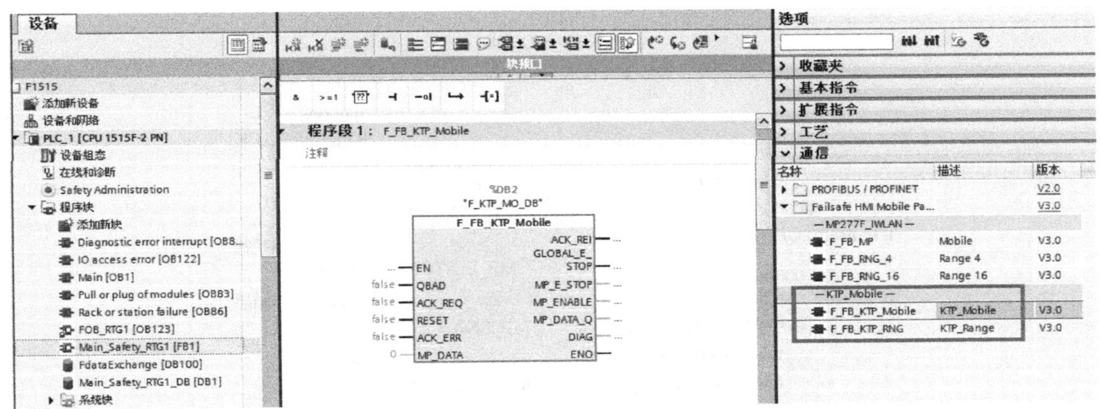

图 4-21 调用故障安全功能块

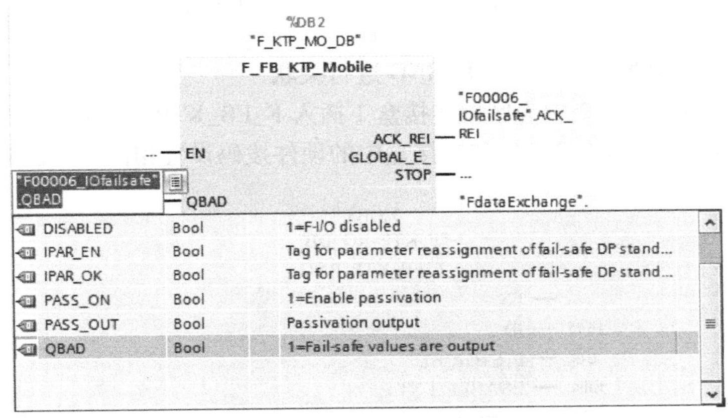

图 4-22 输入引脚参数

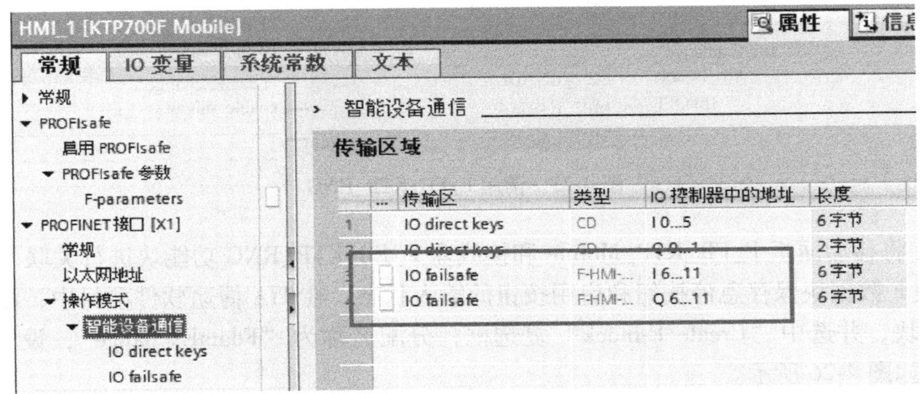

图 4-23 移动面板故障安全地址

引脚 MP_DATA 和 MP_DATA_Q 直接输入对应的 F 起始地址，如图 4-24 所示。

- MP_DATA：“%IW6”。
- MP_DATA_Q：“%QW6”。

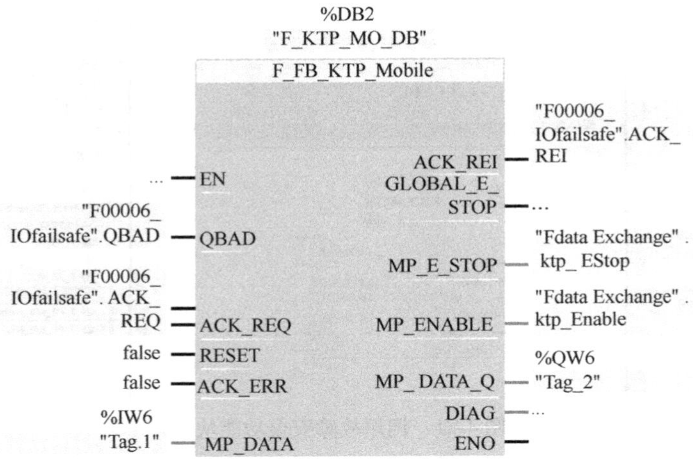

图 4-24 F_FB_KTP_Mobile 引脚参数

(2) 将连接盒与功能块 F_FB_KTP_RNG 进行关联

同样的方法，在程序段 2 中为区域连接盒 1 插入 F_FB_KTP_RNG。单击 ID 输入对应连接盒的 ID 号“16#1”，该 ID 号必须与连接盒中的硬件拨码设置相同，如图 4-25 所示。

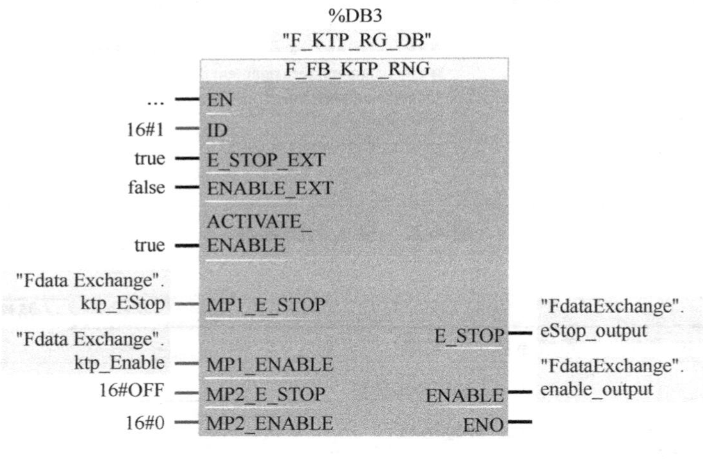

图 4-25 调用 F_FB_KTP_RNG

(3) 将移动面板 F_FB_KTP_Mobile 和接线盒 F_FB_KTP_RNG 功能块进行关联

创建 F 数据块保存急停按钮和启用按钮的输入状态。在 TIA 博途软件项目中，添加新的全局 DB 块，并选中“Create F-block”复选框，分配名称为“FdataExchange”，设置 DB 块号 100，如图 4-26 所示。

在 F 数据块 DB100 中创建两个“Int”类型的变量“ktp_EStop”和“ktp_Enable”，分别对应 KTP700F 的急停按钮和启用按钮的状态，并创建两个“Bool”类型的变量“eStop_output”和“enable_output”，分别对应连接盒输出急停按钮和启用按钮的状态，如图 4-27 所示。

为 F_FB_KTP_Mobile 的输出引脚“MP_E_STOP”/“MP_ENABLE”和 F_FB_KTP_RNG 的输入引脚“MP1_E_STOP”/“MP1_ENABLE”分别关联 DB100. ktp_Estop 和 DB100. ktp_

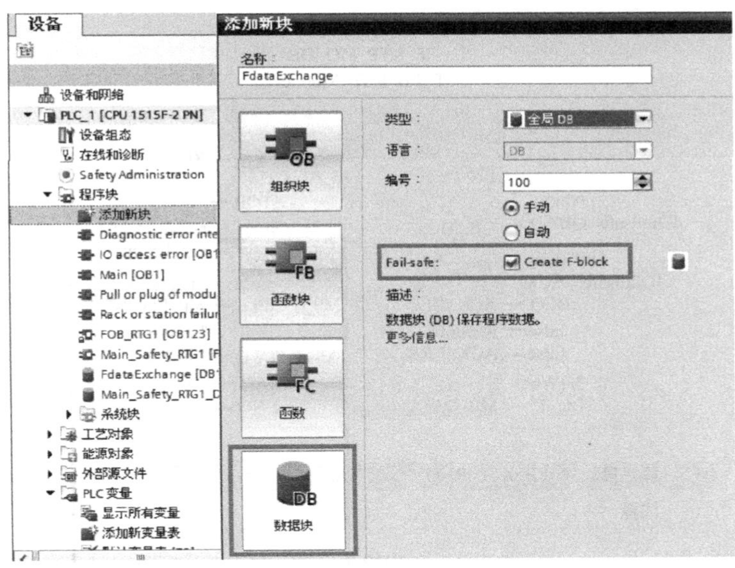

图 4-26　添加新的 F 数据块

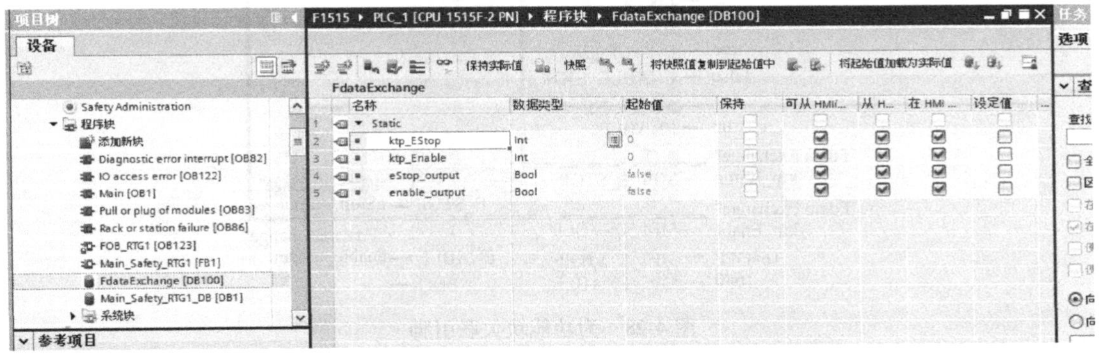

图 4-27　定义按钮状态变量

Enable，并为 F_FB_KTP_RNG 的输出引脚“E_STOP”/“ENABLE”关联 DB100. eStop_output 和 DB100. enable_output，如图 4-28 所示。

注意： F_FB_KTP_Mobile 的输出引脚“GLOBAL_E_STOP”提供全局急停功能，可以用于控制所有设备的停止。而 F_FB_KTP_RNG 的输出引脚“E_STOP”仅作为本连接盒控制区域的局部急停输出。如果不需要使用“启用”按钮功能，也没有局部急停要求，则不需要调用 F_FB_KTP_RNG 功能块。在此情况下，在安全程序中仅使用 F_FB_KTP_Mobile 功能块的“GLOBAL_E_STOP”输出作为急停输出即可。

（4）调用急停 ESTOP1 功能块

在程序段 3 中插入急停功能块 ESTOP1，使用该功能块确保操作员在急停后重启设备前必须进行确认。为输入引脚“E_STOP”关联 DB100. eStop_output。“ACK”和“ACK_REQ”引脚分别对应移动面板的右发光按钮 K2（%I1. 7）和 K2 的 LED 指示灯（%Q1. 7），如图 4-29 所示。

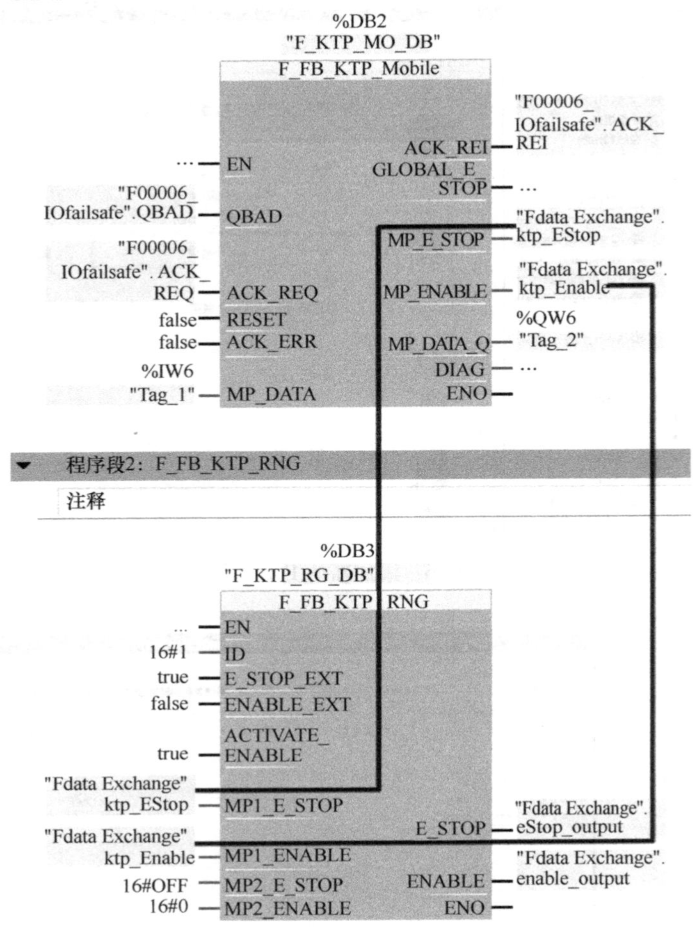

图 4-28 为功能块关联引脚

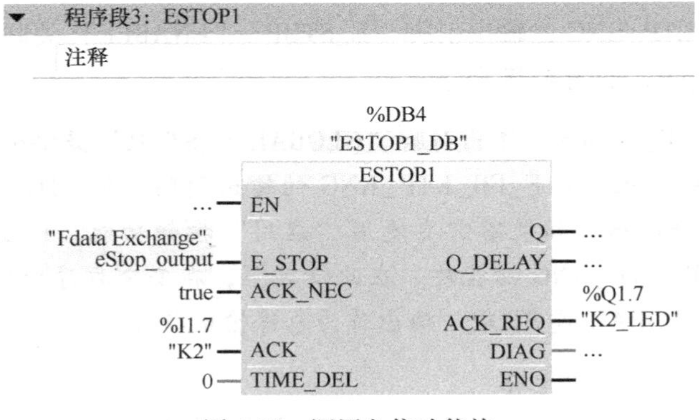

图 4-29 调用急停功能块

(5) 调用双手操作 TWO_H_EN 功能块

为了配合启用按钮的操作，在 PLC 变量表中为移动面板的功能键和开关钥匙定义对应的变量。根据图 4-18 和表 4-2 的对应关系，本例中定义变量 F8_push 和 S1 的地址分别为 I0.7 和 I1.5，如图 4-30 所示。

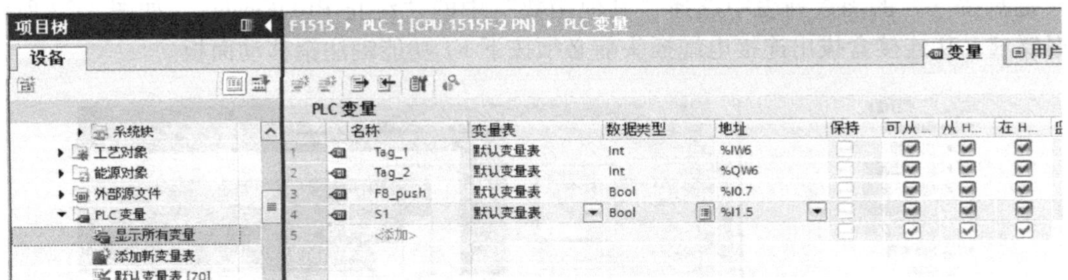

图 4-30　定义变量

在程序段 4 中插入双手操作功能块 TWO_H_EN，分别为输入引脚 IN1/IN2/ENABLE 关联变量 DB100.enable_output/F8_push/S1，如图 4-31 所示。当开关钥匙向左旋转到停止位“维护模式”后，同时按下启用按钮和功能键 F8，则置位输出 Q，松开启用按钮或释放功能键 F8，则停止输出。

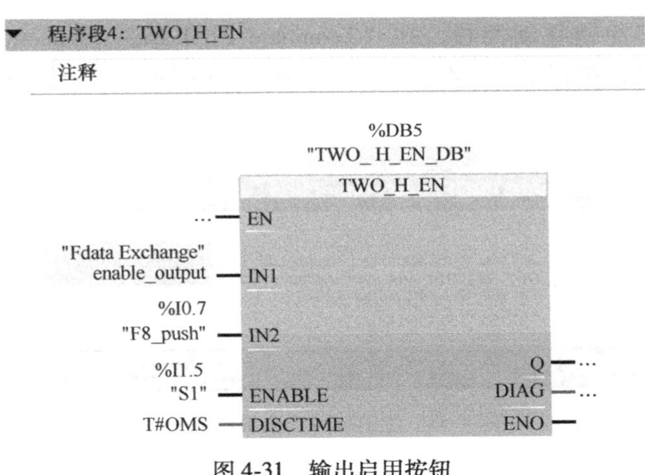

图 4-31　输出启用按钮

至此硬件组态和安全程序编写完成，保存编译后可将项目分别下载到故障安全控制器和 KTP700F 移动面板。

4.4.3　注销故障安全移动面板

在 PROFIsafe 系统应用中，当故障安全移动面板与连接盒相连并启动画面后，故障安全移动面板会自动注册到安全程序中。注册后故障安全移动面板将集成到 PROFIsafe 通信中，并且急停按钮和启用按钮变为激活状态。

无论使用哪种连接盒，从连接盒拔出连接电缆插头前，必须在安全程序中注销故障安全移动面板或关闭当前项目，并在对话框中确定注销动作。注销后，HMI 设备将从 PROFIsafe 通信中移除，急停按钮和启用按钮不再处于激活状态，这时才能从连接盒断开 HMI 设备。否则，直接拔出连接电缆就会发生 PROFIsafe 通信错误导致触发急停信号，并且设备根据组态的停机行为进入安全工作模式。

在 KTP700F Mobile 的画面管理下打开“全局画面”，选择 F1 功能键“事件”选项卡，在“键盘按下”的函数列表中选择“其他函数”中的“终止 PROFIsafe”，如图 4-32 所示。根据要求，从连接盒拔出连接电缆插头前必须按下 F1 功能键注销移动面板。

图 4-32 设置 F1 键用于注销故障安全移动面板

按下 F1 功能键注销移动面板，在“Terminate PROFIsafe connection”对话框中单击“Yes”按钮后直到急停按钮不再以红色点亮，如图 4-33 所示。只有在这时故障安全通信才完全结束。

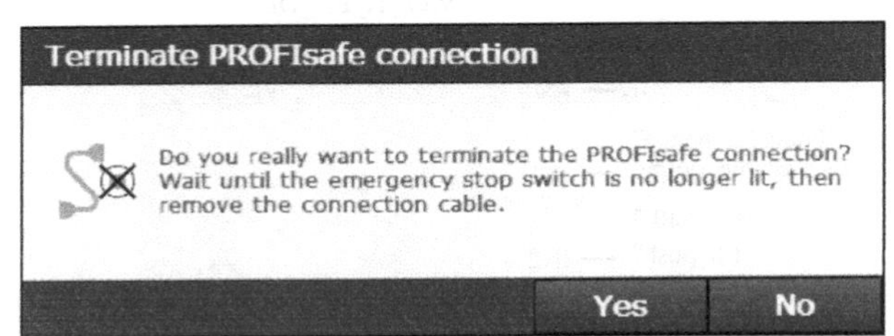

图 4-33 注销故障安全移动面板

对于 KTP700F Mobile 和 KTP900F Mobile，若不关闭当前项目，从安全程序注销后，项目仍在 HMI 设备上保持运行。从连接盒拔出连接电缆后移动面板已没有供电，移动面板显示屏幕的持续时间最长 5min，在此期间内可将该 HMI 设备插入其他连接盒中。插入其他连接盒后，设备自动注册到安全程序，继续在故障安全模式下操作当前的项目。

至此，我们介绍了西门子故障安全 PLC 系统的软件、硬件（CPU/IO 模块/移动屏）、通信协议的工作原理、基本特性和使用方法，以及编程、组态的基本步骤，相信大家对西门子故障安全 PLC 系统应该有了一个全面的了解，同时应该能够进行项目的集成了。但是，对于故障安全系统来讲，我们进行安全系统集成的目的，实际上是为了防止事故的发生，但我们集成的系统能够满足实际风险防范的要求吗？我们应该采取什么样的措施、设计什么样的安全系统才能达到风险防范的要求呢？这就涉及我们对外部风险环境的了解以及我们自身系统的安全防护等级的问题，接下来，我们将介绍安全系统的安全等级的评估方法和原理。

第 5 章　安全系统的评估

5.1　安全生命周期

之前我们已经介绍过设备的安全生命周期的概念，也介绍了系统的安全性与可靠性的概念。根据设备的安全生命周期的理念，一个设备在实现安全的过程中，大概需要经过风险评估、风险降低、证明三个阶段。

而这三个阶段中，每个阶段又有需要完成的具体工作，如图 5-1 所示。

1）风险评估阶段：在风险评估阶段，主要是对设备进行整体设计，并在设计过程中，对设备中存在的风险进行及时的识别和评估。因此，本阶段应该实现的功能包括：定义机器，识别风险，评估风险。

2）风险降低阶段：在风险降低阶段，主要是针对风险评估阶段发现的风险采取防护措施，并将所有的措施都进行文档化。因此本阶段应该实现的功能包括：提出安全计划，执行安全方案，将措施文档化。

3）证明阶段：在风险降低阶段完成后，需要对整个设备进行最终的确认，并提供相应的资料，证明设备满足相应的《机械指导》，并最终证明达到所需的安全等级，取得 CE 认证。

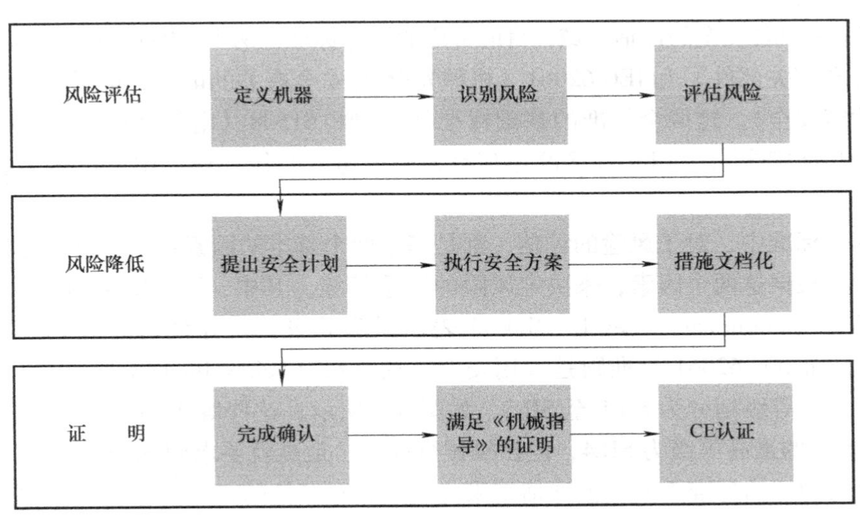

图 5-1　设备实现安全的步骤

在整个过程中，风险识别和风险评估是整个设备实现安全的基础。没有详尽的风险识别和风险评估，未来设备还可能存在某些未知的风险。因此，风险评估有可能是要反复做的，直到风险降低到可以被接受的程度，具体流程如图 5-2 所示。

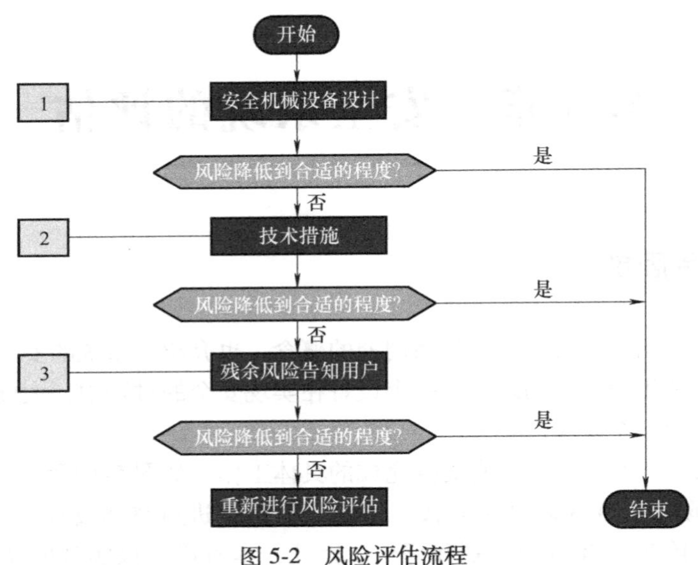

图 5-2 风险评估流程

5.2 安全评估标准

安全评估的目的，是希望了解设备的状态是否是安全的，能否满足安全生产的要求。如果没有达到要求，那么应该如何采取防护措施使得设备能够满足安全使用的要求。

对于设备的安全状态的评估，是必须依照相关的标准来进行的，如果没有统一的标准，则评估的结果就没有意义。

在机械行业功能安全的评估领域，目前常用的国际标准有两个：ISO 13849《机械安全——控制系统安全相关部件》和 IEC 62061《机械安全-与安全有关的电气、电子和可编程电子控制系统的功能安全》。这两个标准的基础标准都是 IEC 61508《电气/电子/可编程电子安全相关系统的功能安全》，但 ISO 13849 不仅针对电子电气系统，还可用于机械、液压和气动回路的设计和分析。

在这两个标准中，对于风险的评估，都是基于两个基本的因素：伤害发生的概率和伤害的严重程度。根据这两个因素，来决定风险的严重等级。其中，ISO 13849 标准评估的结果是用性能等级（Performance Level，PL）来表示风险等级，其等级划分为 PLa 至 PLe，如图 5-3 所示；而 IEC 62061 标准则是采用安全集成等级（Safety Integrated Level，SIL）来表示风险等级，其等级划分为 SIL1 至 SIL3，如图 5-4 所示。这些等级均指在机械行业内的要求，例如，SIL 的最高等级为 SIL4，但在机械行业内，最高就要求到 SIL3。

尽管采用的评估标准不同，但评估结果之间是相互等价的，因为它们对应的失效率是相同的，见表 5-1。

通过这些失效率的值，我们可以看到，最高安全等级对应的危险失效率是最低的，这就意味着，系统的失效带来的危险出现的概率是最低的，因此，系统是最安全的。但理论上讲，不存在 100%安全的系统，因此，再安全的系统也有失效的时候，只不过失效的概率是极低的。

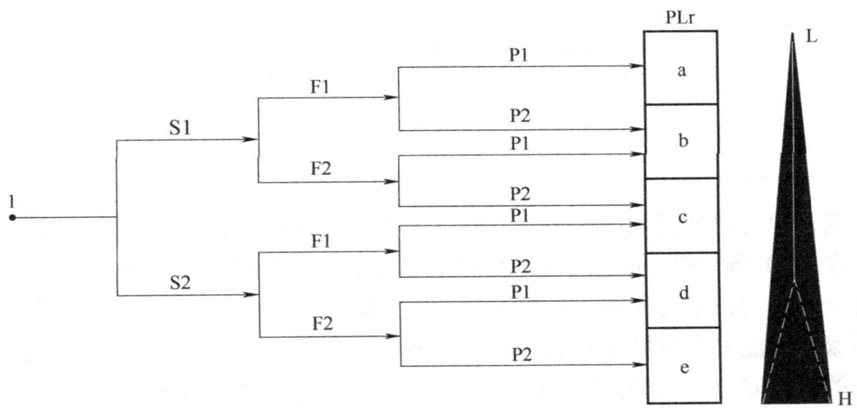

关键字：

L　对于风险降低贡献小
H　对于风险降低贡献大
PLr　所需要的性能等级

风险参数：

S　伤害的严重程度
S1　轻微的(通常指可逆损伤)
S2　严重的(通常指不可逆损伤或死亡)
F　频率和/或暴露于危险之中
F1　很少-较少和/或暴露时间短
F2　频繁-连续和/或暴露时间长
P　避免危险或限制伤害的可能性
P1　特定条件下有可能
P2　几乎不可能

图 5-3　ISO 13849 标准评估结果

Document No.:

Risk assessment and safety measures　Part of:

Product: ________
Issued by: ________
Date: ________

☐ Pre risk assessment
☐ Intermediate risk assessment
☐ Follow up risk assessment

Black area = Safety measures required
Grey area=Safety measures recommended

Consequences	Severity Se	Class Cl					Frequency. Fr		Probability of hzd. event, Pr		Avoidance Av	
		4	5-7	8-10	11-13	14-15						
Death. loosing an eye or arm	4	SIL 2	SIL 2	SIL 2	SIL 3	SIL 3	≥1 per hr	5	Common	5		
Permanent, loosing fingers	3		OM	SIL 1	SIL 2	SIL 3	<1per hr ≥1 per day	5	Likely	4		
Reversible. medical attention	2			OM	SIL 1	SIL 2	<1per day ≥1per 14 day	4	Possible	3	Impossible	5
Reversible, first aid	1				OM	SIL 1	<1per 2wks ≥1 per yr	3	Rarely	2	Possible	3
							<1per yr	2	Negligible	1	Likely	1

Ser. No.	Hzd. No.	Hazard	Se	Fr	Pr	Av	Cl	Safety measure	Safe

图 5-4　IEC 62061 标准评估结果

表 5-1　安全等级与失效率对应表

<table>
<tr><th>PL</th><th>平均小时危险失效率/(1/h)</th><th>SIL</th></tr>
<tr><td>a</td><td>$\geqslant 10^{-5}$至$<10^{-4}$</td><td>—</td></tr>
<tr><td>b</td><td>$\geqslant 3\times10^{-6}$至$<10^{-5}$</td><td rowspan="2">1</td></tr>
<tr><td>c</td><td>$\geqslant 10^{-6}$至$<3\times10^{-6}$</td></tr>
</table>

（续）

PL	平均小时危险失效率/(1/h)	SIL
d	$\geqslant 10^{-7}$至$<10^{-6}$	2
e	$\geqslant 10^{-8}$至$<10^{-7}$	3

另外，我们也可以通过系统的失效率来反过来对应该系统的安全等级，例如，当某个系统的失效率在$\geqslant 10^{-8}$至$<10^{-7}$范围内时，我们就可以说，该系统的安全等级是 SIL3 或者 PLe。因此，在安全系统的评估过程中，标准是非常重要的。

我们国家在功能安全领域也有相应的国家标准 GB/T 20438《电气/电子/可编程电子安全相关系统的功能安全》，该标准与 IEC 61508 是一致的，是根据 IEC 61508 转化过来的。

5.3 安全系统评估方法

5.3.1 安全电控系统的作用

一台安全的设备，除了机械部分的设计要考虑安全因素外，电气控制系统也是非常重要的一部分。因为当机械设计无法完全满足安全要求时，应该考虑采用电气设备来进行设备的防护，这一点在第 1 章介绍安全生命周期时就已经提到过（见图 1-11）。

例如，在设备的旋转轴外部增加了一个机械的防护罩，平时都将旋转部分罩起来并且加防护锁锁住，这样该旋转轴在工作时由于有外部的防护罩，因此是非常安全的，这个防护罩就是机械安全防护的措施。但当设备需要检修时，该防护罩必须要打开，此时，机械设计的安全措施就失效了，无法防止旋转轴带来的伤害，如图 5-5 所示。此时就应该增加电气防护措施，例如，在防护罩上增加位置检测开关，防护罩打开时，控制电机的转速为低速；另外，在设备上增加急停按钮，按下时电机停转等，从而通过电气系统来进行风险的防护，这就是安全电控系统所起的作用。

5.3.2 安全电控系统的评估

图 5-5 电机防护罩打开后需要电气防护措施

一个电控系统的安全等级，其实是通过计算该系统的失效率得到的。之前我们介绍过，安全电控系统由三个部分组成：检测部分、评估单元和执行部分，每个部分都可以认为是一个子系统，每个子系统都可以单独计算其失效率的值，而整个电控系统的失效率则是由这三个部分的失效率共同构成的，如图 5-6 所示。

在实际系统中，首先，应该确定该安全功能所要求的安全等级，例如，该安全门的安全等级要求为 SIL3。

之后，应为每个子系统选择合适的元器件，并计算每一个安全子系统的 PFH_D。在计算每一个安全子系统的失效率的值时，首先应该分析该子系统的结构，然后根据结构推算出该系统的失效率计算公式，之后将每一个元器件的失效率代入公式，即可求出该子系统的失效率的值。

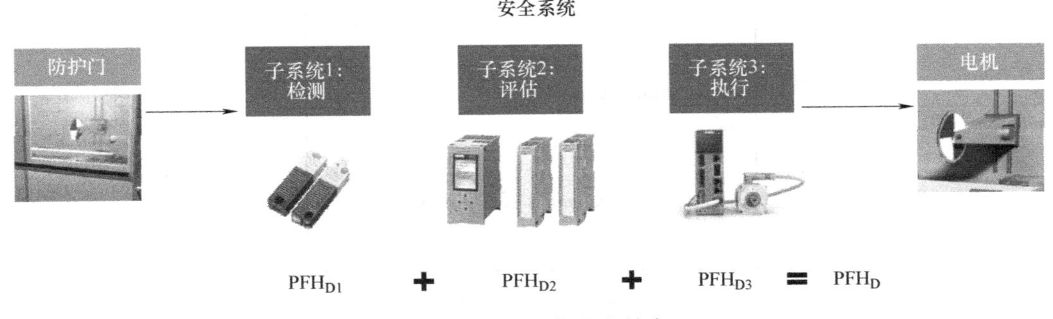

图 5-6 电控系统的失效率

注：PFH_D 表示每小时的危险失效率。

因此，影响每一个子系统的失效率的因素有很多，主要的因素是系统的结构以及每一个元器件的失效率的值，而系统结构主要指的就是我们在系统中常提到的单回路或双通道；元器件的失效率则取决于元器件本身以及元器件的故障检测手段，例如，是否可以进行短路检测等。

得到了每一个子系统的失效率的值，整个电控系统的 PFH_D 则是所有安全子系统的 PFH_D 的总和。有了这个值，即可得到该安全电控系统的实际安全等级。

如果实际的安全等级与所要求的安全等级一致，即满足安全设计的要求；否则，该系统不能满足安全设计的要求，需重新进行设计。例如，经过计算，实际的电控系统的安全等级评估结果为 SIL3，则说明设计满足要求，如果为 SIL2，则说明该电控系统设计不满足安全设计的要求，需对设计方案进行修改。

而修改设计方案的主要手段，也是要从结构、元器件的选择以及增加诊断回路等几个方面入手，例如，原先的普通按钮更换为标准的急停按钮，单回路接线更换为双通道接线，增加短路或者断线监测等，都是比较常用的方法，往往也能起到比较好的效果。

5.4 SET 安全评估工具

由于广大用户并不是专业的评估机构，因此在安全系统的评估过程中，无法像专业机构一样进行元器件参数的采集和计算。为了方便广大用户对自己集成的安全电控系统进行评估，西门子提供了专业的安全评估工具 SET（Safety Evaluation Tool），该工具是基于 Web 的，并且是免费的，用户可以随时对自己的安全电气系统进行评估，解决了用户在方案配置过程中无法满足安全等级要求的困扰，非常方便。

SET 工具的使用方法如下：

1. 登录 SET

由于 SET 工具是通过网页访问的，因此，需要通过网页进行登录才能操作。可以通过网址：https://www.siemens.de/safety-evaluation-tool 登录 SET 网站。

如果是第一次登录，则需要进行注册。之后，通过用户名和密码，就可以访问 SET 网页工具，如图 5-7 所示。

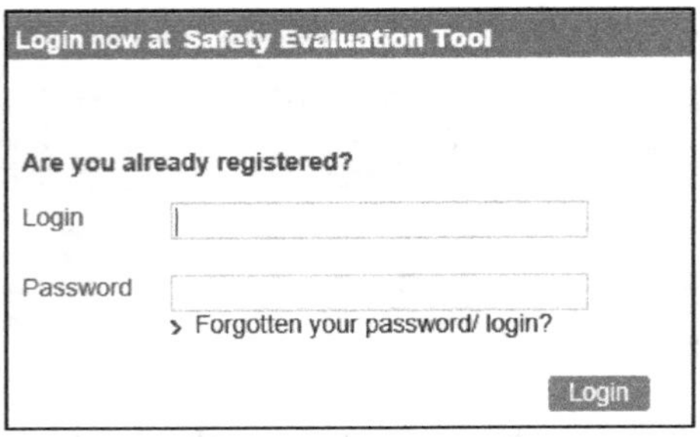

Login now at Safety Evaluation Tool

Are you already registered?

Login

Password

Forgotten your password/ login?

Login

图 5-7 登录界面

2. 创建评估项目

登录后，可单击“New project”按钮创建一个评估项目，如图 5-8 所示。

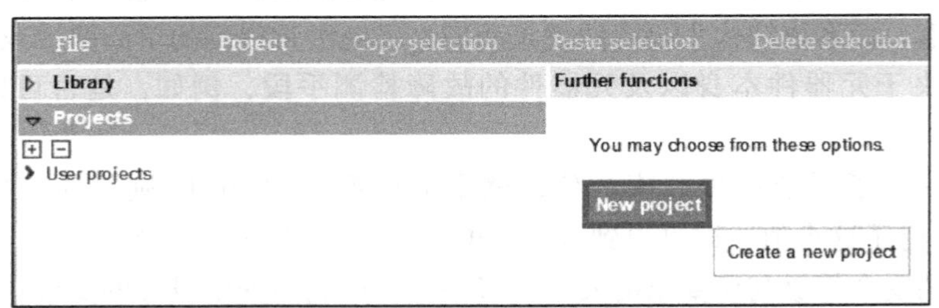

图 5-8 创建评估项目

3. 选择评估标准

接下来，需要选择一个评估标准，可以看到，可供选择的标准即最常用的两个标准 IEC 62061 和 ISO 13849-1，用户可以根据情况选择，如图 5-9 所示。

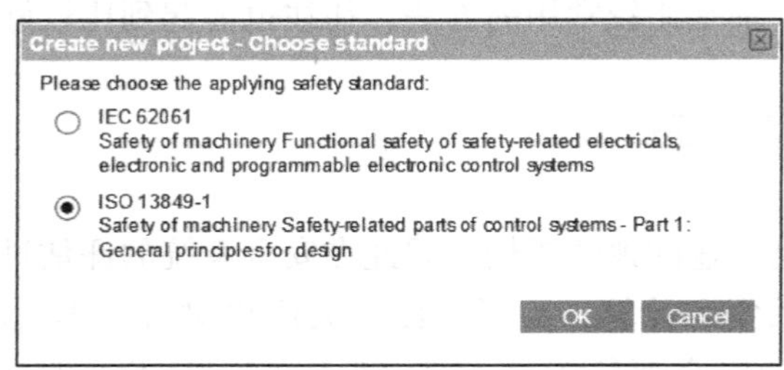

图 5-9 选择评估标准

4. 完善项目信息

标准选择后，即可创建一个新的评估项目。对于新建项目，可以将项目信息做进一步的完善，例如，项目名称、项目版本信息等，如图 5-10 所示。

然后单击“New safety area”按钮，创建一个新的安全区域。

5. 创建安全区域

同样，对于新创建的安全区域，可以完善该安全区域的信息，例如，名称及该区域的相关描述，如图 5-11 所示。

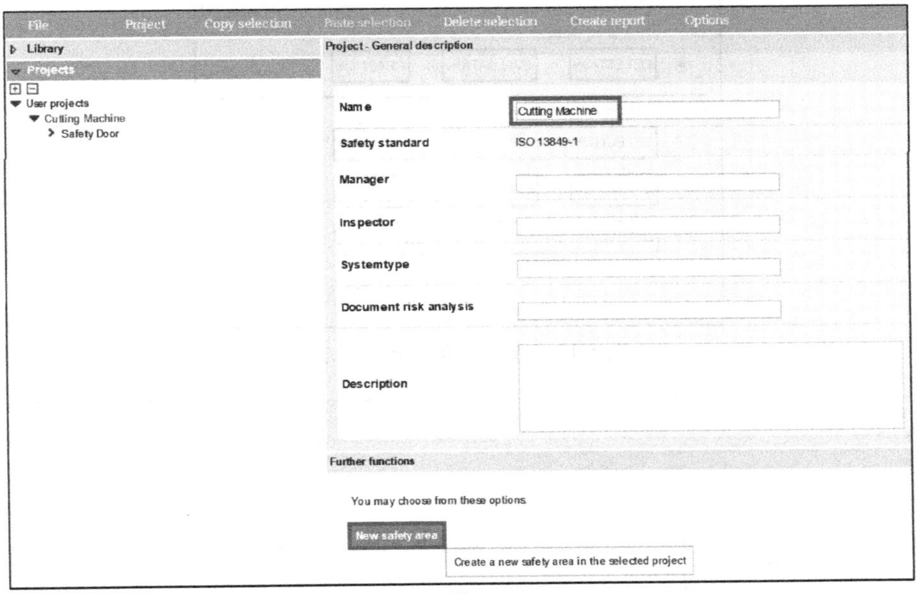

File
Project
Copy selection
Paste selection
Delete selection
Create report
Options
Library
Projects
User projects
Cutting Machine
Safety Door
Project - General description
Name
Cutting Machine
Safety standard
ISO 13849-1
Manager
Inspector
Systemtype
Document risk analysis
Description
Further functions
You may choose from these options
New safety area
Create a new safety area in the selected project

图 5-10 完善项目信息

然后单击“New safety function”按钮，创建该区域的安全功能具体实现的方式。

File
Project
Copy selection
Paste selection
Delete selection
Create report
Options
Library
Projects
User projects
Cutting Machine
Safety Door
Safety area - General description
Name
Safety Door
Safety standard
ISO 13849-1
Description
Further functions
You may choose from these options
New safety function
Create a new safety function

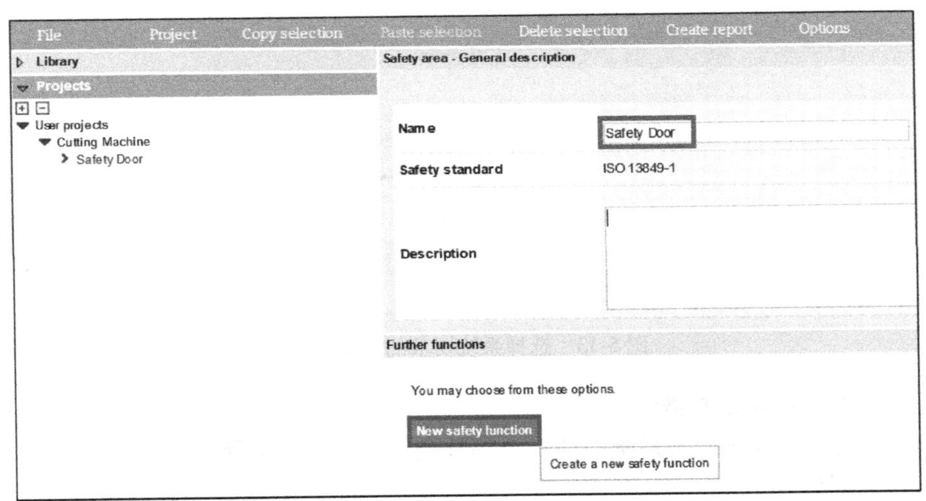

图 5-11 创建安全区域

6. 选择安全功能配置方案

可以根据实际系统的配置来选择安全系统集成方案，例如，正常情况下，系统都是由三个部分组成，但也有的系统会将某些部分集成在一起，需要根据实际系统来选择，如图 5-12 所示。

7. 选择系统要求的安全等级

由于安全系统集成方案选择了由检测、评估和执行三个部分组成，因此，在左侧的安全功能下可以看到列出了三个部分。此时，可以选择所需要达到的安全等级，如 PLd，也可以通过单击“Evaluate”按钮来进行评估，得出所需要的安全等级，如图 5-13 所示。

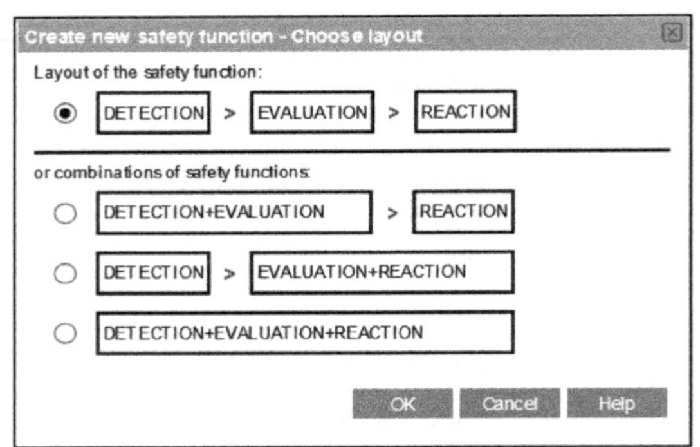

图 5-12　选择安全系统集成方案

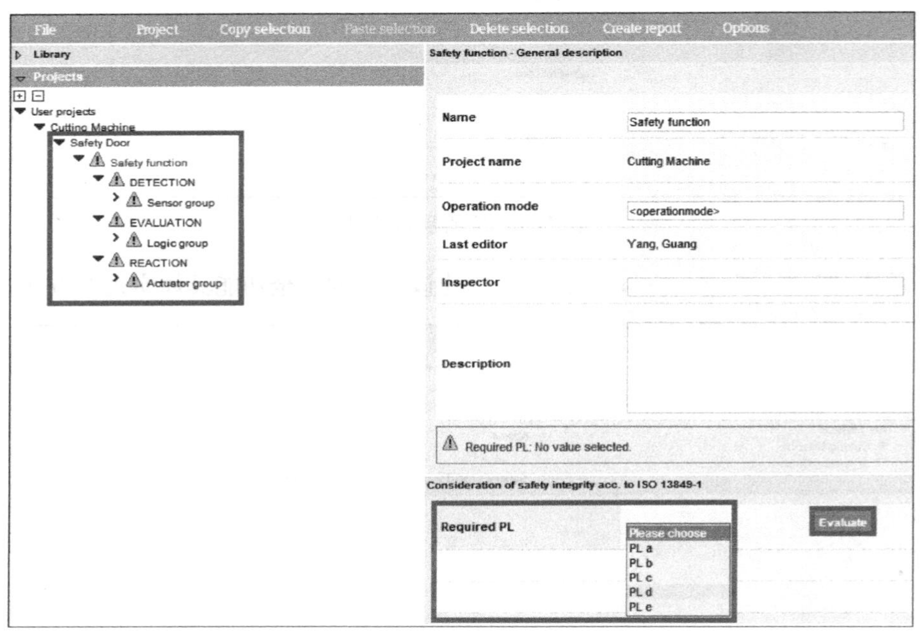

图 5-13　选择系统要求的安全等级

8. 选择安全元器件及参数

接下来，需要分别对安全系统中的三个部分进行元器件的选择。

（1）检测部分

选择安全传感器，例如，选择西门子的安全传感器产品，则可以直接在制造商中选择 Siemens 品牌，然后选择相应的产品即可，该产品能够达到的安全等级也随即可以查看，如图 5-14 所示。

如果选择了第三方的产品，则用户可以手动输入相关的参数，然后该系统也能自动计算出该传感器的所能达到的安全等级。另外，对于某些产品，也可以从其相关产品的网站上将安全设备的数据库下载下来，导入到 SET 中，然后从页面中也可以直接选择该品牌的产品，使用起来也很方便。

（2）评估部分

需要选择安全评估单元，例如，选择西门子的安全 PLC 产品作为评估单元，可以直接

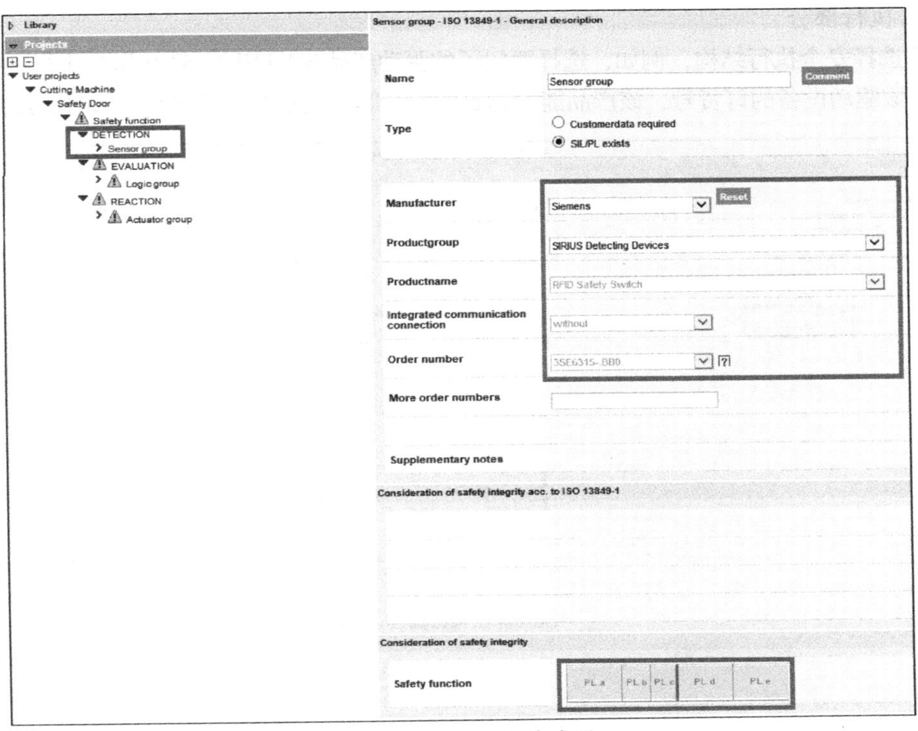

图 5-14　选择安全传感器

选择该 CPU（例如，CPU 1516F）的订货号，该产品能够达到的安全等级也随即可以查看，如图 5-15 所示。

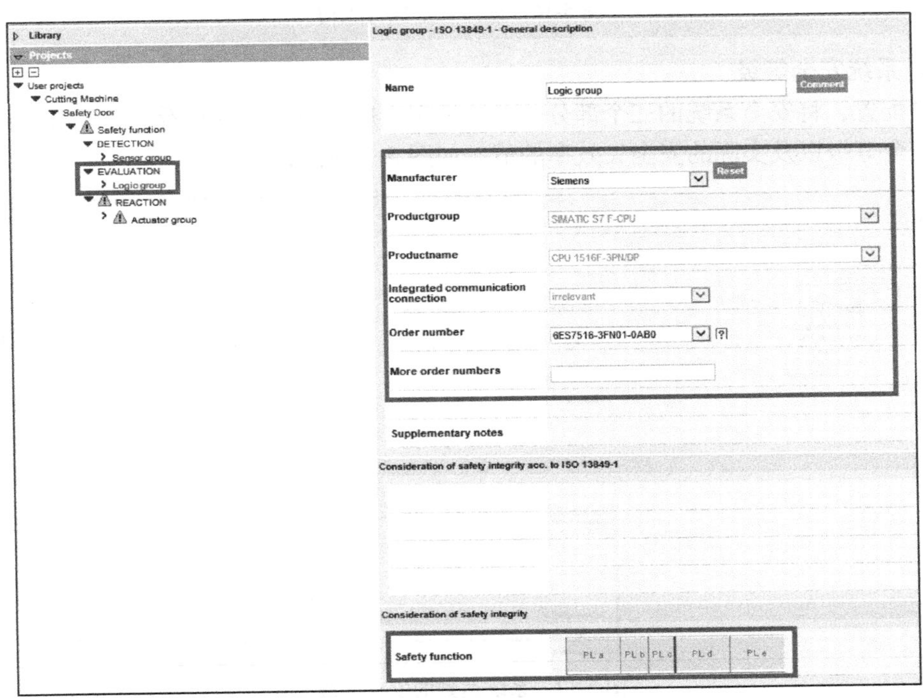

图 5-15　选择安全评估单元

（3）执行部分

需要选择安全执行结构，例如，选择西门子的驱动产品 SINAMICS S210 作为执行机构，可以直接选择该驱动设备的订货号，该产品能够达到的安全等级也随即可以查看，如图 5-16 所示。

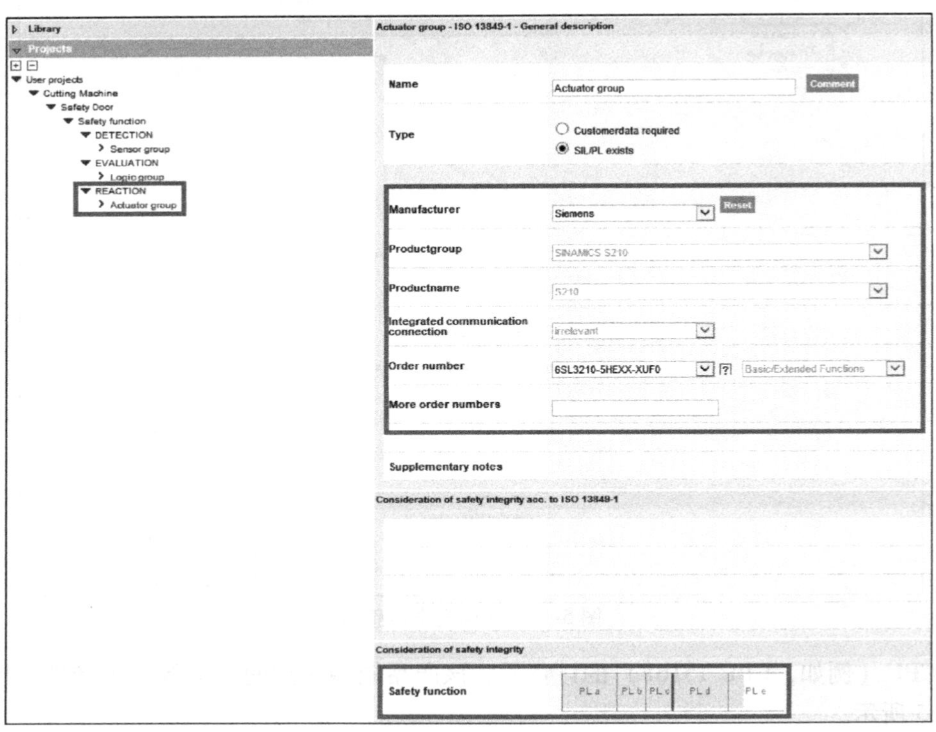

图 5-16　选择安全执行机构

（4）系统安全等级

经过配置，将安全系统的三个部分元器件都选定后，最终可以查看整个系统集成后可以达到的安全等级以及实际的安全失效率的值，如图 5-17 所示。

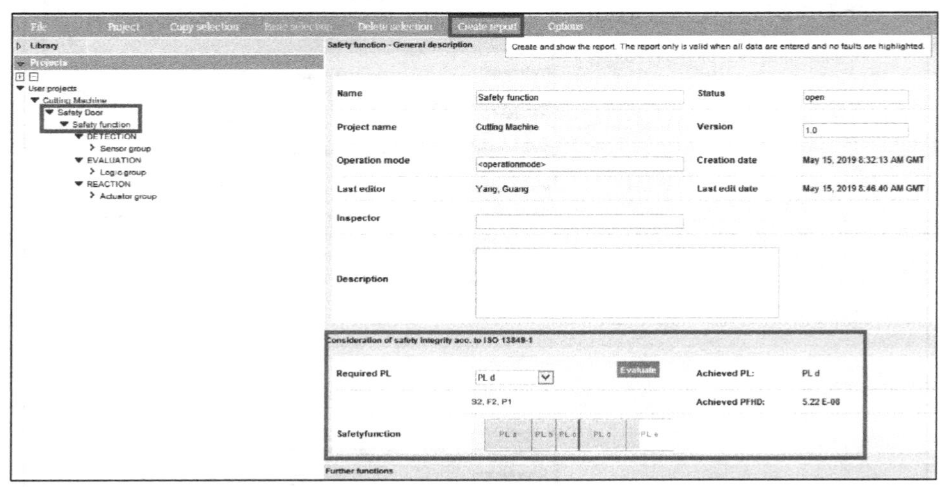

图 5-17　系统达到的安全等级

如果集成后的系统可以满足所需的安全等级的要求，则“Safety function”所对应的颜色是绿色的；如果不能满足安全等级的要求，则“Safety function”所对应的颜色是红色的，表示系统中存在不达标的情况，具体哪个部分出现问题，还会在相应的部分出现提示，便于用户进行改进。

如果最终所配置的安全系统满足了安全等级的要求，则可以选择“Create Report”选项，生成该安全系统的评估报告，如图 5-18 所示。

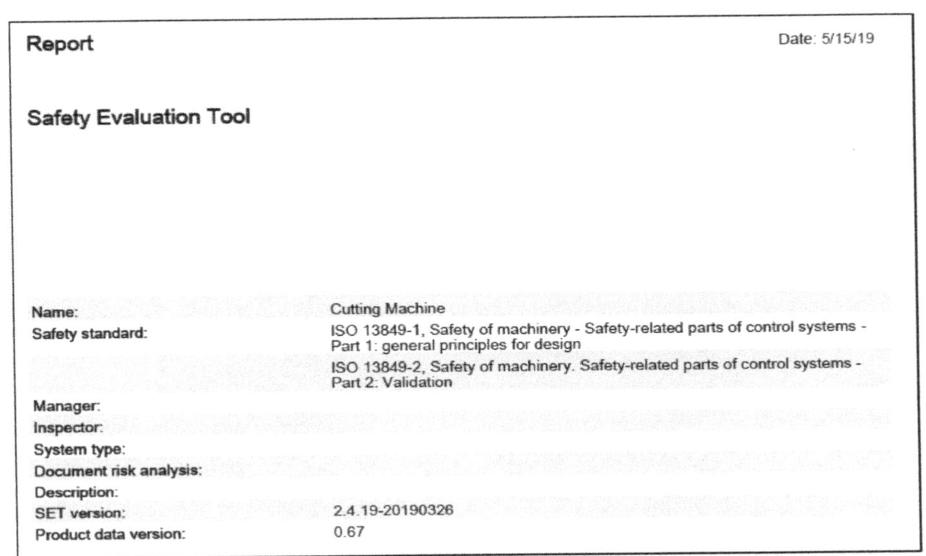

Report　Date: 5/15/19

Safety Evaluation Tool

Name:	Cutting Machine
Safety standard:	ISO 13849-1, Safety of machinery - Safety-related parts of control systems - Part 1: general principles for design ISO 13849-2, Safety of machinery. Safety-related parts of control systems - Part 2: Validation
Manager:	
Inspector:	
System type:	
Document risk analysis:	
Description:	
SET version:	2.4.19-20190326
Product data version:	0.67

图 5-18　SET 生成的评估报告

该评估报告将详细地描述该安全系统的配置及相关参数、计算出的失效率以及系统达到的安全等级，这些参数都是由网站所链接的数据库提供的，数据是真实可靠的，因此该报告是被安全系统评价检测机构认可的。

有了西门子官方网站提供的免费的 SET 评估工具，广大用户就可以方便地对其安全电气控制系统进行评估，用户无须再担心自己配置的安全系统方案是否能真正地满足安全等级的要求，是否能通过真实的安全机构的评估，使用起来非常方便。

当然，该报告仅仅是针对安全电气系统的，这也仅仅是整个设备或者生产线的一个组成部分，并且还未包括程序部分，因此用户的设备如果需要进行评估，还需要经过专业的评估机构来进行，但设备中的电气部分的评估，是可以通过 SET 工具来进行的。

经过专业机构评估后的机械设备，如果满足安全等级的要求，可以进一步申请 CE 标识，取得 CE 标识后，可以在欧洲市场上进行销售。